河北大海陀国家级自然保护区综合科学考察报告

唐宏亮　任志河　张智婷　主　编
武占军　赵俪茗　李永霞　副主编

内 容 简 介

本书是在2020—2022年历次对河北大海陀国家级自然保护区自然资源本底调查成果汇总的基础上完成的科学考察报告。全书包括总论、自然地理环境、植物多样性、动物多样性、大型真菌、旅游资源、自然保护区及周边社会经济状况、自然保护区评价和自然保护区管理9部分内容。调查结果显示，河北大海陀国家级自然保护区共有野生维管束植物111科449属960种，其中，国家二级保护野生植物8种，资源植物543种；野生脊椎动物25目65科206种，其中，哺乳类5目12科28种，鸟类16目44科150种，两栖类1目2科2种，爬行类2目5科16种，鱼类1目2科10种，包括国家一级保护野生动物5种；大型真菌26科71属188种。本书全面系统反映了河北大海陀国家级自然保护区自然资源状况，可供从事自然保护地野生动植物保护与管理相关人员，以及在大海陀及其周边进行植物学、动物学、生态学教学和科研的人员参考使用。

图书在版编目(CIP)数据

河北大海陀国家级自然保护区综合科学考察报告/
唐宏亮，任志河，张智婷主编；武占军，赵俪茗，李永霞副主编.—北京：中国林业出版社，2023.10
ISBN 978-7-5219-2401-5

Ⅰ.①河… Ⅱ.①唐… ②任… ③张… ④武… ⑤赵… ⑥李… Ⅲ.①自然保护区-科学考察-考察报告-赤城县 Ⅳ.①S759.992.224

中国国家版本馆CIP数据核字(2023)第199004号

策划编辑：肖　静
责任编辑：肖　静
封面设计：时代澄宇

出版发行：中国林业出版社
　　　　　（100009，北京市西城区刘海胡同7号，电话83143577）
电子邮箱：cfphzbs@163.com
网　　址：www.forestry.gov.cn/lycb.html
印　　刷：中林科印文化发展(北京)有限公司
版　　次：2023年10月第1版
印　　次：2023年10月第1次
开　　本：787mm×1092mm　1/16
印　　张：11.75
字　　数：274千字
定　　价：50.00元

编辑委员会

主　任：姚大军

副主任：李志强　郭富贵

委　员：武占军　任志河　李永霞　李晓燕

编写组

河北大学参编人员

刘　龙　唐宏亮　王刚

河北北方学院参编人员

樊英鑫　张智婷　赵海超　孙李光

河北大海陀国家级自然保护区管理处参编人员

陈昊一　郭富贵　苟密红　高　珊　高崇元　冀秀华

李志强　李秀清　李　莉　李　翔　李晓燕　李永霞

刘永胜　刘青昊　任志河　宋　杰　武占军　王向芳

王少博　岳海峰　张桂芳　张秀珍　赵俪茗

前 言

河北大海陀国家级自然保护区（以下简称保护区）位于河北省张家口市赤城县西南部海陀山的西北麓，地理坐标为东经115°42′57″~115°57′00″、北纬40°32′14″~40°41′40″，距赤城县50km，南与北京市延庆区为邻，并以海陀山山脊线为界与北京松山国家级自然保护区相接；西邻怀来县；西北与赤城县大海陀乡、北与雕鹗镇、东与后城镇相连。保护区总面积12749.35hm²，属于华北地区温带典型的森林生态系统，特殊的地理位置和良好的自然环境使其蕴含着非常丰富的生物资源。

大海陀山区域地形复杂，环境多样，植物垂直分布明显，植被类型以针叶林、针阔叶混交林、落叶阔叶林、灌丛、亚高山草甸为主，是河北省森林资源集中分布区之一，区内有黄檗、紫椴、野大豆等国家级重点保护野生植物资源。大海陀也是河北省山地陆生野生脊椎动物的主要分布区，分布有金钱豹、斑羚、白肩雕、金雕、苍鹰、雀鹰、松雀鹰、普通鵟、红脚隼、红隼、红角鸮、领角鸮、雕鸮、长耳鸮、勺鸡等珍稀野生动物，以及一些野生珍稀植物种类。

鉴于该区域自然环境复杂，森林生态系统保存完好，1999年7月，经河北省人民政府批准，成立了河北省大海陀省级自然保护区，2003年6月批准晋升为国家级自然保护区。保护区经过20多年的保护和恢复建设，区内的资源状况发生了巨大变化。为了更好地掌握保护区资源本底情况，评估近年来的保护成效，为今后的保护规划提供数据支持，受河北大海陀国家级自然保护区管理处委托，由河北大学、河北北方学院的专家学者与保护区技术人员组成科学考察队伍，采用样线–样方相结合的方式对保护区内的动植物种类、分布、资源类型、现状及其生态环境等进行了系统的野外调查、科学分析和归纳总结，编撰完成了《河北大海陀国家级自然保护区综合科学考察报告》。

限于编写者水平，加之时间仓促，本文的错误和疏漏之处在所难免，敬请各位专家和领导指正。

本书编写组
2023年6月

目　录

第1章　总　论 ··· 001
1.1　自然保护区地理位置 ·· 001
1.2　自然地理环境概况 ·· 001
1.2.1　地质地貌 ··· 001
1.2.2　气候 ·· 002
1.2.3　土壤 ·· 002
1.2.4　水文 ·· 003
1.3　自然资源概况 ··· 003
1.3.1　植物资源 ··· 003
1.3.2　动物资源 ··· 004
1.3.3　昆虫资源 ··· 005
1.3.4　旅游资源 ··· 005
1.4　社会经济概况 ··· 005
1.5　保护区范围及功能区划 ·· 005
1.6　综合评价 ·· 005

第2章　自然地理环境 ··· 007
2.1　地质概况 ·· 007
2.2　地貌的形成及特征 ·· 007
2.2.1　地貌形成 ··· 007
2.2.2　地貌类型 ··· 008
2.3　气候 ··· 008
2.3.1　气候特征 ··· 008
2.3.2　日照与积温 ·· 009
2.3.3　降水与霜冻 ·· 009
2.3.4　湿度与蒸发量 ·· 009
2.3.5　风与灾害天气 ·· 010
2.4　水文与水资源 ··· 010
2.4.1　地表水 ·· 010
2.4.2　河流水文特征 ·· 011
2.4.3　地下水 ·· 011

2.5 土壤	011
2.5.1 土壤类型与分类	012
2.5.2 各类土壤简述	012

第3章 植物多样性 ... 015

3.1 植物区系	015
3.1.1 种类组成	015
3.1.2 蕨类植物	016
3.1.3 种子植物	018
3.2 植被类型及分布	032
3.2.1 植被类型	032
3.2.2 各植被类型分述	033
3.3 珍稀保护野生植物	044
3.3.1 国家重点保护野生植物	044
3.3.2 河北省重点保护野生植物	045
3.4 本次调查增加的植物	047
3.5 资源植物多样性分析	049
3.5.1 野生纤维植物	049
3.5.2 野生材用植物	050
3.5.3 野生药用植物	050
3.5.4 野生食用植物	052
3.5.5 野生花卉观赏植物	055
3.5.6 野生油脂植物	055
3.5.7 野生淀粉植物	055
3.5.8 野生鞣料植物	056
3.5.9 野生芳香油植物	056
3.5.10 野生蜜源植物	056
3.5.11 野生饲用植物	057
3.6 植物群落功能多样性	057
3.6.1 生态功能	057
3.6.2 提供生物资源产品	058

第4章 动物多样性 ... 059

4.1 动物区系	059
4.1.1 物种组成	059
4.1.2 地理分布与区系	059
4.2 各论	060
4.2.1 哺乳类	060
4.2.2 鸟类	072
4.2.3 两栖爬行类	091

4.2.4　鱼类 ··· 096

第5章　大型真菌 ··· 097
5.1　大型真菌区系组成及与周边保护区的比较 ·· 097
　　5.1.1　大型真菌区系组成 ·· 097
　　5.1.2　与周边保护区的比较 ·· 099
5.2　大型真菌的分布 ·· 099
　　5.2.1　在植物群落中的分布 ·· 099
　　5.2.2　在攀附基质上的分布 ·· 100
　　5.2.3　在海拔上的垂直分布 ·· 101
5.3　大型真菌资源类型组成 ·· 102
　　5.3.1　大型真菌资源组成 ··· 102
　　5.3.2　典型食用菌 ·· 103
　　5.3.3　典型药用菌 ·· 103
　　5.3.4　典型毒菌 ··· 104

第6章　旅游资源 ·· 106
6.1　自然旅游资源 ··· 106
　　6.1.1　地文资源 ··· 106
　　6.1.2　水文资源 ··· 106
　　6.1.3　生物资源 ··· 107
　　6.1.4　天文气象景观资源 ··· 107
6.2　人文旅游资源 ··· 108
　　6.2.1　历史古迹 ··· 108
　　6.2.2　红色文化 ··· 108
6.3　旅游现状及对环境的影响 ··· 109
　　6.3.1　旅游现状 ··· 109
　　6.3.2　旅游对自然环境影响 ·· 109
　　6.3.3　资源管理 ··· 109

第7章　自然保护区及周边社会经济状况 ·· 110
7.1　自然保护区社会经济状况 ··· 110
　　7.1.1　保护区范围及保护区功能区划 ·· 110
　　7.1.2　保护区功能区划 ·· 110
　　7.1.3　自然保护区人口数量与民族组成 ·· 110
　　7.1.4　自然保护区内经济状况 ··· 110
　　7.1.5　交通、通信和电力 ··· 111
7.2　赤城县社会经济概况 ··· 111
7.3　赤城县人口数量与民族组成 ·· 111
7.4　产业结构 ·· 112
　　7.4.1　农业发展基础 ··· 112

7.4.2 农业产业发展 ··· 112
7.4.3 农业产业发展方向和措施 ··· 113
7.5 赤城县文教、科技与卫生 ·· 114
7.5.1 教育 ··· 114
7.5.2 科技 ··· 114
7.5.3 医疗卫生 ·· 114
7.6 保护区土地资源与利用 ··· 115

第8章 自然保护区评价 ··· 116
8.1 区域资源动态评价 ··· 116
8.1.1 生物多样性评价 ·· 116
8.1.2 典型性评价 ·· 117
8.1.3 脆弱生态系统的保护价值 ··· 118
8.1.4 稀有性和特有性评价 ··· 118
8.1.5 面积适宜性评价 ·· 118
8.1.6 历史文化价值 ··· 119
8.1.7 生态效益和科研价值 ··· 119

第9章 自然保护区管理 ··· 120
9.1 机构设置 ·· 120
9.1.1 管理机构设置 ··· 120
9.1.2 自然保护区历史沿革 ··· 120
9.1.3 管理队伍 ··· 120
9.2 保护管理 ·· 121
9.2.1 保护管理原则 ··· 121
9.2.2 保护管理目标 ··· 121
9.2.3 保护管理措施 ··· 121
9.3 科研监测 ·· 122
9.3.1 科研监测原则 ··· 122
9.3.2 科研监测内容 ··· 123
9.3.3 科研队伍建设 ··· 124
9.3.4 存在的主要问题 ·· 124

参考文献 ·· 125
附录1 河北大海陀国家级自然保护区野生维管束植物名录 ···························· 126
附录2 河北大海陀国家级自然保护区栽培植物、农作物名录 ························ 159
附录3 河北大海陀国家级自然保护区陆生野生脊椎动物名录 ························ 163
附录4 河北大海陀国家级自然保护区鱼类名录 ·· 170
附录5 河北大海陀国家级自然保护区大型真菌名录 ····································· 171

第1章 总 论

1.1 自然保护区地理位置

河北大海陀国家级自然保护区(以下简称保护区)位于河北省张家口市赤城县西南部海陀山的西北麓,地理坐标为东经115°42′57″~115°57′00″,北纬40°32′14″~40°41′40″,距赤城县城50km,南与北京市延庆区为邻,并以海陀山山脊线为界与北京松山国家级自然保护区相接;西邻怀来县;西北与赤城县大海陀乡、北与雕鹗镇、东与后城镇相连。保护区总面积12749.35hm²。保护区属于河北山地生态区,旨在保护华北地区温带典型的森林生态系统和珍稀野生动植物资源,是北京地区的重要绿色屏障,对涵养潮白河流域上游水源,维持北京水源稳定供给具有十分重要的意义。

1.2 自然地理环境概况

1.2.1 地质地貌

保护区地处燕山山脉西段,由于地壳受地质作用和强烈的构造运动的影响,其呈现山体完整、高峰突兀、河谷纵横、沟壑交错、平川局限的特点。

保护区所在区域在古生代为隆起剥蚀区,中生代侏罗纪火山喷发和沉积岩系相互交错沉积,在四海组火山喷发期,地壳活动强烈,升降差异很大,间歇期沉积了大量火山碎屑物质。到白垩纪晚期,冀北地区地壳处于隆起剥蚀阶段。新生代燕山运动产生拗折和断裂的构造线,形成中等幅度隆起的山系,断裂和拗折活动使华北盆地不断下沉,大规模的岩浆侵入活动,花岗岩侵入太古代片麻岩和元古代沉积岩中。在主峰附近有侏罗纪粗面安山岩、角砾岩出露。岩性为后城组,下部以砂砾岩、砂页岩为主,中部以中性喷出岩、大山碎屑岩为主。该区除沉积岩外,还分布有不同时期的火山岩、岩浆岩。燕山早期岩类、正长岩分布在雕鹗乡三间房一带;花岗岩分布在大海陀乡的海陀山、卯镇山和东卯东部县界一带。

该区的地质构造属天山—阴山纬向构造体系的东建部分,在大地构造单元上以尚义—赤城深断裂带为界,南部为燕山沉陷带宣(化)—龙(关)复向斜,北为内蒙古台背斜驿马图—猫峪台凸,南邻军都复背斜。东南部边界一带为"山"字形构造体系,有赤城—后城断裂带。"山"字形构造体系,自山西省天镇一带向东伸入河北省西北部,呈北东方向延伸,在怀安、宣化、赤城一带逐渐与纬向构造体系及新华夏构造体系复合,成为一系列复背斜和槽地组成的"多"字形构造。整个"山"字形脊柱位于延庆区以北,海陀山以东,赤城样田以南地区。

保护区四面环山、峰峦连绵，总地势东南高、西北低。区内地貌比较复杂，海拔870~2241m，多数山地海拔大于1400m，形成中山、亚高山山地峡谷。区内较大的沟有大东沟、大西沟、打草沟、大对角沟、长春沟、黑龙潭沟、大南沟、水旱洞沟等8条。在沟谷一侧可见断面三色面，被沟谷切割的花岗岩山地具有块状分散、地势陡峻、起伏较大的特点。山岭坡型多为直线坡，少见谷肩与拗折，坡度多在25°~50°，可见本区新构造上升运动较强烈。大海陀村附近沟谷较为开阔，为宽谷类型，谷中可见两级台地。在大东沟口等处可见洪积扇。

1.2.2 气候

大海陀自然保护区处于暖温带大陆性季风气候区，受海拔和地形条件的影响，与赤城县城相比，气温偏低、湿度偏高，形成典型的山地气候，具有冬寒、夏凉、春秋短促的气候特点，是本县的低温区之一。年平均气温3~4℃，最冷月1月平均气温-12℃，极端最低气温-27℃。最热月7月平均气温14℃，极端最高气温25℃。早霜始于9月下旬，晚霜终于4月中旬，无霜期85~120d。年平均日照2768h，≥10℃的积温1600~2000℃，年平均降水量480~550mm，集中于夏季6~8月，年平均蒸发量1550mm。气候的垂直分带性比较明显，从下到上可分为：海拔1000~1500m的低山温暖气候带；海拔1500~1600m的中山下部温湿气候带；海拔1600~1800m的中山上部冷湿气候带；海拔1800m以上的山顶高寒半湿润气候带。

大海陀自然保护区赤城县地处暖温带至温带的过渡带，半湿润半干旱季风气候区，境内春、夏、秋、冬四季分明，各季气候特征迥然不同。春季：气候回升快，日差较大。但冷暖空气活动频繁，气温多变，时有大风、降温天气（大风日数占全年大风日数的35%~40%，日平均气温24h下降6℃以上的日数占全年日数的45%左右，多数年份有寒潮出现，有些年份还出现倒春寒天气）。春季(3~5月)降水量为50~80mm(城区64.9mm)，仅占年降水量(城区427.6mm)的10%~15%，而蒸散(发)量占年蒸散(发)量的25%~30%。由于气温回升快、湿度小、蒸发力强，土壤较干燥，但在阴坡由于有积雪融化，土壤较湿润。大风天灰沙蔽日的现象时有发生，大风停息后，气温迅速回升。春季短促，时有晚霜，约两个月即进入夏季，这也是山区大陆性气候的一个特点。

1.2.3 土壤

土壤的形成和变化是在成土母质、气候、地形、生物和时间等因素的综合作用下发生的。保护区共有3个土类6个亚类。土壤主要为褐土和棕壤，其分布具有明显的垂直地带性特点。

1. 褐土

主要分布于海拔1200m以下的阳坡和900m以下的阴坡，土层厚度大多在30cm左右，可分为3个亚类。

(1)淋溶褐土亚类：分布于棕壤以下的中低山山地和深山河谷地带。母质以残坡积物为主，淋溶作用较强，表土层无石灰反应，无钙积质，颜色棕褐，土层薄中，质地沙壤—轻壤，表土含有砾石，有机质含量低，以灌草植被为主。有非耕作花岗岩类、耕作花岗岩类、溶褐土、耕作次生黄土淋溶褐土和耕作壤质冲洪积淋溶褐土等5个土属。

(2) 石灰性褐土亚类：包括耕作马兰黄土石灰性褐土、耕作次生黄土石灰性褐土、耕作沙壤质冲洪积石灰性褐土和耕作壤质冲洪积石灰性褐土等4个土属。

(3) 褐土性土亚类：分布在低山褐土垂直带中的残坡积母质上，常出现母体裸露，土层很薄，质地粗，含砾石多，属粗骨性土壤，养分贫瘠，土壤干旱，有褐土特征，但发育不好。这类土质在保护区分布甚少。

2. 棕壤

主要分布于海拔1200~1800m的阳坡和900m以上的阴坡，下部与褐土相连，在1800m的林缘草甸植被下发育了生草棕壤。土层较厚，厚度在50cm以上，有机质含量平均在5%以上，耕地为2.5%，呈酸性反应，pH 5.5~6.5，结构为表层团粒，心土层以下棱块结构明显，可分为3个亚类。

(1) 棕壤亚类：包括非耕作花岗岩类残坡积棕壤、耕作花岗岩类残坡积棕壤、非耕作基性岩类残坡积棕壤和非耕作碳酸盐类残坡积棕壤等4个土属。

(2) 生草棕壤亚类：包括非耕作花岗岩类和非耕作基性岩类2个土属。

(3) 棕壤性土亚类：包括非耕作花岗岩类、非耕作基性岩类和耕作基性岩类等3个土属。

3. 亚高山草甸土

分布于海拔1800m以上的山顶草甸和灌丛植被下，土层厚度50cm左右。该土壤类型所处地势高，常处于冰冻潮湿状态。目前，未划分亚类土属和土种。

1.2.4 水文

保护区境内的河流，均属于红河、白河上游的小支流流域，西面较大支流有东山庙河，东面几条小支流直接注入白河。

1.3 自然资源概况

1.3.1 植物资源

(1) 植物种类及植被类型

根据野外调查并结合相关文献资料，保护区有野生维管束植物111科449属960种（含种下等级，下同）。其中，蕨类14科19属27种；裸子植物3科7属10种；被子植物94科423属923种，分别占河北省维管束植物总科数、属数、种数的64.5%、52.2%和35.5%。按《中国植被》和《河北植被》的植被分类系统划分，保护区分布有针叶林、阔叶林、针阔混交林、灌丛、灌草丛和亚高山草甸6个植被类型。主要有油松(*Pinus tabulaeformis*)林、华北落叶松(*Larix principis-rupprechtii*)林、栎类林、山杨林、桦树(*Betula* sp.)林、大果榆-胡桃楸混交林、黑桦-胡桃楸混交林、黑桦-白桦混交林、山杨-黑桦混交林、五角枫-大果榆混交林，绣线菊灌丛、榛灌丛、胡枝子灌丛、山杏灌丛等和薹草草甸等群系。

(2) 重点保护植物

根据 2021 年 9 月 7 日由国家林业和草原局和农业农村部共同组织制定、国务院批准公布的《国家重点保护野生植物名录》，保护区内有国家二级保护野生植物 8 种，即黄檗、紫椴、野大豆、大花杓兰、紫点杓兰、山西杓兰、手参和软枣猕猴桃。

据调查统计，大海陀自然保护区内分布有 48 种河北省重点保护野生植物，除此之外，还有山核桃（*Juglan smandshurica*）、雾灵柴胡（*Bupleurum sibiricumvar. jeholense*）、中国马先蒿（*Pedicularis resupinata*）、卷丹（*Lilium lancifolium*）、沼兰（*Malaxis monophyllos*）、北方鸟巢兰（*Neottia camtschatea*）等稀有种类。

(3) 资源植物

初步统计，保护区分布有各种野生资源植物约 543 种（按用途累计）。根据其用途主要分为 11 类，其中，用材树种 60 种，纤维植物 89 种，油脂植物 84 种，鞣料植物 48 种，淀粉植物 23 种，芳香油植物 25 种，野菜植物 35 种，野果植物 37 种，有毒植物 94 种，药用植物 403 种，蜜源植物 23 种。

1.3.2 动物资源

(1) 组成及分布类型

根据野外调查并结合相关文献资料，保护区共有脊椎动物 65 科 206 种。其中，兽类 12 科 28 种，鸟类 44 科 150 种（含亚种），爬行类 5 科 16 种，两栖类 2 科 2 种，鱼类 2 科 10 种。

保护区自然环境复杂，植被类型丰富，植物生长茂密，植被覆盖率 93% 以上，为野生动物生存栖息创造了适宜的条件。经过初步调查，在保护区现有的 206 种脊椎动物中，共有国家重点保护野生动物 30 种。

(2) 重点保护物种

保护区内有国家一级保护野生动物 5 种，即金钱豹（*Panthera pardus*）、白肩雕（*Aquila heliaca*）、黑鹳（*Ciconia nigra*）、金雕（*Aquila chrysaetos*）和秃鹫（*Aegypiusmonachus*），占动物总种数的 2.4%；国家二级保护野生动物有 25 种，占动物总种数的 12.1%；国家保护的有重要生态、科学、社会价值的陆生野生动物有 109 种，占动物总种数的 52.9%。

保护区分布有国家一级保护兽类 1 种，为金钱豹；国家二级保护兽类 6 种，为狼、貉、豹猫、猞猁、斑羚和狐；河北省重点保护动物 7 种。保护区有国家重点保护野生鸟类 23 种，占保护区鸟类总数的 15.33%，其中，国家一级保护野生鸟类 4 种，即黑鹳、金雕、白肩雕和秃鹫，占保护区鸟类总数的 1.94%；国家二级重点保护野生鸟类 19 种，占保护区鸟类总数的 9.22%，包括黑鸢、苍鹰、雀鹰、松雀鹰、白尾鹞、鸳鸯、普通鵟、红隼、红脚隼、燕隼、灰背隼、雕鸮、红角鸮、领角鸮、长耳鸮、纵纹腹小鸮、勺鸡、云雀和北朱雀等。保护区有河北省重点保护鸟类 40 种。

(3) 特有种类

特有种包括仅在我国分布或主要繁殖在我国而偶见于国外的、在邻近狭小的区域并无亚种分化的所有种类。保护区有中国特有种 4 种，包括鸟类雀形目中的山噪鹛（*Garrulax davidi*）、山鹛（*Rhopophilus pekinensis*）和爬行类中的蓝尾石龙子（*Eumeces elegans*）、黄纹石龙子(*Eumeces xanthi*)。

1.3.3 昆虫资源

根据调查并结合有关相关文献资料，保护区共有昆虫440余种，其中鳞翅目无论是在科总数还是种总数上都是最多的，其次是鞘翅目，然后是膜翅目。

这些昆虫按利用价值可分为食用昆虫、药用昆虫、观赏昆虫、传粉昆虫、天敌昆虫、科研昆虫。对保护区的生态环境改善及资源开发利用都有一定的意义。

1.3.4 旅游资源

保护区内旅游资源主要分为自然景观资源与人文旅游资源。自然景观资源主要有海陀云海、海陀雪景、海陀日出、亚高山草甸景观、烟熏嵯、九骨咀、溪流湿地景观。主要的历史人文景观有娘娘泉、黑龙潭瀑布、龙潭庙、胜海寺。区域地处京津冀旅游圈内，旅游资源丰富，旅游尚处于起步阶段，对区域资源没有造成破坏。

1.4 社会经济概况

保护区涉及大海陀乡的大海陀村、施家村、姜庄子村和闫家坪村，雕鹗镇的三间房、石头堡、大庙子和纪宁堡村共8个行政村，均属革命老区和贫困山区。区内经济不发达，以农业、牧业和种植果树为主，青壮年多外出打工。主要农作物是谷子、马铃薯，其次是玉米，经济作物较少。其主要收入来自采集药材、野果和经营农家小院等，人均年收入4000元以上。

1.5 保护区范围及功能区划

保护区总面积12749.4hm^2，分核心区、缓冲区、实验区3个功能区。其中，核心区面积4427.48hm^2，占保护区总面积的34.73%；缓冲区面积3264.58hm^2，占保护区总面积的25.61%；实验区面积5057.34hm^2，占保护区总面积的39.66%。

1.6 综合评价

保护区位于燕山西段侧，生物多样性丰富，植被垂直分布带谱比较明显，是燕山西段落叶阔叶林森林生态系统的典型代表区域。区域内分布有8种国家重点保护植物，48种河北省重点保护野生植物；栖息着30种国家重点保护陆生野生脊椎动物，我国特有的陆生野生脊椎动物4种。该区域具有一定的特有性，使其成为濒危物种在河北省境内栖息与分布的安全岛，是生物多样性保护通道的重要节点。

保护区规划面积能够很好地满足区域内物种的栖息与繁衍，完整地体现了区域生态系统的复杂多样性，也是研究燕山西段森林生态群落自然演替、开展生态科学研究的重要基地。

保护区的建立对该地区的物种资源、森林生态系统和历史自然遗迹起到了很好的保护作用，最大限度避免了物种资源岛屿化的出现，增强了区域森林生态功能的发挥，具有重大的生物多样性保护拓展效应。

第 2 章 自然地理环境

2.1 地质概况

大海陀保护区位于河北省北部,地处冀北山地和燕山山地,燕山山脉沉降带西段,东西构造带与华夏系构造的复合部位,为燕山联合弧的凸出部分,即阴山褶断带、太行山隆起和华北平原沉降带结合部位。

"燕山运动"为县境构造的主要形成时期,褶皱构造较为明显,断裂构造极为发育。大海陀自然保护区在古生代为一剥蚀区,中生代侏罗纪火山喷发和沉积岩系相互交错沉积,在四海组火山喷发期,地壳活动强烈,升降差异很大,间歇期沉积了大量火山碎屑物质。到白垩纪晚期,冀北地区地壳处于隆起剥蚀阶段。新生代燕山运动产生拗折和断裂的构造线,形成中等幅度隆起的山系,断裂和拗折活动使华北盆地不断下沉。大规模的岩浆侵入活动,使花岗岩侵入太古代片麻岩和元古代沉积岩中。在主峰附近有侏罗纪粗面安山岩、角砾岩出露。岩性为后城组,下部以砂砾岩、砂页岩为主,中部以中性喷出岩、火山碎屑岩为主。该区除沉积岩外,还分布有不同时期的火山岩、岩浆岩。燕山早期岩类、正长岩分布在雕鹗乡三间房一带;花岗岩分布在大海陀乡的海陀山、卯镇山和东卯东部县界一带。

该区的地质构造属天山-阴山纬向构造体系,在大地构造单元上以尚义-赤城深断裂带为界,南部为燕山沉陷带宣(化)-龙(关)复向斜,北为内蒙古台背斜驿马图-猫峪台凸,南邻军都复背斜。东南部边界一带为"山"字形构造体系,有赤城-后城断裂带。"山"字形构造体系,自山西省天镇一带向东伸入河北省西北部,呈北东方向延伸,在怀安、宣化、赤城一带逐渐与纬向构造体系及新华夏构造体系复合,成为一系列复背斜和槽地组成的"多"字形构造。

2.2 地貌的形成及特征

2.2.1 地貌形成

赤城县属华北地台的组成部分,即阴山褶断带、太行山隆起和华北平原沉降带结合部位。阴山褶断带北以康宝-赤峰大断裂与内蒙古地槽区相邻;南以张家口-北票大断裂与燕山褶断带相连。华北平原沉降带和太行山隆起北侧以昌黎-宁河断裂、宝坻-桐柏断裂及其向西延线与燕山褶断带相邻,其间以太行山山前断裂为界。

保护区四面环山、峰峦连绵,总地势东南高、西北低。全县境内主要地貌有山地、丘陵、河谷和沟谷相间分布,耕地少,林地面积大,水资源丰富。

在地貌分区上，大海陀属燕山山地丘陵区，大地构造属于燕山沉降带东段，在地质力学上，处于阴山纬向构造体系东延地带，并受新华夏构造体系和祁(连山)吕(梁山)"山"字形构造体系东反射弧的干扰，构造复杂。在太古代和早元古代时期局部为古老的隆起区，中晚元古代和早古生代大部分地区继续处于深海、浅海和滨海交替的环境中，堆积了巨厚的中元古界长城系、蓟县系和青白口系及早古生界寒武纪，下、中奥陶系地层。其岩性有石英砂岩、页岩和碳酸盐岩等沉积岩。中生代印支运动中燕山断块隆起成山地形态，在燕山运动中，山地进一步抬升，断层发育，并伴随强烈的岩浆活动。东西和北东、北西向断裂控制了区内的隆起和凹陷，山地丘陵地貌基本形成。

保护区在燕山运动中隆起幅度较大，地质构造比较复杂，有数条近东西向断层。由于山体沿断裂抬升，形成突兀的山峰。山体为中生代燕山造山运动形成。岩体为早元古代旋回及侵入岩，呈岩基状产出。岩性主要为中细粒黑云母花岗岩、斑状角闪花岗岩中粒闪长岩、辉石黑云母角闪岩及震旦纪片麻岩等。由于石英砂岩抗风化能力强，形成了蜿蜒起伏的山脊。其间山峦起伏、沟川狭窄、山坡陡峭、河流交错。海陀山主峰海拔2241m，多数山地海拔大于1400m。

2.2.2 地貌类型

保护区内主要地貌类型按其形态分为中山、低山、丘陵及小型盆地类型。由于地壳受地质作用和强烈的构造运动的影响，其呈现山体完整、高峰突兀、河谷纵横、沟壑交错、平川局限的特点。

中山：海拔高度在1200m以上，相对高度在1200~2000m，多为河流的上源，山脊呈东西向或北西西—南东东向。岩性主要为中元古界长城系石英砂岩及中生代岩浆岩。由于流水纵切山脉，山体破碎，属于构造中山。该区域土层较厚，植被较好，是重要的天然次生阔叶林区。

低山：海拔高度在1000~1200m，相对高度小于1200m，为侵蚀剥蚀低山，山体低缓浑圆，河谷宽阔。主要分布在河川谷地两侧。由于人为活动较多，加上雨水冲蚀，土层相对较薄，一部分为用材林、薪炭林、灌木林、山杏林地，一部分为荒山牧地。

丘陵：海拔高度在1000m以下，一般有明显的脉络走向，多呈分散的孤立状态，常有黄土覆盖。主要由花岗片麻岩、片岩、砂页岩等岩石经长期风化剥蚀而成。分布在山间小盆地和河流宽谷的周围。

小型盆地：介于丘陵和平原之间的过渡类型，基岩为花岗片麻岩。

2.3 气候

2.3.1 气候特征

大海陀自然保护区赤城县地处暖温带至温带的过渡带，半湿润半干旱季风气候区，境内春、夏、秋、冬四季分明，各季气候特征迥然不同。

春季：气候回升快，日差较大。但冷暖空气活动频繁，气温多变，时有大风、降温天气(大风日数占全年大风日数的35%~40%，日平均气温24h下降6℃以上的日数占全年日数的45%左右，多数年份有寒潮出现，有些年份还出现倒春寒天气)。春季(3~5月)降水量为50~80mm(城区64.9mm)，仅占年降水量的10%~15%，而蒸散(发)量要占年蒸散(发)量的25%~30%。由于气温回升快、湿度小、蒸发力强，土壤较干燥，但在阴坡由于有积雪融化，土壤较湿润。大风天灰沙蔽日的现象时有发生，大风停息后，气温迅速回升。春季短促，时有晚霜，约2个月即进入夏季，这也是山区大陆性气候的一个特点。

夏季：炎热多雨是其显著的特点。7月份平均气温在15~20℃。夏季(6~8月)降水量在350~450mm，约占全年降水量的75%以上，而7~8月降水量要占65%左右。降水强度较大，往往是几次暴雨或一两次暴雨加几次大雨的降水量就相当于月降水量。

秋季：冷暖适宜、晴朗少雨是本季的特点。秋季(9~11月)降水量在50~80mm。秋季降水量只占全年降水量的15%左右。降温迅速，早霜较早来临，山顶在10月有时出现降雪，使得秋季的持续时间比春季还要短，只有50d左右，秋季一场强冷空气南下便进入冬季。

冬季：寒冷干燥、多风少雪、季节漫长(5个半月左右)是本季的特点。各月平均气温均在0℃以下，冬季降水量只有10mm左右，仅占年降水量的2%。寒潮年年发生。

2.3.2　日照与积温

全年日照时数平均为2768h。年平均气温为3~4℃，年际变化较大，年平均最低气温为2℃，多出现在1月，极端最低温度为-27℃；年平均最高温度为14℃，多出现于7月，年极端最高温度25℃，气温年较差达50℃。平均≥10.0℃的积温为1600~2000℃。

2.3.3　降水与霜冻

大海陀自然保护区位于大海陀山地区的背风区(阴面即北坡)，降水量相对较少，年降水量为480~550mm。由于受季风气候的影响，降水的季节分配极不均匀，全年降水量的70%~75%集中在夏季(6~8月)。

大海陀山地区年降水天数为75d左右。降水天数的季节分配与降水量的季节分配相一致，即夏季最多，秋、春季次之，冬季最少。

大海陀自然保护区初雪日期一般在10月中旬，终雪日为4月下旬以后，平均降雪日数10~20d，积雪日数达50d以上，降雪深度20cm，最大降雪厚度达30cm以上。

大海陀山地区地表土壤开始冻结的平均日期在10月下旬至11月上旬，地表土壤开始解冻的平均日期在4月上旬至下旬。冻土深度一般为60~70cm，最大冻土深度达100cm以上。

2.3.4　湿度与蒸发量

2.3.4.1　湿度

空气湿度，是指空气干湿的程度，其大小取决于空气中水汽含量的多少及气温的高低。大海陀山地区年平均相对湿度、水汽压均以冬季(1月)最小，夏季最大，秋季次大，春季次之。

年平均相对湿度为68%。1月最低为50%；4月次低为55%；7月最高为78%；10月为65%。

2.3.4.2 蒸发量

蒸发是在水面或冰面上发生的汽化现象，只要水汽压比当时的饱和水汽压小，就会出现蒸发，常用蒸发量来表示。大海陀山地区年平均蒸发量约为1550mm。蒸发量的大小是湿度、风速、饱和差等气象因子综合作用的结果，而气温是主要的影响因子，所以蒸发量的年变化与气温的年变化趋势大体一致。大海陀山地区冬季气温最低，蒸发量最小，仅有36mm，占全年蒸发量的2%~3%。春季气温升高，饱和差大，风速大，故蒸发量也大，5月是全年蒸发量最大的月份，高达266mm，占年蒸发量的15%~17%。夏季气温虽比春季高，但风速和饱和差均比春季小，故夏季蒸发量大于春季。入秋后，气温降低，蒸发量逐渐减少。

2.3.5 风与灾害天气

大海陀山地区属于季风气候区，冬季盛行偏北风，夏季盛行偏南风，春、秋为南北风向转换季节。不同地形条件有不同的盛行风向。河谷地带盛行风向多与山谷、河流的走向一致。全年风向以西北风和静风为主导。风速季节变化明显，冬春季平均风速最大，尤其是西北偏北风的风速最为突出，最大风速可达20m/s，年平均风速3m/s，风力2~3级。

地形对风速的影响较大，当冷空气自坝上和张家口下沉时，大海陀山海拔高度在2000m以上，将冷空气抬高，使西北风经昌平南口向东南部平原倾泻，形成风廊，风廊内风速较大。主要自然灾害有冰雹、寒潮与冷空气、大风。

2.4 水文与水资源

2.4.1 地表水

赤城县境内主要河流为白河、黑河和红河三条。境内共有河流总长1250.5km，其中，控制流域面积在50km²以上的河流31条，总长790km。赤城县境内共有水库2座，分别为云州水库（大Ⅱ型）和汤泉水库（小Ⅰ型）水库。

2.4.1.1 白河

白河发源于沽源县，起点为沽源县小厂镇棠梨沟村，流经独石口镇、云州乡、赤城镇、样田乡、后城镇5个乡（镇），终点为冀京界，总长度157km，总流域面积4259.2km²，赤城县境内河道长121km²，流域面积2915.9km²。河道多年平均流量7.1m³/s，枯水季节最小流量0.27m³/s。白河上游建有大型水库1座——云州水库，位于赤城县云州乡，是一座以防洪、灌溉为主的大Ⅱ型水库，建于1958年，控制流域面积1170km²，总库容1.0265亿立方米，防洪库容0.5942亿立方米。

2.4.1.2 红河

红河是白河的主要支流之一，发源于赤城县龙关镇大龙王堂村，流经龙关镇、雕鹗镇，在雕鹗镇隔河寨村汇入白河。红河河道总长51.7km，流域面积1124.4km²。红河现为时令河，上、中游基本断流，康庄以下下游有水，但水量较小。

2.4.1.3 黑河

黑河是白河的主要支流之一，发源于沽源县丰源店乡老掌沟黑水泉和赤城县东猴顶山，由北向南流经三道川乡、白草镇、东万口乡、茨营子乡、东卯镇共5个乡（镇），在北京市延庆区汇入白河，最终流入密云水库。黑河河道总长120.85km，总流域面积1633.6km²，其中赤城县境内河道长94.9km，流域面积1514km²。黑河年平均流量3.49m³/s，枯水期最小流量0.02m³/s，实测最大洪水流量646m³/s。沿河有老栅子沟、白草二道川河、青羊沟、白草沟、于家营河、瓦房、道德沟等较大的季节性支流。

2.4.2 河流水文特征

大海陀自然保护区境内的河流，均属于红河、白河上游的小支流流域，西面较大支流有东山庙河，东面几条小支流直接注入白河。

由于各种自然因素，特别在地形和气候条件的影响下，其河流的水文特征如下。

河床比降变化大：各河流由山区进入平原，河床比降变化大，没有明显的缓冲地段。各河上游流经山区，坡陡流急，落差很大，是开发水利资源的良好条件。各河流进入盆地、平原，比降骤然减少，水流缓慢，形成了大量的堆积，因而使河床形成易游的特性。

水位变化显著：本区年降水量都在500mm左右，但降水变率大，降水量多集中于夏季，7、8两月的降水量约占全年降水量的60%左右。因此，各河此时为汛期，水位急速上升。又因多暴雨，洪水有突涨突落的现象，水量亦随之有很大变化。其余时间内，尤其在冬、春两季，因降水稀少，成为干燥季节，河流水量很少，甚至可以断流，个别支流为季节河流。

河流含沙量大：由于降水量多集中于夏季，山区植被稀少，暴雨又多，产生地表径流，造成水土流失，含有大量沙泥，顺流而下。而从林区流出的水，由于茂密的植被保护，河流含沙量小。冬春季节冻结时间较长，当雪融化时，雪水由枯枝落叶层中逐渐流失，故水土流失极轻，含沙量很少，基本上是清水，森林植被的涵养水源作用效果显著。

2.4.3 地下水

地下水补给在大海陀山地区主要有两种方式：一是降水直接入渗；二是高山水蒸气直接在空中凝结，降落后补给裂隙水。中层地下水主要分布在白河河谷，以及白河流域的大海陀主沟等地；中浅层地下水主要分布在黑河、白河和红河中下游；浅层地下水主要分布于黑河、白河下游沿河两岸的部分地区。地下水pH在7.06～8.66。

2.5 土壤

大海陀自然保护区的土壤，主要成土母质是残坡积物、黄土质和冲洪积物。残坡积物又分为花岗岩残坡积物、基性残坡积物和碳酸残坡积物3种。不同性质的成土母质，形成了大海陀自然保护区土壤的复杂性和多样性，也影响了所发育土壤的理化性状。由残坡积物、黄土质、冲洪积物及风积物形成的各类土壤，表现为质地粗、通气好、土性热、增温快，但土壤养分贫瘠，水肥保持能力弱。

大海陀自然保护区主要有3个土类：棕壤土、褐土、高山草甸土，各有其形成演变规律。

2.5.1　土壤类型与分类

通过查阅全国土壤普查资料、《赤城县志》《河北省省志》自然地理志等资料，结合野外调查分析，保护区内共有3个土类，4个亚类，5土属，5个土种。分类系统如下。

2.5.1.1　棕壤类

(1)棕壤亚类：粗散状棕壤土属，薄腐中层粗散状棕壤；

(2)棕壤性土亚类：粗散状棕壤性土属，薄层粗散状棕壤性土；薄层灰质棕壤性土属，薄层灰质棕壤性土。

2.5.1.2　褐土类

褐土性土亚类：薄层粗散状褐土性土属，薄层暗实状褐土性土。

2.5.1.3　高山草甸土

高山草甸土亚类：粗散状山地草甸土属，厚腐厚层粗散状山地草甸土。

2.5.2　各类土壤简述

通过对保护区的土壤情况(土类、亚类)进行调查和采集、理化分析、数据统计，重点研究保护区土壤垂直分布、各类土壤的剖面特征及理化性质。开展了土壤的外业调查工作。根据自然保护区的主要土壤类型、地形地貌、植被类型以及土地利用等情况，进行路线调查(土壤概查)，确定本次土壤调查的具体土壤类型和地理位置，设置若干典型剖面点，挖掘土壤剖面，根据土壤的形态特征进行分层。在选择剖面点的位置时避开公路、村镇等人为干扰较大的地段。

2.5.2.1　棕壤

(1)分布特点

棕壤是保护区内主要的土壤类型，主要分布在1000m以上的中山及中高山山地上。其下限与淋溶褐土相接，其分布上限与山地草甸土相接。

(2)成土条件

棕壤是在温带大陆性季风气候的影响下形成的，成土母质为各种岩石残积物、坡积物和黄土沉淀物。在保护区内其原生植被以中生落叶阔叶林为主，现多为天然次生林或人工林。乔木树种为栎属和松属，主要有落叶松($Larix$ sp.)、油松、栎、杨($Populus$ sp.)、桦、椴($Tilia$ sp.)，灌木为丛生灌丛。常见种类有六道木($Abelia\ biflora$)、山皂荚($Gleidtsia\ japonica$)、照山白、迎红杜鹃、杭子梢($Campylotropis\ macrocarpa$)、平榛($Corylus\ heterophylla$)、虎榛($Ostryopsis\ davidiana$)、胡枝子、丁香($Syringa$ sp.)、悬钩子($Rubus$ sp.)等。因此，土壤中含有较多的有机质。

(3)成土过程及土壤特性

棕壤是在雨热同季的季风气候影响下,由阔叶林、真菌和好气性细菌组成的木本植物群落下形成的土壤。受半湿润和较湿润温良气候及植被发育良好的影响,土壤风化较好。形成大量的黏土矿物,并释放出游离铁和活动二氧化硅。表层铁锰还原为低价,被水淋溶下移,土体下层有不溶性高价铁锰沉积物。高价氧化铁在腐殖质参与下,土粒被染成棕色,并明显下移,使土体结构面胶膜增多,形成棕壤的棕色层,且黏粒程度较高。棕壤的黏土矿物仍以水化云母和蛭石为主,蛭石和蒙脱石有增加的趋势。

保护区的棕壤母质为酸性岩类、玄武岩类和硅质碳酸盐类的残积物、洪积物。土壤具有以下特征:凋落物-腐殖质层明显,脱钙淋溶过程、黏化及腐化过程明显,土壤呈酸性反应,pH在6.5~5.0。土层的中部有明显的黏粒聚集,土层间无机磷化物含量变异明显,风化淋溶作用强。棕壤的土层在30~100cm,枯枝落叶层1~3cm,棕黑或棕色腐殖质层厚薄不一,潮湿、松软,有弹性粒状结构,有假菌丝体,无石灰反应。

(4)土壤类型

棕壤分为棕壤和棕壤性土2个亚类,3个土属,3个土种。

①棕壤

分布在大海陀保护区的大部分区域。

粗散状棕壤土属:仅一个土种,即薄腐中层粗散状棕壤。分布于中低山,pH介于5.9~7.7,该土壤发育在花岗岩、花岗片麻岩、片麻岩、混合岩和正长岩等残坡积物的母质上,岩性颗粒粗,易风化。土层较厚,剖面发育较好,多含砾石。腐殖质层为暗灰色或黑棕色。心土层黏粒聚积黏化现象明显,棕色或黄棕色,棱块或块状结构,表面多见胶膜。土壤呈微酸性,通体无石灰反应。土壤有机质含量较高,土壤中胶体物质较多。

②棕壤性土

棕壤性土剖面发育比较弱,土层较薄,多砾石,呈微酸性反应。由于森林植被破坏,侵蚀比较严重,一般在阳坡分布较多。该类土壤在保护区内有2个土属,即粗散状棕壤性土属和薄层灰质棕壤性土属。

该类土壤发育在花岗岩类残坡积物母质上,土壤质地偏砂,物理性黏粒在20%以下,团粒结构较少。表层暗棕色较疏松,下部为棕色较紧实。通体无石灰反应,pH在6.5~6.8。土壤肥力较低,表层有机质仅在1%左右,速效磷、钾的含量均低。

2.5.2.2 褐土类

(1)分布特点

保护区内褐土,是保护区分布较少的土壤类型。主要分布在800~1300m棕壤带以下的低山、丘陵、黄土台地和河漫滩上,其母质为黄土和黄土性冲积物以及部分沉积岩、变质岩的残坡积物。其分布上限与棕壤相接,下限与潮土相接。

(2)成土条件

褐土是在半干旱半湿润气候条件下形成的。由于保护区具有热量条件比较好、雨热同季、降雨集中等特点,有利于植物生长和土壤黏化作用。由于雨量分配不均,土壤中碳酸钙的淋溶程度不等。

褐土的自然植被为旱生森林和灌木草本，主要树种有油松、蒙古栎（*Quercus mongolica*）、山杏（*Prunus sibirica*）等。灌木以荆条和酸枣为主。草本种类较多，有白头翁和蒿类（*Artemisia* sp.）。

（3）成土过程及土壤特性

褐土的形成有两个特点，即盐化过程和碳酸盐淋溶过程。褐土中矿物质的化学风化受干湿季节的变化影响，上下层表现的强弱不同。冬春旱季表土化学风化微弱，只在一定的深度内风化作用较强；夏季高温多雨，土壤上下各层均有较强的风化作用。次生黏土矿物随着降水的增加产生明显的机械淋移，通过淋溶黏化过程，产生黏化淀积层，使下层土壤的黏粒和胶膜大量增加。其黏粒中大部分为水化韵母，其次为蛭石，蒙脱石较少。由于淋溶作用，褐土中有机质分解和矿物质风化产生的无机盐类被淋溶到不同的土层。

（4）土壤类型

保护区内褐土仅有褐土性土1个亚类、1个土属、1个土种。

①褐土性土亚类

褐土性土多分布在石质丘陵区和洪冲积河岸。由于地表侵蚀强烈，植被稀少，成土时间短，土体发育微弱，黏化层不明显。土体中石砾较多，土壤剖面发育差，有机质含量少，心土层可见到假菌丝体。

保护区内仅有1个土属，即薄层粗散状褐土性土土属。

②薄层粗散状褐土性土土属

仅1个土种，即薄层暗实状褐土性土。该土壤发育在酸性岩类残坡积物上。分布于低山丘陵，土层薄，土体发育不明显，水土流失严重，表层含有大量的砾石，土壤表层（0~20cm）养分含量低。

2.5.2.3 亚高山山地草甸土

亚高山草甸位于棕壤之上，分布于海拔1800m以上。

该土壤发育在花岗岩残坡积物母质上，成土母质以酸性硅铝质残坡积物为主。该区域气候寒冷，冻结期和积雪期都很长。

植被为中生杂类草草甸，草本植被茂密，主要有高山蓼（*Koenigia alpina*）、翠雀（*Delphinium grandiflorun*）、草芍药（*Paeonia obovata*）、唐松草（*Thalictrum aquilegiflium var. sibiricum*）、金莲花（*Trollius chinensis*）、萎陵菜（*Potentilla chinensis*）、紫沙参（*Adenophora paniculata*）、风毛菊（*Saussurea* sp.）、小黄花菜（*Hemerocallis minor*）、薹草和铃兰（*Convallaria majalis*）等。此外还有一些稀疏灌木分布在山地草甸土的下部。

高山草甸土是在湿润季风气候和灌丛草甸植被条件下形成的，有机质累积大于分解，成土过程一般表现为腐殖质的累积过程。

高山草甸土在本区只有1个亚类、1个土属、1个土种，即高山草甸土亚类，粗散状山地草甸土属，厚腐厚层粗散状山地草甸土。仅分布于大海陀顶峰附近的山脊处。

第3章 植物多样性

3.1 植物区系

3.1.1 种类组成

保护区处于暖温带大陆性季风气候区,地形条件复杂,环境条件多样,系典型山地气候。该区域植物区系隶属泛北极植物区系中国-日本森林植物亚区华北地区山地亚地区。

根据外业实地调查并结合《河北植物志》等有关资料,保护区有野生维管束植物111科449属960种(含种下等级,下同)。其中,蕨类14科19属27种,裸子植物3科7属10种,被子植物94科423属923种,分别占河北省维管束植物总科数、属数、种数的65.3%、52.3%和35.9%(见表3-1和表3-2)。

表3-1 保护区维管束植物科、属、种统计

类别		科数	属数	种数(含种下分类单位)
蕨类植物		14	19	27
裸子植物		3	7	10
被子植物	双子叶植物	82	342	743
	单子叶植物	12	81	180
	小计	94	423	923
合计		111	449	960

保护区维管束植物的科数、属数和种数,分别占全国植物总数的24.7%、13.3%和3.2%(见表3-2)。

表3-2 保护区维管束植物数量与全省、全国数量比较

类别	科数					属数					种数				
	保护区科数	河北科数	占河北比例(%)	全国科数	占全国比例(%)	保护区属数	河北属数	占河北比例(%)	全国属数	占全国比例(%)	保护区种数	河北种数	占河北比例(%)	全国种数	占全国比例(%)
蕨类植物	14	21	66.7	63	22.2	19	37	51.4	228	8.3	27	101	26.7	3000	0.9
裸子植物	3	7	42.9	10	30.0	7	14	50.0	40	17.5	10	32	31.3	193	5.2
被子植物	94	144	65.3	377	24.9	423	809	52.3	3116	13.6	923	2571	35.9	27000	3.4
合计	111	172	64.5	450	24.7	449	860	52.2	3384	13.3	960	2704	35.5	30193	3.2

在区域植物种类中，被子植物种类占绝对优势，占保护区维管束植物总数的96.1%；其次为蕨类植物，占保护区维管束植物总数的2.8%；裸子植物最少，占保护区维管束植物种类的1.0%。

外业植物资源调查采用线路踏查和样地调查相结合的调查方法。地点遍及保护区，涉及溪沟、山谷、山坡、山脊、平地、林中、岸边等多种生境。

内业整理采用植物传统分类鉴定方法。蕨类植物按秦仁昌系统，裸子植物按郑万均系统，被子植物按哈钦松系统，在结合植物资源调查文献的基础上，参考《国家重点保护野生植物名录》《中国珍稀濒危植物名录》《河北省重点保护野生植物名录》等资料，整理出《大海陀国家级自然保护区珍稀植物物种名录》。

3.1.2 蕨类植物

3.1.2.1 蕨类植物组成

经初步调查和资料统计，在保护区分布的蕨类植物有14科19属27种，详见表3-3及附录名录。

表3-3 保护区蕨类植物科、属、种统计

序号	科名	属数	种数
1	卷柏科 Selaginellaceae	1	2
2	木贼科 Equisetaceae	1	2
3	碗蕨科 Dennstaedtiaceae	1	1
4	凤尾蕨科 Pteridaceae	1	1
5	中国蕨科 Sinopteridaceae	1	1
6	裸子蕨科 Hemionitidaceae	1	1
7	蹄盖蕨科 Athyriaceae	3	5
8	铁角蕨科 Aspleniaceae	2	3
9	金星蕨科 Thelypteridaceae	1	1
10	球子蕨科 Onocleaceae	1	1
11	岩蕨科 Woodsiaceae	1	3
12	鳞毛蕨科 Dryopteridaceae	2	2
13	水龙骨科 Polypodiaceae	2	3
14	苹科 Marsileaceae	1	1
合计	14	19	27

将保护区蕨类植物与全国、全省及河北山地蕨类植物科、属、种的组成进行比较，见表3-4。

表 3-4 保护区蕨类植物组成与比较

保护区			河北山地			保护区占河北山地比例(%)			全省			保护区占全省比例(%)			全国			保护区占全国比例(%)		
科	属	种	科	属	种	科	属	种	科	属	种	科	属	种	科	属	种	科	属	种
14	19	27	20	37	98	70.0	51.4	27.6	21	37	101	66.6	51.4	26.7	63	228	3000	22.2	8.3	0.9

由表 3-4 可知，保护区区域内分布的蕨类植物与河北山地乃至河北省的分布情况基本一致，河北山地蕨类植物所占的比例很高，大部分在保护区内均有分布，河北省蕨类植物的科、属、种中所占的比例科属较高，种较少，而在全国所占的比例则相对较低，尤其是种，仅占了全国种类的 0.9%。

3.1.2.2 蕨类植物科、属分析

蕨类植物分布广泛，无论在平原、森林、草地、岩缝、高山和水域中都有其踪迹，但以热带和亚热带地区为其分布中心。我国的蕨类植物约有 3000 种，多分布在西南地区和长江流域以南诸省，向西北方向种类逐渐减少。河北省蕨类植物在全国所占的比例较低，种类较贫乏。保护区是华北植物区系，气候类型属于暖温带大陆性季风气候，当地的自然环境条件决定了其蕨类植物分布的特点。

从表 3-3 可以看出，保护区蕨类植物中，种数最多的是蹄盖蕨科(Athyriaceae)，分布有 5 种；其次是分布有 3 种的科，有铁角蕨科(Aspleniaceae)、水龙骨科(Polypodiaceae)和岩蕨科(Woodsiaceae)；分布有 2 种的科是卷柏科(Selaginellaceae)、木贼科(Equisetaceae)和鳞毛蕨科(Dryopteridaceae)。这几个科种数占保护区蕨类植物总种数的 76.9%，构成了保护区蕨类植物的主体。

保护区蕨类植物中，优势属有卷柏属(Selaginella)5 种、问荆属(Equisetum)4 种、粉背蕨属(Aleuritopteris)3 种、蹄盖蕨属(Athyrium)3 种、铁角蕨属(Asplenium)3 种、鳞毛蕨属(Dryopteris)3 种和耳蕨属(Polystichum)3 种，这些属构成了该区域蕨类植物的优势属，种数占保护区蕨类总种数的 63.2%。

单种科植物有 6 个，包括碗蕨科(Dennstaedtiaceae)、凤尾蕨科(Pteridaceae)、裸子蕨(Hemionitidaceae)、金星蕨科(Thelypteridaceae)和球子蕨科(Onocleaceae)；单种属有 7 个，分别是碗蕨属(Dennstaedtia)、蕨(Pteridium)、金毛蕨属(Gymnopteris)、沼泽蕨属(Thelypteris)、荚果蕨属(Matteuccia)、瓦韦属(Lepisorus)和水龙骨属(Polypodium)。属于中国特种的有中华卷柏(Selaginella sinensis)、银粉背蕨(Aleuritipteris argentea)。

3.1.2.3 蕨类植物的利用

蕨类植物与人类的关系极为密切，除形成煤炭的古代蕨类植物为人类提供了大量的能源外，现代蕨类植物的经济作用也是多方面的，可食用、药用、观赏，作为林业生产的指示植物，等等。以下将对保护区内分布的一些较为重要的蕨类植物的生境及利用情况作简单介绍。

(1) 卷柏(Selaginella tamariscina)

卷柏科卷柏属，中国特有种。生于向阳山坡或岩石缝内，多生于向阳的干旱岩石缝中，其根能自行从土壤中分离，卷缩似拳状，随风移动，遇水而荣，根重新再钻到土壤里

寻找水分，耐旱力极强，在长期干旱后只要根系在水中浸泡就又可舒展，所以又名九死还魂草。卷柏全草有止血、收敛的效能；民间将它全株烧成灰，内服可治疗各种出血症，和菜油拌起来外用，可治疗各种刀伤；同时，还可以观赏，用于植于假山、大型盆景栽培点缀。

（2）问荆（*Equisetum arvense*）

木贼科木贼属，北温带成分。中国特有种，生长在沟旁或山坡石缝中。全草有毒，可入药，能治疗泌尿系统疾病；其毒性成分还可作杀虫剂，用于防治疾病。

（3）木贼（*Equisetum hiemale*）

木贼科木贼属，北温带成分。生长在山坡湿地、疏林下或河岸沙地。全草可入药，对明目退翳、散风热有功效，还可作牧草，全草有毒；木贼还是工业生产上的重要原料，因含有较多硅质，可以代替砂皮摩擦木器和金属器械，是极好的磨光剂。

（4）节节草（*Equisetum ramosissimum*）

木贼科木贼属，北温带成分。生长在沙地、低山、水边及林下。全草可入药，有明目退翳、清热利尿、止血及消肿等功效；全株有毒，还可作药用。

（5）蕨（*Pteridium aquilinum var. latiusculum*）

凤尾蕨科蕨属，世界广布成分。生长在山坡、草地及林下。嫩叶清香味美可食用，又称蕨菜；根状茎贮藏优质淀粉，可制蕨粉供食用，其营养价值不亚于藕粉，不但可食，还可酿酒；全株入药，可祛风湿，利尿解毒；蕨还可作为观赏栽培植物。

（6）银粉背蕨（*Aleuritipteris argentea*）

中国蕨科粉背蕨属，中国特有种。生长在干旱石灰岩石缝中。全草入药，能调经补血、补虚、止咳；可作钙质土指示植物，在营造和发展喜钙植物林地时起指示作用。

（7）铁线蕨（*Adiantum capillus-veneris*）

铁线蕨科铁线蕨属，温带亚洲成分。生长在溪边石灰岩上或含钙质的壤土上。世界广布成分。全草入药，具有清热利湿、消肿解毒、止咳平喘、利尿通淋等功效；为著名的观赏植物，可作室内中小型盆栽或点缀山石盆景；叶片是良好的切花材料，干燥后也是较理想的干花材料；可作钙质土的指示植物。

（8）荚果蕨（*Matteuccia struthiopteris*）

球子蕨科荚果蕨属，北温带成分。生长在林下潮湿土壤上或林下山溪旁。根状茎入药，有小毒，能清热解毒、止血、杀虫；可食用，其拳卷状嫩叶可炒食、凉拌、干制或盐渍等；全草可用于杀虫；可作观赏植物，盆栽摆放于厅、堂或室内观赏。

（9）北京石韦（*Pyrrosia davidii*）

水龙骨科石韦属，为东亚成分。生长在山坡岩石上或石缝中；其根可作为化学药品原料植物，可作甜味剂。

3.1.3　种子植物

3.1.3.1　种子植物的种类组成

根据2020—2022年对保护区范围内植物区系与植被的科学考察、植物标本的鉴定结果，大海陀国家级自然保护区分布有种子植物97科430属933种。其中，裸子植物3科7

属 10 种，被子植物 94 科 423 属 923 种。具体科、属、种统计见表 3-5 和表 3-6。

表 3-5 保护区裸子植物科、属、种统计

序号	科名	属数	种数
1	松科 Pinaceae	3	5
2	柏科 Cupressaceae	3	3
3	麻黄科 Ephedraceae	1	2
合计	3	7	10

表 3-6 保护区被子植物科、属、种统计

序号	科名	属数	种数
1	金栗兰科 Chloranthaceae	1	1
2	杨柳科 Salicaceae	2	12
3	胡桃科 Juglandaceae	1	2
4	桦木科 Betulaceae	4	9
5	壳斗科 Fagaceae	1	3
6	榆科 Ulmaceae	3	9
7	桑科 Moraceae	3	5
8	荨麻科 Urticaceae	5	9
9	檀香科 Santalaceae	1	2
10	桑寄生科 Loranthaceae	1	1
11	马兜铃科 Aristolochiaceae	1	1
12	蓼科 Polygonaceae	4	23
13	藜科 Chenopodiaceae	4	8
14	苋科 Amaranthaceae	1	2
15	马齿苋科 Portulacaceae	1	1
16	石竹科 Caryophyllaceae	9	22
17	毛茛科 Ranunculaceae	13	40
18	小檗科 Berberidaceae	2	3
19	防己科 Menispermaceae	1	1
20	木兰科 Magnoliaceae	1	1
21	罂粟科 Papaveracea	4	9
22	十字花科 Cruciferae	14	24
23	景天科 Crassulaceae	4	11
24	虎耳草科 Saxifragaceae	9	14
25	蔷薇科 Rosaceae	18	58

(续)

序号	科名	属数	种数
26	豆科 Leguminosae	18	52
27	牻牛儿苗科 Geraniaceae	2	6
28	亚麻科 Linaceae	1	1
29	蒺藜科 Zygophyllaceae	1	1
30	芸香科 Rutaceae	3	3
31	苦木科 Simarubaceae	1	1
32	远志科 Polygalaceae	1	4
33	大戟科 Euphorbiaceae	5	7
34	漆树科 Anacardiaceae	1	1
35	卫矛科 Celastraceae	2	3
36	槭树科 Aceraceae	1	4
37	无患子科 Sapindaceae	1	1
38	凤仙花科 Balsaminaceae	1	1
39	鼠李科 Rhamnaceae	2	9
40	葡萄科 Vitaceae	2	5
41	椴树科 Tiliaceae	2	4
42	锦葵科 Malvaceae	3	3
43	猕猴桃科 Actinidiaceae	1	1
44	藤黄科 Gutliferae	1	2
45	柽柳科 Tamaricaceae	2	2
46	堇菜科 Violaceae	1	11
47	秋海棠科 Begoniaceae	1	1
48	瑞香科 Thymelaeaceae	3	3
49	胡颓子科 Elaeagnaceae	1	1
50	千屈菜科 Lythraceae	1	1
51	柳叶菜科 Onagraceae	3	7
52	五加科 Araliaceae	1	2
53	小二仙草科 Haloragidaceae	1	1
54	伞形科 Umbelliferae	16	24
55	山茱萸科 Cornaceae	2	2
56	鹿蹄草科 Pyrolaceae	2	2
57	杜鹃花科 Ericaceae	1	2
58	报春花科 Primulaceae	4	6

(续)

序号	科名	属数	种数
59	白花丹 Plumbaginaceae	1	1
60	木犀科 Oleaceae	2	7
61	龙胆科 Gentianaceae	6	15
62	萝藦科 Asclepiadaceae	3	11
63	旋花科 Convolvulaceae	5	9
64	花荵科 Polemoniaceae	1	1
65	紫草科 Boraginaceae	9	14
66	马鞭草科 Verbenaceae	1	2
67	唇形科 Labiatae	19	42
68	茄科 Solanaceae	6	7
69	玄参科 Scrophullariaceae	13	20
70	紫葳科 Bignoniaceae	1	1
71	列当科 Orobanchaceae	1	2
72	苦苣苔科 Gesneriaceae	1	1
73	透骨草科 Phrymaceae	1	1
74	车前科 Plantaginaceae	1	3
75	茜草科 Rubiaceae	4	11
76	忍冬科 Caprifoliaceae	5	10
77	五福花科 Adoxaceae	1	1
78	败酱科 Valerianaceae	2	5
79	川续断科 Dipsaceceae	2	2
80	葫芦科 Cucurbitaceae	1	1
81	桔梗科 Campanulaceae	5	15
82	菊科 Compositae	51	112
83	眼子菜科 Potamogetonaceae	1	3
84	泽泻科 Alismataceae	1	1
85	香蒲科 Typhaceae	1	1
86	禾本科 Gramineae	45	86
87	莎草科 Cyperaceae	7	29
88	天南星科 Araceae	2	4
89	鸭跖草科 Commelinaceae	2	2
90	灯心草科 Juncaceae	1	4
91	百合科 Liliaceae	14	35

(续)

序号	科名	属数	种数
92	薯蓣科 Dioscoreaceae	1	1
93	鸢尾科 Iridaceae	1	3
94	兰科 Orchidaceae	11	14
合计	94	423	923

保护区野生种子植物中，裸子植物分别占保护区野生种子植物科、属、种总数的3.1%、1.6%和1.1%，被子植物分别占保护区野生种子植物科、属、种总数的96.9%、98.4%和98.9%，被子植物中双子叶植物科、属、种数分别占保护区野生种子植物总数的73.9%、76.2%和77.4%，单子叶植物科、属、种分别占保护区总种数的10.8%、18.0%和18.8%。由此可以看出，被子植物在保护区植物区系中占有绝对优势，尤以双子叶植物处于优势地位。将保护区被子植物与全国、全省及河北山地被子植物科、属、种的组成进行比较，见表3-7。

表3-7 保护区蕨类植物组成与比较

类群	保护区			河北山地			保护区占河北山地比例(%)			河北省			保护区占河北省比例(%)			全国			保护区占全国比例(%)		
	科	属	种	科	属	种	科	属	种	科	属	种	科	属	种	科	属	种	科	属	种
裸子植物	3	7	10	3	8	16	100	87.5	62.5	4	11	32	75.0	63.6	31.3	10	40	193	30.0	17.5	5.2
被子植物	94	423	923	116	641	2039	81.0	65.9	45.3	137	810	2514	68.6	52.2	36.7	377	3116	27000	24.9	13.6	3.4
合计	97	430	933	119	649	2055	81.5	66.3	45.4	141	821	2546	68.8	52.4	36.6	387	3156	27193	25.1	13.6	3.4

由表3-7可知，保护区种子植物科、属、种数量分别占河北山地种子植物科、属、种数量的81.5%、66.3%和45.4%，占河北省种子植物科、属、种数量的68.8%、52.4%和36.6%，占全国种子植物科、属、种数量的25.1%、13.6%和3.4%。由此可知，保护区区域内种子植物的数量在全国种子植物数量中所占的比例较小，这是由保护区所处的地理位置和自然条件决定的，但在河北省来说，该区域的被子植物具有一定的代表性。

3.1.3.2 种子植物优势科分析

将保护区种子植物科的数量等级各分为5级，各数量等级所含科数见表3-8。

表3-8 保护区种子植物科的数量等级所含科数

类型	单种科（1种）	少种科（2-9种）	中科（10~14）	较大科（15~40种）	大科（40种以上）	合计
裸子植物	1	2	/	/	/	3
被子植物	26	45	10	9	4	94
合计	27	47	10	9	4	97

由表3-8看出,保护区种子植物区系中单种科和少种科较丰富,为74科,占总科数的66.7%;中科和较大科19科,占17.1%;大科4科,占3.6%。

由表3-9看出,大科有4科,即菊科(Compositae)(51/112)(属/种,下同)、禾本科(Gramineae)(45/87)、蔷薇科(Rosaceae)(18/58)、豆科(Leguminosae)(18/52)。较大科有9科,依科的大小排序为唇形科(Labiatae)(19/42)、毛茛科(Ranunculaceae)(13/40)、百合科(Liliaceae)(14/35)、莎草科(Cyperaceae)(7/29)、十字花科(Cruciferae)(14/24)、伞形科(Umbelliferae)(16/24)、蓼科(Chenopodiaceae)(4/23)、石竹科(Caryophyllaceae)(9/22)、玄参科(Scrophullariaceae)(13/20)。大科和较大科共有13科243属568种,占本区系总科数、总属数和总种数的11.7%、53.9%和59.2%,表明大海陀种子植物具有一些种类聚集于相应大科的特性。这些科平均含种数43.7种,为该种子植物区系中总科数(97)平均含种数9.3种的4.7倍。由此可见,该区系的植物种类集中在少数大科和较大科中,区系优势现象较明显,这些科对于这一地区植物区系的性质和植被的群落组成、结构及其特点起着十分重要的作用,可认为是该区地区种子植物区系的优势科,反映了北方温带植物分布的基本规律。

表3-9 保护区种子植物优势科统计表

序号	科名	属数	占保护区总属数比例(%)	种数	占保护区总种数比例(%)
1	菊科 Compositae	51	11.86	112	11.7
2	禾本科 Gramineae	45	10.46	87	9.0
3	蔷薇科 Rosaceae	18	4.18	58	6.0
4	豆科 Leguminosae	18	4.18	52	5.4
5	唇形科 Labiatae	19	4.42	42	4.4
6	毛茛科 Ranunculaceae	13	3.02	40	4.2
7	百合科 Liliaceae	14	3.26	35	3.6
8	莎草科(Cyperaceae)	7	1.63	29	3.0
9	十字花科(Cruciferae)	14	3.1	24	2.5
10	伞形科 Umbelliferae	16	3.72	24	2.5
11	蓼科 Polygonaceae	4	0.93	23	2.4
12	石竹科 Caryophyllaceae	9	2.09	22	2.3
13	玄参科 Scrophullariaceae	13	3.02	20	2.1
	合计	243	56.5	568	59.2

对这13科243属568种植物的地理分布区系类型进行分析,世界性分布的广布属有22个、种有68个,占13科属数的9.1%、种数的12.0%;温带性质的有123属、232种,分别占13科属数的67.6%、种数的65.7%;热带性质的有3057属、119种,分别占13科属数的31.3%、种数的33.7%;中国特有的2属2种,均占13科属数和种数的1.1%。由此可以看出,温带成分在该地区占有绝对优势,其他地理成分在该地区均有一定的延伸和

相互交错渗透。

3.1.3.3 种子植物优势属分析

将保护区种子植物属的数量等级各分为5级，各数量等级所含属数见表3-10。

表3-10 保护区种子植物属的数量等级

类型	单属(1种)	少属(2-4种)	中属(5~9种)	较大属(10~19种)	大属(≥20种)	合计
裸子植物	5	2	/	/	/	7
被子植物	25	34	17	9	13	423
合计	30	36	17	9	13	430

由表3-10可以看出，保护区种子植物区系的430属中，单种属和少种属共计66属，占总属数的14.7%，较为丰富。大属、较大属和中属为39属，分别是柳属(Salix)(8)(种数，下同)、桦木属(Betula)(5)、榆属(Ulmus)(6)、蓼属(Polygonum)(18)、栎属(Quercus)(5)、繁缕属(Stellaria)(5)、蝇子草属(Silene)(5)、铁线莲属(Clematis)(7)、唐松草属(Thalictrum)(8)、银莲花属(Anemone)(5)、紫堇属(Corydalis)(5)、景天属(Sedum)(5)、委陵菜属(Potentilla)(21)、李属(Prunus)(5)、绣线菊属(Spiraea)(5)、胡枝子属(Lespedeza)(7)、黄耆属(Astragalus)(7)、锦鸡儿属(Caragana)(5)、野豌豆属(Vicia)(10)、老鹳草属(Ge-ranium)(5)、鼠李属(Rhamnus)(8)、堇菜属(Viola)(11)、柴胡属(Bupleurum)(5)、龙胆属(Genliaiid)(6)、鹅绒藤属(Cynanchum)(9)、黄芩属(Scutellaria)(5)、香薷属(Elsholtzia)(5)、马先蒿属(Pedicularis)(6)、猪殃殃属(Galium)(9)、沙参属(Adenophora)(10)、蒿属(Artemisia)(21)、蓟属(Cirsium)(6)、蒲公英属(Taraxacum)(6)、风毛菊属(Saussurea)(9)、鹅观草属(Roegneria)(6)、早熟禾属(Poa)(9)、薹草属(Carex)(18)、葱属(Allium)(12)、黄精属(Polygonatum)(6)，39属占总属数的8.7%，共计314种，占保护区种子植物总种数的33.7%，平均每属8.1种，为赤城县大海陀种子植物区系平均含种数2.1种的3.9倍，处于属的优势地位。这39属植物是大海陀种子植物区系中数量较多且常见的属，它们大部分是当地植物区系和植被类型中重要的成分，构成了保护区种子植物区系的优势属。

表3-11 保护区种子植物优势属统计(≥5种)

序号	属中文名	属拉丁名	保护区种数	占保护区种子植物总种数比例(%)
1	柳属	Salix	8	0.9
2	桦木属	Betula	5	0.5
3	栎属	Quercus	5	0.5
4	榆属	Ulmus	6	0.6
5	蓼属	Polygonum	18	1.9
6	繁缕属	Stellaria	5	0.5
7	蝇子草属	Silene	5	0.5

(续)

序号	属中文名	属拉丁名	保护区种数	占保护区种子植物总种数比例(%)
8	铁线莲属	Clematis	7	0.7
9	唐松草属	Thalictrum	8	0.9
10	银莲花属	Anemone	5	0.5
11	紫堇属	Corydalis	5	0.5
12	景天属	Sedum	5	0.5
13	委陵菜属	Potentilla	21	2.3
14	李属	Prunus	5	0.5
15	绣线菊属	Spiraea	5	0.5
16	胡枝子属	Lespedeza	7	0.7
17	黄耆属	Astragalus	7	0.7
18	锦鸡儿属	Caragana	5	0.5
19	野豌豆属	Vicia	10	1.1
20	老鹳草属	Ge-ranium	5	0.5
21	鼠李属	Rhamnus	8	0.9
22	堇菜属	Viola	11	1.2
23	柴胡属	Bupleurum	5	0.5
24	龙胆属	Genliaiid	6	0.5
25	鹅绒藤属	Cynanchum	9	1.0
26	黄芩属	Scutellaria	5	0.5
27	香薷属	Elsholtzia	5	0.5
28	马先蒿属	Pedicularis	6	0.6
29	猪殃殃属	Galium	9	1.0
30	沙参属	Adenophora	10	1.1
31	蒿属	Artemisia	21	2.3
32	蓟属	Cirsium	6	0.6
33	蒲公英属	Taraxacum	6	0.6
34	风毛菊属	Saussurea	9	1.0
35	鹅观草属	Roegneria	6	0.6
36	早熟禾属	Poa	9	1.0
37	薹草属	Carex	18	1.9
38	葱属	Allium	12	1.3
39	黄精属	Polygonatum	6	0.6
	合计		314	33.7

从优势属的分布区类型分析，属于世界广布的有蓼属、酸模属、栎属、铁线莲属、堇菜属、薹草属、龙胆属 7 属；属于温带性质的有桦木属、唐松草属、委陵菜属、李属、绣线菊属、胡枝子属、沙参属、风毛菊属、葱属 9；属于热带分布的只有鹅绒藤属 1 属。因此，保护区区域内种子植物优势属的地理分布以温带分布为主，说明该区域内种子植物区系具有明显的温带性质。

3.1.3.3.4 保护区种子植物地理区系成分特点

根据吴征镒教授对中国种子植物属的分布区类型的划分观点，现将该保护区种子植物 430 属划分为 15 个分布区类型（表3-12）。

(1) 世界分布

世界分布区类型包括几乎遍布世界各大洲而没有特殊分布中心的属，或虽有一个或数个分布中心而包含世界分布种的属。属于这一分布类型的属在保护区区域有 52 属 141 种，占保护区总属数的 12.1% 和总种数的 14.8%，主要有薹草属（*Carex*）、蓼属、酸模属、藜属、猪毛菜属（*Salsola*）、银莲花属（*Anemone*）、铁线莲属、白头翁属（*Pulsatilla*）、毛茛属（*Ranunculus*）、金莲花属（*Trollius*）、碎米荠属（*Cardamine*）、独行菜属（*Lepidium*）、蔊菜属（*Rorippa*）、悬钩子属（*Rubus*）、黄耆属（*Astragalus*）、槐属（*Sophora*）、老鹳草属（*Geranium*）、远志属（*Polygana*）、鼠李属（*Rhamnus*）、堇菜属、千屈菜属（*Lythrum*）、变豆菜属（*Sanicula*）、珍珠菜属（*Lysimachia*）、龙胆属（*Gentiana*）、旋花属（*Convolvulus*）、鼠尾草属（*Salvia*）、黄芩属（*Scutellaria*）、酸浆属（*Physalis* L.）、车前属（*Plantago*）、猪殃殃属（*Galium*）、飞蓬属（*Erigeron*）、千里光属（*Senecio*）、苍耳属（*Xanthium*）、马唐属（*Digitaria*）、早熟禾属（*Poa*）和灯心草属（*Juncus*）等。这一地理分布类型在保护区区域分布极为普遍，但世界分布属属于广布类型，在研究和确定植物区系的性质时意义不大。因此，在各分布区类型的统计比较时不计算其所占当地总属数的百分比。

表3-12 保护区种子植物属分布区类型统计

分布区	保护区属数	占保护区总属数(不包括世界分布)比例(%)
1. 世界分布	52	—
2. 泛热带分布	49	13.0
3. 热带亚洲和热带美洲间断分布	3	0.8
4. 旧世界热带分布	5	1.3
5. 热带亚洲至热带大洋洲分布	3	0.8
6. 热带亚洲至热带非洲分布	7	1.9
7. 热带亚洲(印度—马来西亚)分布	4	1.1
8. 北温带分布	159	42.1
9. 东亚和北美洲间断分布	21	5.6
10. 旧世界温带分布	59	15.6
11. 温带亚洲分布	20	5.3

（续）

分布区	保护区属数	占保护区总属数(不包括世界分布)比例(%)
12. 地中海、西亚至中亚分布	4	1.1
13. 中亚分布	7	1.9
14. 东亚分布	30	7.9
15. 中国特有分布	7	1.9
合计	430	100

（2）泛热带分布

泛热带分布类型包括普遍分布于东、西半球热带和在世界热带范围内有一个或数个分布中心，但在其他地区也有一些种类分布的热带属。属于这一分布区类型的属在保护区有49属，其属数占当地总属数的13.0%，在15个分布区类型中居第四位，相对较多，尤其是具有热带性质的建群种的存在，说明该区系的形成发展过程中与热带有着密切的亲缘关系。虽然此分布区类型所含属数较多，但种类较少，单属种的比例较高，种系发育不良，说明该区域可能是某些属热带中心向北温带延伸的边缘，主要包括麻黄属（Ephedra）、朴属（Celtis）、马齿苋属（Portulaca）、木蓝属（Indigofera）、大戟属（Euphorbia）、卫矛属（Euonymus）、南蛇藤属（Celastrus）、凤仙花属（Impatiens）、枣属（Ziziphus）、秋海棠属（Begonia）、鹅绒藤属、打碗花属（Calystegia）、菟丝子属（Cuscuta）、牵牛花属（Pharbitis）、牡荆属（Vitex）、曼陀罗属（Datura）、白酒草属（Conyza）、虎尾草属（Chloris）、狗尾草属（Setaria）、虱子草属（Tragus）、鸭趾草属（Commelina）和薯蓣属（Dioscorea）等。

（3）热带亚洲和热带美洲间断分布

这一分布区类型包括间断分布于美洲和亚洲温暖地区的热带属，在旧世界（东半球）从亚洲可能延伸到澳大利亚东北部或西南太平洋岛屿。这一分布类型在保护区区域有3属，占该地区总属数的0.8%，其比例很小，对保护区植物区系特征的影响很小。

（4）旧世界热带分布

旧世界热带是指亚洲、非洲和大洋洲热带地区及其临近岛屿（也常称为古热带），以与美洲新大陆热带相区别。这一分布类型在该地区有百蕊草属（Thesium）、桑寄生属（Loranthus）、吴茱萸属（Euodia）、香茶菜属（Rabdosia）、天门冬属（Asparagus）5属，占该地区总属数的1.3%，其比例很小，对保护区植物区系特征的影响很小。

（5）热带亚洲至热带大洋洲分布

热带亚洲至大洋洲分布区是旧世界热带分布区的东翼，其西端可达马达加斯加，但一般不到非洲大陆。这一分布区类型在该地区有苦木属（Ailanthus）、牛耳草属（Boea）和手参属（Gymnadenia）3属，占该地区总属数的0.8%，这一分布类型数量较少，对该地区植物区系的性质影响不大。

（6）热带亚洲至热带非洲分布

这一分布区类型是旧世界热带分布区类型的西翼，从热带非洲至印度—马来西亚，特别是其西部（西马来西亚），有的属也分布到斐济等南太平洋岛屿，但未见于澳大利亚大陆。在保护区属于这一分布类型的属有蝎子草属（*Girardinia*）、野大豆属（*Glycine*）、杠柳属（*Periploca*）、荩草属（*Arthraxon*）和菅草属（*Themeda*）等7属，占该地区总属数的1.8%。这一类型在保护区包含的种类虽然不多，但分布较广，如菅草属、荩草属、芒草属为该区域山地灌草丛的优势属或重要组成，杠柳属在贫瘠的山坡荒地也很常见。

（7）热带亚洲（印度—马来西亚）分布

热带亚洲是旧世界热带的中心部分。这一类型分布区的范围包括印度、斯里兰卡、缅甸、泰国、中南半岛、印度尼西亚、加里曼丹、菲律宾及新几内亚等。东面可达斐济等太平洋岛屿，但不到澳大利亚大陆。其中，分布区的北部边缘往往到达我国西南、华南及台湾，甚至更北地区。这一分布类型的属在我国的植物区系中极为丰富，有681属。但在保护区只有构属（*Broussonetia*）、蛇莓属（*Duchesnea*）、葛属（*Pueraria*）和苦荬菜属（*Ixeris*）4属，仅占该地区总属数的1.1%，因此，热带亚洲分布类型在本地区植物区系的作用十分微小。木本的构树散生于低山灌丛和杂木林中，木质藤本葛生于山谷林中，蛇莓属、苦荬菜属生于林下或荒野、路边。

（8）北温带分布

北温带分布区类型一般是指那些广泛分布于欧洲、亚洲和北美洲温带地区的属，包括落叶松属（*Larix*）、松属（*Pinus*）、圆柏属（*Sabina*）、刺柏属（*Juniperus*）、云杉属（*Picea*）、杨属（*Populus*）、柳属（*Salix*）、胡桃属（*Juglans*）、桦木属、榛属（*Corylus*）、鹅耳枥属（*Carpinus*）、榆属（*Ulmus*）、葎草属（*Humulus*）、桑属（*Morus*）、荨麻属（*Urtica*）、地肤属（*Kochia*）、蚤缀属（*Arenaria*）、蝇子草属（*Silene*）、类叶升麻属（*Actaea*）、乌头属（*Aconitum*）、耧斗菜属（*Aquilegia*）、翠雀属（*Delphinium*）、白头翁属（*Pulsatilla*）、唐松草属、芍药属（*Peaonia*）、小檗属（*Berberis*）、紫堇属（*Corydalis*）、荠属（*Capsella*）、葶苈属（*Draba*）、景天属（*Sedum*）、金腰属（*Chrysosplenium*）、梅花草属（*Parnassia*）、茶藨子属（*Ribes*）、虎耳草属（*Saxifraga*）、龙牙草属（*Agrimonia*）、水杨梅属（*Geum*）、苹果属（*Malus*）、委陵菜属、李属、蔷薇属（*Rosa*）、地榆属（*Sanguisorba*）、花楸属（*Sorbus*）、绣线菊属、香豌豆属（*Lathyrus*）、棘豆属（*Oxytropis*）、野豌豆属（*Vicia*）、亚麻属（*Linum*）、槭属（*Acer*）、葡萄属（*Vitis*）、椴属（*Tilia*）、锦葵属（*Malva*）、露珠草属（*Circaea*）、柳叶菜属（*Epilobium*）、当归属（*Angelica*）、柴胡属（*Bupleurum*）、独活属（*Heracleum*）、杜鹃花属（*Rhododendron*）、报春花属（*Primula*）、点地梅属（*Androsace*）、獐牙菜属（*Swertia*）、鹤虱属（*Lappula*）、薄荷属（*Mentha*）、山萝花属（*Mela-mpyrum*）、马先蒿属（*Pedicularis*）、玄参属（*Scrophularia*）、婆婆纳属（*Veronica*）、列当属（*Orobanche*）、茜草属（*Rubia*）、忍冬属（*Loniera*）、接骨木属（*Sambucus*）、荚蒾属（*Viburnum*）、蓍草属（*Achillea*）、蒿属（*Artemisia*）、紫菀属（*Aster*）、蓟属（*Cirsium*）、火绒草属（*Leontopodium*）、风毛菊属、狗舌草属（*Tephroseris*）、苦荬菜属（*Sonchus*）、蒲公英属（*Taraxacum*）、野古草属（*Arundinella*）、拂子茅属（*Calamagrostis*）、稗属（*Echinochloa*）、披碱草属（*Elymus*）、画眉草属（*Eragrostis*）、臭草属（*Melica*）、三毛草属（*Trisetum*）、天南星属（*Arisaema*）、葱属（*Allium*）、铃兰属（*Convallaria*）、百合属（*Lilium*）、舞鹤草属（*Maianthemum*）、黄精属（*Polygonatum*）、藜芦属（*Veratrum*）、鸢尾属（*Iris*）、梾木属（*Swida*）、八宝属（*Hylotelephium*）、泽泻属（*Alisma*）、雀麦属（*Bromus*）、虉草属（*Phalaris*）、碱茅属（*Puccinellia*）、杓兰属（*Cypripedium*）、舌唇兰属

(*Platanthera*)和绶草属(*Spiranthes*)等，共 159 属，占保护区被子植物总属数的 42.1%，居 15 个分布类型的首位。在北温带分布区类型中超过 5 属以上的科有毛茛科、虎耳草科、蔷薇科、伞形科、菊科、禾本科、百合科，这些科都是华北植物地理区系中的典型代表科。

北温带分布类型在该保护区植物区系中占优势，是该地区植物区系的主体，这与该地区所处的暖温带的地理位置、气候条件是相符的。可以说，该地区植物区系是北温带分布类型较为典型的代表区系。

(9)东亚和北美洲间断分布

这一分布区类型是指间断分布于东亚和北美洲温带及亚热带地区的属。在该地区中，属于这一分布区类型的有五味子属(*Schisandra*)、红升麻属(*Astilbe*)、绣球属(*Hydrangea*)、三籽两型豆属(*Amphicarpaea*)、皂荚属(*Gleditsia*)、胡枝子属、蛇葡萄属(*Ampelopsis*)、楤木属(*Aralia*)、藿香属(*Agastache*)、散血丹属(*Physaliastrum*)、腹水草属(*Veronicastrum*)、透骨草属(*Phryma*)、六道木属(*Abelia*)、蟹甲草属(*Cacalia*)、大丁草属(*Leibnitzia*)、乱子草属(*Muhlenbergia*)和鹿药属(*Smilacina*)21 属，占该地区总属数的 5.6%。在山坡、沟谷、林下灌丛或阴湿处较常见。由于北美东部与我国(尤其是东南部)具有许多相似而又悠久的自然和历史条件，因此两地之间存在许多共同属，这对研究它们之间植物区系的关系，乃至植物区系的起源都是极为重要的证据。

(10)旧世界温带分布

这一分布区类型一般是指广泛分布于欧洲、亚洲中高纬度的温带和寒温带，最多有个别种延伸到亚洲-非洲热带山地甚至澳大利亚的属。在该地区植物区系中，属于这一分布类型的属有荞麦属(*Fagopyrum*)、石竹属(*Dianthus*)、剪秋萝属(*Lychnis*)、鹅肠菜属(*Malachium*)、白屈菜属(*Chelidonium*)、苜蓿属(*Medicago*)、草木樨属(*Melilotus*)、前胡属(*Peucedanum*)、窃衣属(*Torilis*)、丁香属(*Syringa*)、筋骨草属(*Ajuga*)、青兰属(*Dracocphalum*)、香薷属(*Elsholtzia*)、夏至草属(*Lagopsis*)、益母草属(*Lenourus*)、荆芥属(*Nepeta*)、百里香属(*Thymus*)、川续断属(*Dipsacus*)、蓝盆花属(*Scabiosa*)、沙参属(*Adenophora*)、牛蒡属(*Arctium*)、飞廉属(*Carduus*)、天名精属(*Carpesium*)、菊属(*Dendranthema*)、蓝刺头属(*Echinops*)、旋覆花属(*Inula*)、山莴苣属(*Lactuca*)、橐吾属(*Ligularia*)、鸦葱属(*Scorzonera*)、漏芦属(*Stemmacantha*)、芨芨草属(*Achnatherum*)、鹅观草属(*Roegneria*)、沙棘属(*Hippophae*)、峨参属(*Anthriscus*)、锦葵属(*Malva*)、萱草属(*Hemerocallis*)和重楼属(*Paris*)等 59 属。属于旧世界温带分布类型的属占该地区总属数的 15.6%，在 15 个分布区类型中居第二位，可见这一分布类型也是该地区植物区系成分中的重要组成成分，也说明了该保护区植物区系成分与中、高纬度的温带或寒温带地区的区系组成的联系是较为紧密的。这与该保护区所处的地理位置、气候条件是相符的。

(11)温带亚洲分布

这一分布区类型是指主要局限于亚洲温带地区的属。分布区的范围一般包括从苏联中亚(或南俄罗斯)至东西伯利亚和亚洲东北部，南部界限至喜马拉雅山区，我国西南、华北至东北，朝鲜和日本北部。也有一些属种分布到亚热带，个别属种到达亚洲热带，甚至到新几内亚。属于这一分布区类型的属在该地区有大黄属(*Rheum*)、孩儿参属(*Pseudostellaria*)、瓦松属(*Orostachys*)、杭子梢属(*Campylotropis*)、锦鸡儿属(*Caragana*)、米口袋属

(*Gueldenstaedtia*)、栗麻属(*Diarthron*)、防风属(*Saposhnilovia*)和附地菜属(*Trigonotis*)、裂叶荆芥属(*Schizonepeta*)、茄属(*Solanum*)、马兰属(*Kalimeris*)、山牛蒡属(*Synurus*)、女苑属(*Turczaninowia*)、大油芒属(*Spodiopogon*)20属,占该地区总属数的5.3%。除杭子梢属、锦鸡儿属为灌木外,其余为草本植物。

(12) 地中海、西亚至中亚分布

这一分布区类型是指分布于现代地中海周围,经过西亚或西南亚至中亚西部和我国新疆、青藏高原及蒙古高原一带的属。中亚是指亚洲内陆整个干旱中心地区,包括中亚部分(中亚西部),我国新疆、青藏高原至内蒙古西部和蒙古南部(中亚东部),亦即古地中海区的大部分。在该地区植物区系中,属于这一分布区类型的有糖芥属(*Erysimum*)、香花芥属(*Hesperis*)、甘草属(*Glycyrrhiza*)和牻牛儿苗属(*Erodium*)4属,占该地区总属数的1.1%。多为旱中生、旱生草本或木本,其中,糖芥、牻牛儿苗数较常见,多分布在山地、荒坡、路旁。该类型是干旱、荒漠、隐域植被的主要组成成分,在保护区区系中的作用很小,这与其相应的地理位置及自然地理条件是相吻合的。

(13) 中亚分布

该分布区类型是指只分布于中亚(特别是山地)而不见于西亚及地中海周围的属,即约位于古地中海的东半部。保护区有大麻属(*Cannabis*)、诸葛菜属(*Orychophragmus*)、花旗竿属(*Dontostemon*)、角蒿属(*Incarvillea*)7属,占该地区总属数的1.9%。

(14) 东亚分布

这一分布类型是指从东喜马拉雅一直分布到日本的一些属。其分布区向东北一般不超过俄罗斯境内的阿穆尔州,并从日本北部至萨哈林,向西南不超过越南北部和喜马拉雅东部,向南最远到达菲律宾、苏门答腊和爪哇,向西北一般以我国各类森林边界为界。在保护区植物区系中,属于这一分布区类型的有侧柏(*Platycladus orientalis*)、黄檗属(*Phelldendron*)、栾树属(*Koelreuteria*)、五加属(*Acanthopanax*)、刺楸属(*Kalopanax*)、萝藦属(*Metaplexis*)、松蒿属(*Phtheirospermum*)、地黄属(*Rehm-annia*)、阴行草属(*Siphonosteyia*)、野丁香属(*Leptodermis*)、桔梗属(*Platycodon*)、党参属(*Codonopsis*)、苍术属(*Atractylodes*)、东风菜属(*Doellingeria*)、水团花属(*Adina*)、狗娃花属(*Heteropappus*)和竹叶子属(*Streptolirion*)等30属,占该地区总属数的7.9%。该类型在保护区内相对较多,分布也较广泛,如栾树属、黄檗、刺楸是沟谷或山坡杂木林的重要组成树种;溲疏属(*Deutzia*)、五加属、锦带花属(*Weigela*)、猕猴桃属(*Actinibia*)等是山坡或林下灌丛的组成树种,草本植物如松蒿属、阴行草属、野丁香属、败酱属(*Patrinia*)、桔梗属、苍术属、狗娃花属、泥胡菜属(*Hemistepta*)、兔儿伞属(*Syneilesis*)、半夏属(*Pinellia*)、射干属(*Belamcanda*)等多生于林下、山谷林缘及山地草甸,是群落组成的重要组成成分。因此,可以看出,该分布区类型在保护区植物区系中占有比较重要的地位,同时也说明该区系与日本植物区系有一定的亲缘关系。

(15) 中国特有分布

中国特有属是指以中国整体的自然植物区为中心而分布界限不越出国境很远的植物。保护区内中国特有属有7属,占保护区总属数的1.8%,包括虎榛子属(*Ostryopsis*)、翼蓼属(*Pteroxygonum*)、独根草属(*Oresitrophe*)、星毛芥属(*Berterophe*)、地构叶属(*Speranskia*)、蚂蚱腿子属(*Myripnois*)和知母属(*Anemarrhena*)。这说明该地区有一定的特有植物,但数量不多。

从上述分析及统计表所显示的情况来看,保护区区域植物区系表现出显著的温带植物区系特点。温带性质属(北温带分布,东亚和北美间断分布,旧世界温带分布,温带亚洲分布,地中海、西亚至中亚分布,中亚分布,东亚分布)共计300属,占总属数的79.4%。其中,北温带分布的属有159属,占总属数的36.98%,它们构成了当地植物区系中属地理成分的主体;相反,热带性质属(包括泛热带分布、热带亚洲和热带美洲间断分布、旧世界热带分布、热带亚洲至热带大洋洲分布、热带亚洲至热带非洲分布、热带亚洲(印度—马来西亚)分布较少,有71属,占当地总属数的16.51%。这说明此成分不能反映该地区植物区系的特点。中国植物区系具有富含特有属的特点,但是该地区中国特有属仅有7属,说明该地区植物区系中虽然也有一些特有成分,但较为贫乏。

3.1.3.5 保护区维管植物生活型分析

植物的生活型是植物对综合生境条件长期适应而在外貌上表现出来的生长类型,如乔木、灌木、草本、藤本、垫状植物等。其形成是不同植物对相同环境条件产生趋同适应的结果。统计某地区或某植物的群落内各类生活型的数量对比关系,可反映出当地出植物环境的气候特征。

生活性的分类系统有很多,本文采用Drude(德鲁鲁)等人的分类方法,以植物的形态、外貌和生活方式为基础进行分类,将保护区内的植物划分为乔木、灌木亚灌木、一二年生草本、多年生草本、藤本5个类型,并按此进行统计,结果见表3-13。

表3-13 保护区维管植物生活分布区类型统计

生活型	乔木	灌木亚灌木	一二年生草本	多年生草本	藤本	合计
种数	61	106	192	578	25	962
占总种数比例(%)	6.34	11.02	19.96	60.08	2.6	100.0

保护区种子植物生活型具有以下特点。

(1)草本植物占绝对优势,保护区分布有草本植物770多种,包括一年生、二年生和多年生草本植物,占保护区种子植物总数的80.04%。以多年生草本植物最丰富,占保护区种子植物总数的60.08%,多年生草本中以直根、根茎及须根丛生草本为主;主要有荨麻属、酸模属、唐松草属、委陵菜属、黄耆属、野豌豆属、堇菜属、香茶菜属、马先蒿属、蒿属等。一二年生草本植物量较少,占总种数的19.96%,主要有蓼属、冷水花属、藜属、苋属、独行菜属、苦荬菜属、飞蓬、鬼针草属、马唐属、画眉草属、狗尾草属、早熟禾属、鸭跖草属、灯心草属等。

(2)木本植物167种,占保护区植物总数的17.36%,种类相对较少。其中,乔木61种,仅占总种数的6.34%,但是这些乔木树种是构成保护区森林植物群落的建群种或优势种,如松属、杨属、桦木属、栎属、胡桃属、鹅耳枥属等;灌木树种106种,占总种数的

11.02%，是构成保护区林下或山地沟谷灌丛、灌木林、灌草丛的重要成分，如榛属、绣线菊属、胡枝子属、忍冬属、六道木属、蔷薇属、溲疏属、接骨木属等。

（3）藤本植物数量最少，仅 25 种，占总种数的 2.6%，如铁线莲属、五味子（*Schisandra chinensis*）、葛（*Pueraria lobata*）、南蛇藤（*Celastrus orbiculatus*）、猕猴桃（*Actinibia sp.*）、山葡萄（*Vitis amurensis*）、杠柳（*Periploca sepium*）、爬山虎（*Parthenocissus tricusoidata*）等；其中，草质藤本有 7 种，如北马兜铃（*Aristolochia contorta*）、蝙蝠葛（*Menispermum dauricum*）、萝藦（*Metaplexis japonica*）、白首乌（*Cynanchum bungei*）等。藤本植物在保护区的种类虽然少，但也是构成该区域林下及山地、沟谷植被的重要组成部分。

这些特点均反映了保护区的温带植物区系性质以及寒冷干燥的气候特点，与保护区所处的地理位置与自然地理环境条件相一致。

3.2 植被类型及分布

植被是指某一地区内全部植物群落的总称，包括自然植被和人工植被。自然植被是出现在一地区的植物长期历史发展的产物。组成植被的单元是植物群落，某一地区植被可以由单一群落或几个群落组成。植被是基因库，保存着多种多样的植物、动物和微生物，并为人类提供各种重要的、可更新的自然资源。

3.2.1 植被类型

保护区在植被区划中属于暖温带阔叶落叶林区域。保护区地处燕山山脉，区内地形复杂，地貌类型多样，海拔高度变化较大，因此该地区的植被类型比较丰富，植被的垂直分层情况比较明显，其自然植被类型主要是暖温带中山落叶阔叶次生林，并有温性针叶林分布，植被类型由针叶林、针阔叶混交林、落叶阔叶林、灌丛、灌草丛、草丛和草甸等组成。针叶林分布在海拔 1800~2000m 地带，主要树种为华北落叶松。中山以上，主要是油松林。针阔混交林分布于海拔 1500~1800m，主要由华北落叶松、白桦、红桦构成，还有胡桃楸、蒙古栎等。落叶阔叶林分布于海拔 1000~1500m，在海拔 1400~1500m 地带发育良好，主要由桦木、山杨构成，常见蒙古栎、油松。灌丛主要分布于中山和低山，低山以荆条灌丛为主，另外还广泛地分布着绣线菊、溲疏灌丛；中山地区分布有毛榛灌丛、锦鸡儿、丁香灌丛。在海拔 2000m 以上的山顶台地上分布有亚高山草甸，主要以多年生杂草构成，包括薹草属、野罂粟、早熟禾属、风毛菊属、马先蒿属、银莲花属、金莲花属、梅花草属等。

按《中国植被》的植被分类系统和《河北植被》分类系统，将保护区的植被分为 5 个植被类型和 28 个群系（表 3-14）。

表 3-14 保护区植被类型

植被型组	群系纲	群系
针叶林	寒温性针叶林	华北落叶松群系 Form. *Larix principis-rupprechtii*
	温性针叶林	油松群系 Form. *Pinus tabulaeformis*

(续)

植被型组	群系纲	群系
阔叶林	落叶阔叶林	胡桃楸群系 Form. *Juglans mandshurica*
		野核桃群系 Form. *Juglans cathayensis*
		蒙古栎群系 Form. *Quercus mongolica*
		五角枫群系 Form. *Acer mono*
		黑桦群系 Form. *Betula dahurica*
		白桦群系 Form. *Betula platyphylla*
		硕桦群系 Form. *Betula costata*
		紫椴群系 Form. *Tilia amurensis*
		山杨群系 Form. *Populus davidiana*
		榆群系 Form. *Ulmus pumila*
		大果榆-胡桃楸群系 Form. *Ulmus macrocarpa*, *Juglans mandshurica*
		黑桦-胡桃楸群系 Form. *Betula dahurica*, *Juglans mandshurica*
		黑桦-白桦群系 Form. *Betula dahurica*, *Betula platyphylla*
		山杨-白桦群系 Form. *Populus davidiana*, *Betula platyphylla*
		山杨-黑桦群系 Form. *Populus davidiana*, *Betula dahurica*
		五角枫-大果榆群系 Form. *Acer mono*, *Ulmus macrocarpa*
灌丛和灌草丛	落叶阔叶灌丛	三裂绣线菊群系 Form. *Spiraea trilobata*
		土庄绣线菊群系 Form. *Spiraea pubescens*
		山杏群系 Form. *Armeniaca sibirica*
		榛群系 Form. *Corylus heterophylla*
		虎榛子群系 Form. *Ostryopsis davidiana*
		暴马丁香群系 Form. *Syringa reticulata* var. *mandshurica*
		荆条群系 Form. *Vitex negundo* var. *heterophylla*
草甸	典型草甸	白莲蒿群系 Form. *Artemisia gmelinii*
		披针叶薹草群系 Form. *Carex lanceolata*
		紫苞风毛菊群系 Form. *Saussurea lodostegia*

3.2.2 各植被类型分述

3.2.2.1 针叶林

针叶林是指以针叶树为建群种所组成的各类森林植物群落总称。它包括针叶纯林及针阔混交林。在针叶林生态系统中,分为两个群系纲,即寒温性针叶林和温性针叶林。

(1) 华北落叶松林

华北落叶松(*Larix principis-rupprechtii*)为寒温性针叶树种。大海陀自然保护区的华北落叶松多为人工林，华北落叶松林相整齐，林分郁闭度在 45% 左右，平均高 11.3m，平均胸径 14.5cm，乔木层的优势物种只有华北落叶松，林下主要更新树种为蒙古栎、白桦等落叶阔叶林。落叶松在整个植物群落中的建群作用十分明显，有力地影响着灌木层、草本层及乔木层其他种类的植物。

灌木层的盖度 70%，平均高度 2.3m。灌木层主要物种有土庄绣线菊、六道木、北京丁香、榛、红丁香、美蔷薇、大果榆等。

草本层物种丰富，共 69 种，盖度也较大，约 50%，平均高度 20~80m。主要物种有披针叶薹草、地榆、白莲蒿、草地风毛菊、蛇床、双花黄堇菜、东亚唐松草、蔓假繁缕、金莲花、拳蓼、羊乳、穿山龙等，同时还伴生有蒙古蒿、银背风毛菊、玉竹、野青茅、并头黄芩、早开堇菜、瓣蕊唐松草、歪头菜、篷子菜、苍蓬、华北耧斗菜、委陵菜、北柴胡等。

保护区的华北落叶松多为天然次生林，多分布海拔在 1200~1900m 的各林区，在九骨咀、三间房、大西沟、海陀山均有分布，以海陀山高海拔地区分布面积较大。

（2）油松林

油松（*Pinus tabulaeformis*）分布广，特别适合生长于华北和西北的干冷气候，以深厚肥沃的棕壤及淋溶褐色土上生长为好。油松适应性强，根系深，树姿雄伟，枝叶繁茂，是中国北方广大地区最主要的造林树种之一，有良好的保持水土和美化环境的功能，在作为京津北部生态屏障型树种和水源涵养中，油松林占有特别重要的地位。油松无论是在山区还是平原到处可见，山区一般生长良好。在山区生长的油松，多在阴坡、半阴坡，土壤湿润和较肥沃的地方。

保护区内油松林多为人工林，林相整齐，分 3 层，乔木层油松占绝对优势，乔木层和草本层较发达，灌木层一般发育不良。林下的枯枝落叶层较厚，其生长状况及群落特征因环境不同而有所差异。

乔木以油松为主，阴坡、半阴坡油松人工林平均高 10.0m，平均胸径 15.9cm，林下主要更新树种为蒙古栎、白桦（*Betula platyphylla*）、油松等阔叶树种。局部地段形成针阔混交林。土壤类型为典型棕壤，少数区域为褐土，土层厚度在 25.0~50.0cm，土壤类型为山地棕壤或褐土。

灌木层平均盖度为 68%，平均高度 0.90m。灌木层主要物种有土庄绣线菊、山杏、胡枝子、暴马丁香、北京丁香、榛等。

草本层物种较多，有 88 种，平均高度 0.4m，平均盖度约为 70%。主要物种有披针叶薹草、野青茅、白莲蒿、穿山龙、玉竹、北柴胡、鼠掌老鹳草、地榆、大丁草、茜草、小红菊、东亚唐松草、龙牙草、水杨梅、风毛菊、瓣蕊唐松草、蛇莓，同时还伴生有蓬子菜、龙须菜、黑柴胡、山野豌豆、中华隐子草、蒙古蒿、短尾铁线莲、委陵菜、大油芒等。

大海陀自然保护区油松林主要分布在海拔 1000~1500m，在大海陀管理站、石头堡管理站等地附近的山头，多为人工林；在大西沟、长春沟有少量分布。

针叶林裸子植物还有白杄（*Picea megeri*）、青杄（*Picea wilsonii*）、侧柏（*Platycladus orientalis*）、圆柏（*Sabina chinensis*）、杜松（*Junipers rigida*）等数种。能够形成群系的主要为华

北落叶松、油松。因此，该区域针叶林只有2个群系，华北落叶松和油松林。

3.2.2.2 落叶阔叶林

保护区的落叶阔叶林为天然次生林，是该区域的地带性植被，分布最为广泛，也是保护区森林植被的基本组成。群落多为单优势树种的纯林，在某些环境中，形成落叶阔叶混交林。该类群在保护区内有16个群系，主要有蒙古栎林、野核桃林、胡桃楸林、白桦林、黑桦林、山杨林、紫椴林和榆林等。

(1) 蒙古栎林

栎类林主要建群种由壳斗科的栎属植物组成，保护区分布的栎属树种有蒙古栎，这些组成了该区域栎类林的主体，是大海陀的主要建群种，有少量榆、五角枫、白蜡等伴生。在亚高山草甸土以下各海拔高度均有分布。主要土壤类型为棕壤和褐土，土层厚度25cm左右，土壤质地为轻壤至中壤，土壤近中性。栎属植物为深根性树种，萌生力强、寿命长，抗风、抗火、抗烟能力强，是重要的荒山造林树种。

蒙古栎林是我国栎类中比较耐寒的一种森林群落类型，主要分布于我国的东北、内蒙古东部地区以及华北山地。

蒙古栎林为本地区的地带性植被类型的群系之一，是冀北山地地区分布非常广泛的天然次生林，在大海陀自然保护区内分布较多，林下更新情况良好，有较多的蒙古栎幼苗，其他主要更新树种有大果榆、大叶白蜡、五角枫等。分布的海拔范围广，在900~1700m均有分布。栎类林群落结构发育完善，可明显分为乔、灌、草三层。

蒙古栎林平均郁闭度为55%，蒙古栎平均胸径为12.1cm，平均高度7.0m。林中乔木层物种很少，只有蒙古栎、大果榆、黑桦、五角枫、紫椴等，其中，紫椴是国家二级重点野生保护植物。

灌木层物种丰富，除去乔木层物种的一些更新幼树、幼苗外，主要有土庄绣线菊、小花溲疏、卵叶鼠李、榛、胡枝子、照山白、迎红杜鹃、三裂绣线菊、毛榛、山荆子等，平均高度1.3m，总盖度为65%~85%。

草本层物种也相对丰富，一般在30种以上，主要有披针叶薹草、东亚唐松草、玉竹、小红菊、苍术、银背风毛菊，还有展枝沙参、穿山龙、地榆、茜草、山萝花、草乌、野青茅、景天三七、林荫千里光、叉分蓼、蓝粤香茶菜、宽叶薹草、北柴胡、涝峪薹草、白莲蒿、蓬子菜、龙须菜、羊乳等，总盖度40%左右，平均高度0.5m。

(2) 胡桃楸林

胡桃楸为群落的建群种，喜光树种，多在山场、河谷及河岸形成成片的林子。胡桃楸具有深根性，适宜生长在土层深晒、肥沃、排水良好的山中下腹成河岸腐殖质多的湿润疏松土壤，要求温良湿润的气候条件，较耐寒。

大海陀自然保护区内在大庙子村、纪宁堡村等地段分布着一定面积的天然胡桃楸林，海拔范围在1000m左右，土壤类型为山地棕壤。分布于小于30°的山坡下部和山谷谷底，郁闭度75%，平均树高8.0m，平均胸径8.3cm。胡桃根群系乔木层物种主要为胡桃楸，林分简单，林相整齐，林下主要幼树为胡桃楸、蒙椴、紫椴等。

灌木层优势物种为土庄绣线菊、小花溲疏、毛丁香，还有榛、大果榆、山葡萄、太平花、胡枝子、圆叶鼠李、红花锦鸡儿、雀儿舌头等，平均高度1.0m，总盖度65%。

草本层优势物种为蓝萼香茶菜、三籽两型豆、大油芒，还有野青茅、穿山龙、龙牙草、歧茎蒿、华北风毛菊、披针叶薹草、短尾铁线莲、蒙古蒿、龙须菜、草乌、短毛独活、绢毛匍匐委陵菜等，平均高度0.5m，盖度约70%。

(3)野核桃林

野核桃（*Juglaus cathayensis*）与胡桃的主要区别是小叶长成后下面密被短柔毛及屋芒状毛，果序长而下垂，在《河北省重点保护野生植物名录》中有收录。

野核桃林主要分布于大海陀自然保护区内的多处，海拔范围在1000m左右，土壤类型为山地棕壤。郁闭度75%，平均树高8.3m，平均胸径10.4cm，野核桃群系乔木层物种主要为野核桃、裂叶榆、大叶白蜡等，林下主要幼树为五角枫、裂叶榆、大果榆、野核桃等。

灌木层优势物种为小花溲疏、五味子、土庄绣线菊，还有山楂叶悬钩子、卵叶鼠李、山葡萄等，平均高度1.2m，总盖度70%，平均盖度4.7%。

草本层优势物种为龙须菜、银线草、披针叶薹草、蓝萼香茶菜，还有宽叶薹草、短毛独活、穿山龙、玉竹、盘果菊、歪头菜、华北风毛菊、菟丝子等，平均高度0.5m，盖度在30%左右。

(4)五角枫林

五角枫又叫色木槭，是温带树种，弱度喜光，稍耐阴，深根性，喜湿润肥沃土壤，在酸性、中性、石灰岩上均可生长；产于东北、华北和长江流域各省份；生于海拔800～1500m的山坡或山谷疏林中。

五角枫林在大海陀自然保护区分布不多，只在水旱洞附近有少量分布。林分郁闭度在70%左右，林下灌木、草本较丰富。五角枫平均胸径约9.3cm，树高约9m。五角枫群系乔木层的其他物种组成包括少量的胡桃楸、紫椴、东陵绣球、蒙椴等，平均高8.7m。

林下灌木层物种组成包括鸡树条荚蒾、毛榛、刺五加、榛、金花忍冬，还有小花溲疏、卫矛、五味子、东陵绣球等，有少量五角枫和蒙古栎幼苗。

草本层物种较少，盖度在30%左右，主要物种有舞鹤草、鹿药、升麻、白花碎米荠、草乌、宽叶薹草、糙苏、短毛独活、盘果菊、荟葱等，平均高度0.4m。

(5)桦树林

桦树属植物在大海陀自然保护区有3种，黑桦、白桦和硕桦（*Betula costata*），以黑桦为最多。

桦树林主要分布在海拔1000m以上的阴坡、半阴坡，上可至亚高山草甸层。桦树适应能力强，耐寒、易繁殖，即可萌生也可天然下种更新。群系所在地气候干冷，降水较少，年平均气温7℃，多为纯林或与山杨混交。林下土壤为棕壤，在水分适中和肥厚的土壤上生长良好，对立地条件要求不严，在贫瘠土壤上也能生长。保护区分布的桦树林有黑桦林、白桦林和硕桦林3个群系。

①黑桦林

黑桦林多分布于我国东北、内蒙古、河北、山西等地。生于土层较厚的地带。大海陀自然保护区的黑桦林主要分布于平地村、打草沟、大庙子村、纪宁堡村等地，以平地村为主，是大海陀自然保护区内分布最广的基本林型之一。主要分布的海拔范围在1000～1300m。

黑桦林的平均郁闭度为73%，一般树高约10m，平均胸径10cm。林中伴生乔木植物以白桦最多，其次有大果榆、山杨、蒙古栎等，还有少量紫椴。林下灌木覆盖度达50%，主要更新树种为蒙古栎。

灌木主要有土庄绣线菊、榛、毛榛、北京丁香、山楂叶悬钩子，还有胡枝子、金花忍冬、长瓣铁线莲、六道木等，平均高度约0.9m。

草本层以披针叶薹草为主，也有玉竹、穿山龙、东亚唐松草，还有披针叶薹草、草乌、歪头菜、展枝沙参、三脉紫菀、小红菊、宽叶薹草、龙须菜、深山堇菜、拳蓼、茜草、绢毛匍匐委陵菜等。

②白桦林

白桦林外貌整齐而茂密，树冠呈灰绿色，常露出银白色通直的树干，是喜光的植物，在森林区常作为先锋植物侵入迹地。白桦林主要分布于我国东北、华北和西南山区。

白桦林在大海陀自然保护区内分布于大海陀管理站、海陀山等地，均为天然次生林，主要分布于海陀山海拔1700~1900m、坡度25°左右的阴坡。

群落明显分为3层。乔木层以白桦为优势种，白桦林林相整齐，郁闭度在60%左右，白桦平均树高9.9m，平均胸径14.7cm。白桦林中伴生的乔木植物较少，主要为小乔木，有毛榛、黄花柳、中国黄花柳等。林下灌木种类丰富，平均盖度85%，主要优势种有毛榛、红丁香、六道木、金花忍冬等，此外还有蒙古栎等乔木的幼苗，但较少，还有榛、美蔷薇、土庄绣线菊、东北茶藨子、长瓣铁线莲、北京丁香、暴马丁香、照山白等。

草本层物种共63种，主要有披针叶薹草、柳兰、类叶升麻，还有歪头菜、玉竹、华北风毛菊、三脉紫菀、球果堇菜、蔓假繁缕、小红菊、鼠掌老鹳草、糙苏、宽叶薹草、金莲花、展枝沙参、风毛菊、早开堇菜、华北覆盆子、牛扁、东亚唐松草、白芷、绢毛匍匐委陵菜等，盖度较大。

③硕桦林

硕桦的树皮呈黄褐色或暗褐色，主要产于东北、内蒙古、河北、北京等地。在大海陀自然保护区内分布于九骨咀、海陀山等海拔2000m左右的山地。

乔木硕桦林林相整齐，郁闭度在75%左右，硕桦平均树高8.3m，平均胸径9.2cm。硕桦林中伴生的乔木植物较少，主要有华北落叶松、白桦等。

林下灌木种类丰富，平均盖度75%，主要优势种有六道木、长瓣铁线莲、红丁香、半钟铁线莲、迎红杜鹃等，此外还有华北落叶松、硕桦、黑桦的幼苗，但分布较少。

草本层物种共43种，主要有披针叶薹草、金莲花、草地风毛菊、双花黄堇菜、蛇床等。

(6)山杨林

山杨林分布很广，在我国东北、华北、西北、华中地区都有分布。山杨林多为采伐迹地或火烧迹地上的次生类型。

山杨对土壤、水分要求较高，多生长在排水良好、湿度适中的土壤环境中，喜温湿，对水热条件要求高于桦树。虽然其个体可忍耐-50℃的低温和干燥的环境，但以温和、潮湿的气候和较好的土壤条件中生长最好。山杨林所处土壤为山地棕壤，土层厚30~50cm，地表有少量的枯枝落叶层。

大海陀自然保护区的山杨林主要分布于三间房、大东沟、狮子坑等地，在海拔1000m左右的阴坡、半阴坡中下部居多，在海陀山海拔较高的地区亦有分布。

山杨林林相整齐，外貌呈浅绿色。群落垂直结构比较简单，分为乔木、灌木和草本3层。

山杨林郁闭度在70%左右，平均高度10.6m，平均胸径14cm。林中伴生乔木植物有白桦、黑桦、蒙古栎、大果榆、暴马丁香、胡桃楸、五角枫等，这些物种一般高度不超过9m，处于山杨林的亚优势层；林下更新树种主要有华北五角枫、大叶白蜡、榆叶梅、蒙古栎等。

灌木层物种种类较多，有30种，盖度在65%左右，主要优势种是土庄绣线菊，还有胡枝子、榛、毛榛、金花忍冬、山楂叶悬钩子、北京丁香、红丁香、太平花等。

草本层的主要物种有披针叶薹草、东亚唐松草、玉竹、穿山龙、龙牙草、野青茅、银背风毛菊，还有小红菊、三脉紫菀、展枝沙参、蓝萼香茶菜、短尾铁线莲、地榆、白芷、三籽两型豆、深山堇菜、鼠掌老鹳草、多歧沙参、绢毛匍匐委陵菜等。山杨林中枯立的山杨树较多，根据演替规律，山杨林最终会被林下更新物种所取代。

(7)紫椴林

紫椴为中国原产植物，东北地区的长白山、小兴安岭等地的垂直分布可达海拔1100m以上。

大海陀自然保护区的紫椴林主要分布于龙潭沟附近，紫椴平均胸径11.3cm，平均高度8.3m，成片状分布。

乔木层物种组成还包括五角枫、蒙古栎、胡桃楸、山杨等，其中，蒙古栎个体数量虽少，但长势很好，平均胸径13.4cm，平均高度8.1m。林下主要幼苗、幼树有紫椴、五角枫等，其中，紫椴幼苗分布较广。

灌木层主要优势物种有小花溲疏、土庄绣线菊、毛丁香、毛榛、卵叶鼠李，还有大果榆、卫矛、六道木、胡枝子、榆叶梅、山葡萄、刺五加、沙棘等，平均高度1.6m，灌木层盖度59%。

草本层物种较少，只有十几种且数量较少，几种常见的草本物种有披针叶薹草、东亚唐松草、茜草、银背风毛菊，还有三褶脉紫菀、野青茅、黄芩、蓝萼香茶菜、宽叶薹草、穿山龙等，平均高度0.5m，平均盖度1.2%。

(8)榆林

榆为落叶乔木，喜光树，生长快，根系发达，适应性强，能耐干冷气候及中度盐碱。分布于东北、华北、西北及西南各省份，生于山坡、山谷、川地、丘陵及沙岗等处，为华北及淮北平原农村的常见栽培树木。朝鲜、俄罗斯、蒙古也有分布。

榆树林在大海陀自然保护区内娘娘泉、大海陀管理站附近有大面积分布，以栽培为主，长势良好，林相整齐。林分郁闭度较低，在35%~40%。乔木层物种只有榆，平均胸径22.8cm，平均树高9.7m。

灌木层盖度平均75%，主要优势种有木本香薷、北京丁香、红花锦鸡儿、土庄绣线菊，还有胡枝子、照山白、刺梨、暴马丁香、沙棘等，林下主要更新树种仅有少量榆。

草本层盖度约为70%，主要物种为野青茅、瓣蕊唐松草、蓬子菜、附地菜、白莲蒿、蒙古蒿、绢毛匍匐委陵菜、委陵菜、穿龙薯蓣，还有薄荷、多茎委陵菜、深山堇菜、田葛缕子、鼠掌老鹳草、东亚唐松草、披针叶薹草、猪毛蒿、北柴胡、蒲公英、车前等。

(9) 大果榆-胡桃楸混交林

大果榆-胡桃楸混交林在大海陀自然保护区大南沟有分布。

乔木层优势种为大果榆和胡桃楸，并伴生有一定数量的五角枫。平均高度5.0m，郁闭度70%。

灌木层盖度80%，平均高度1.3m，主要物种有五味子、小花溲疏、山楂叶悬钩子、圆叶鼠李、刺五加，还有毛丁香、土庄绣线菊、卫矛、毛榛、山葡萄等。乔木幼树、幼苗主要为五角枫，亦有大果榆、胡桃楸等。

草本层盖度相对较小，约为25%，平均高度0.5m，主要物种有龙须菜、披针叶薹草、穿山龙、盘果菊、蓝萼香茶菜、玉竹、蝙蝠葛、中华隐子草、龙牙草等。

(10) 黑桦-胡桃楸混交林

黑桦-胡桃楸混交林分布在大海陀自然保护区内平地村附近。

树种组成有黑桦、胡桃楸、大果榆。平均树高11.9m，郁闭度95%。

灌木层平均高度0.8m，总盖度70%，有大果榆、胡桃楸、蒙古栎的更新树种幼苗，优势种主要有小花溲疏、山楂叶悬钩子、土庄绣线菊，还有五味子、大花溲疏、半钟铁线莲、东陵绣球、毛丁香、刺五加、榛等。

草本层平均高度0.7m，总盖度在30%左右，优势种为莓叶委陵菜、盘果菊、三籽两型豆、三褶脉紫菀、宽叶薹草、蓝萼香茶菜等。

(11) 黑桦-白桦混交林

黑桦-白桦混交林分布在大海陀自然保护区内三间房海拔1000m左右缓坡处。

乔木层树种组成有黑桦、白桦、蒙古栎。平均树高8.8m，郁闭度90%。

灌木层平均高度0.9m，总盖度70%，蒙古栎的更新树种幼苗较多，也有少量大果榆、五角枫幼苗，伴生有土庄绣线菊、毛丁香、胡枝子、榛、山杏、卵叶鼠李、山楂叶悬钩子、毛榛、金花忍冬等。

草本层平均高度0.4m，总盖度在30%左右，优势种为披针叶薹草，其次有龙须菜、歪头菜、龙牙草、穿山龙、展枝沙参、绢毛匍匐委陵菜、多歧沙参、东亚唐松草、小玉竹、三脉紫菀、小红菊、石防风、绢毛匍匐委陵菜等。

(12) 山杨-白桦混交林

大海陀自然保护区内的山杨-白桦混交林分布于三间房、长春沟等地，海拔范围在1400~1500m，位于阴坡或半阴坡。

乔木层树种主要有山杨、白桦、黑桦等，平均胸径为9.3cm，平均高度为9.7m。

灌木层优势种为毛榛，主要物种有六道木、沙棘、小叶锦鸡儿、土庄绣线菊、金花忍冬、北京丁香、蒙古荚蒾、红丁香、五角枫、鸡树条荚蒾等，盖度75%，平均高度1.5m。

草本层主要物种有披针叶薹草、舞鹤草、三褶脉紫菀、草乌、东亚唐松草、茜草、白花碎米荠、糙苏，还有宽叶薹草、穿山龙、绢毛匍匐委陵菜等。盖度在10%左右，平均高度0.4m。

(13)山杨-黑桦混交林

大海陀自然保护区内的山杨-黑桦混交林分布于平地村附近，海拔1000m左右，位于阴坡地形平缓处。

乔木层树种较多，有13种，主要有山杨、黑桦、大叶白蜡、胡桃楸、蒙古栎等，平均胸径为9.4cm，平均高度为7.8m。

灌木层主要物种有北京丁香、土庄绣线菊、鼠李、小花溲疏、东北鼠李、山葡萄、山楂叶悬钩子、鸡树条荚蒾等。乔木幼树幼苗较多，有大叶白蜡、大果榆、蒙古栎、五角枫、胡桃楸、紫橙、山杨等。灌木层盖度60%，平均高度1.1m。

草本层主要物种有玉竹、龙须菜、绢毛匍匐委陵菜、鸡腿堇菜、糙苏、穿山龙、涝峪薹草、东亚唐松草，还有华北风毛菊、草乌、蓝萼香茶菜、蝙蝠葛、三籽两型豆、绢毛匍匐委陵菜等。盖度在40%左右，平均高度0.4m。

(14)五角枫-大果榆混交林

在大海陀自然保护区内分布于水旱洞附近，海拔1200m左右。

该群落乔木层主要优势种为五角枫和大果榆，平均胸径9.5cm，平均树高8.5m，郁闭度95%，伴生树种有黑桦、蒙古栎、山杨等。

灌木层的乔木幼树、幼苗有五角枫、蒙古栎、大果榆、山杨等，灌木主要种为小花溲疏，主要伴生种有土庄绣线菊、榛、东陵绣球、三裂绣线菊等。盖度40%，平均高度1.2m。

草本层物种较少，主要种为披针叶薹草、东亚唐松草、玉竹，并伴生有穿山龙、藜芦、三脉紫菀、白芷、茜草等，盖度不足10%，平均高度0.4m。

3.2.2.3 灌丛

灌丛主要有两种类型，一种是由于人为影响及自然环境恶化形成的一种相对稳定的次生灌丛，分布在森林线以下，是森林破坏后的产物，同时群落又具有向森林演替的趋势；另一种是受热量、光照、空气等生态条件的制约而发育形成的山地灌丛，分布在山地垂直带谱中森林群落线以上。前一种类型的灌丛在保护区内所占的比例较大，分布较广，后一种类型的灌丛主要分布在山脊部位，在保护区内所占的比例较小。

保护区内的灌丛均为温性灌丛，包括12个群系，除照山白灌丛为半常绿灌丛外，其余均为落叶灌丛，其中，绣线菊灌丛、榛灌丛、胡枝子灌丛、山杏灌丛等8个为落叶直立灌丛，葛灌丛、猕猴桃灌丛和山葡萄灌丛为落叶缠绕灌丛。

(1)三裂绣线菊灌丛

三裂绣线菊系落叶阔叶灌木，一般生于多岩石向阳坡地或灌木丛中，海拔450~2400m均有分布。在我国分布于黑龙江、辽宁、内蒙古、山东、山西、河北、河南、安徽、陕西等地，俄罗斯西伯利亚也有分布。绣线菊属植物在保护区内分布并能形成灌丛的有三裂绣线菊和土庄绣线菊两种。这些种类或单独构建群落，或混生为灌丛。土壤为褐土或棕壤，土层薄且较为干燥。

三裂绣线菊灌丛在大海陀自然保护区分布范围相对少，在纪宁堡村附近有分布，主要分布在海拔1000m的山顶附近。三裂绣线菊在群落中占有绝对优势，盖度在50%左右，平均高度0.6m。灌木层的伴生种有胡枝子、小叶鼠李、木本香薷、山杏等，这些物种盖度一般都较小，在5%~15%。

草本层物种有20种左右，主要物种有白莲蒿、披针叶薹草、麻花头、委陵菜、野青茅等，草本层平均高度在0.4m左右，盖度较高，在80%左右。

绣线菊花色洁白，花序密集，初夏时节(5~6月)花开如积雪，漫山遍野银花铺盖，景色颇为壮观。绣线菊灌丛防止水土流失的生态功能比较显著。三裂绣线菊还是一种蜜源植物。

(2) 土庄绣线菊灌丛

土庄绣线菊系落叶阔叶灌木，和三裂绣线菊外形相似，不同之处在于其叶菱状卵形，较狭，无明显三裂，且叶下面多柔毛。产于黑龙江、吉林、辽宁、内蒙古、河北、河南、山西、陕西、甘肃、山东、湖北、安徽等地。生于干燥岩石坡地、向阳或半阴处、杂木林内，海拔200~2500m。蒙古、俄罗斯和朝鲜也有分布。

土庄绣线菊灌丛在大海陀自然保护区分布范围相对较少，仅见于石头堡管理站附近山坡，主要分布在海拔1000m的上坡位附近。

土庄绣线菊在群落中的盖度在30%左右，平均高度0.8m，灌木层的伴生种有红花锦鸡儿，数量多于土庄绣线菊，但盖度和高度较低，另外还有山杏、暴马丁香、榛等，但分布较少。

草本层物种有24种，主要有披针叶薹草、白莲蒿、裂叶蒿、中华隐子草、委陵菜、苦参、石竹等，草本层平均高度在0.4m左右，盖度很高，接近100%。

(3) 榛灌丛

榛灌丛是保护区落叶灌丛中分布较广的群系之一。多分布在海拔1000m以上的山地阴坡或半阴坡，土壤类型为棕壤或淋溶褐土，土层较厚，一般在40cm以上，pH为5.6~7.0。

榛属植物有榛，又名榛，灌木，丛生，株高1~2m，最高可达2.9m，主要分布在黑龙江、吉林、辽宁、内蒙古、河北、山西和陕西等省份，但尤属东北大小兴安岭的榛子资源蕴藏量最大，品质好。榛为喜光树种，根蘖繁殖能力极强，适应性强，耐寒、耐瘠薄，主要生于山坡、山冈或蒙古栎林间的阳坡或平地上，在光照充足、土壤肥沃、排水良好的平原丘陵地带可连片集中分布。

大海陀自然保护区内榛灌丛有大面积分布，榛的平均盖度80%，平均高度1.9m，此外灌木层伴生有土庄绣线菊、蒙古栎、暴马丁香等。

草本层物种较丰富，约60种，主要优势种为披针叶薹草，也有白莲蒿、野青茅、东亚唐松草、地榆、龙牙草、林荫千里光、穿山龙、山萝花、小红菊、北柴胡等。

该群落建群种生长繁茂，枝条密集，覆盖度大，在水土保持、涵养水源、改善土壤性状等方面具有重要作用。同时，榛是一种经济价值较高的植物，其果实富含脂肪、蛋白质、糖等，可供食用；树皮可供提取单宁和烤胶；嫩叶青储可作冬季家畜饲料。

(4) 山杏灌丛

山杏为灌木或小乔木，高1.5~5m。生于干燥向阳山坡上、丘陵草原或与落叶乔灌木混生，海拔700~2000m。产于黑龙江、吉林、辽宁、内蒙古、甘肃、河北、山西等地。蒙古东部和东南部、俄罗斯远东和西伯利亚也有分布。土壤母质多样，土层瘠薄、干燥，土壤类型为淋溶褐土、粗骨性褐土，偶有棕壤。

大海陀自然保护区内山杏在长春沟、石头堡管理站附近、水库附近等地均有分布，面积较广，山杏平均高度2.3m，平均盖度67%，群落中有土庄绣线菊、暴马丁香，还有小叶鼠李、木本香薷、多花胡枝子、达呼里胡枝子、毛丁香、红花锦鸡儿、大果榆、圆叶鼠李、蒙古栎、山楂叶悬钩子等，其中，土庄绣线菊数量上接近山杏，但高度和盖度远不及山杏。

草本物种十分丰富，总计81种，主要有披针叶薹草、白莲蒿、野青茅、瓣蕊唐松草、西伯利亚远志、委陵菜，还有绢毛匍匐委陵菜、中华隐子草、狭叶青蒿、丛生隐子草、蓝萼香茶菜、小红菊、地榆等。

山杏经济价值较高，既是蜜源植物，又是油料植物，亦为嫁接型的砧木。杏仁是重要的中药材，亦可用于制作糕点食品和杏仁饮料，其经济价值很大。同时，山杏灌丛还有涵养水源、保持水土的生态作用。

(5) 虎榛子灌丛

虎榛子为落叶阔叶灌木，多生于山地阴坡、半阴坡等受干扰小的地方。大海陀自然保护区内分布较少。该灌丛主要优势种为虎榛子，平均高度1.5m，盖度70%，群落中伴生有尖叶铁扫帚、山杏、小叶鼠李、红花锦鸡儿、大果榆。

草本受生存空间的限制，种类较少，有披针叶薹草、白莲蒿、中华隐子草、野青茅、黄花蒿等。

(6) 暴马丁香灌丛

暴马丁香生于山坡灌丛或林边、草地、沟边，或针阔叶混交林中，海拔1000~1200m。分布于黑龙江、吉林、辽宁等地。俄罗斯远东地区和朝鲜也有分布。

在大海陀自然保护区内，暴马丁香灌丛主要分布在三间房海拔1000~1200m处。由于土壤条件差，暴马丁香成灌木状。该灌丛主要优势种暴马丁香的平均高度约1.7m，平均盖度在50%左右，群落中伴生有达呼里胡枝子、红花锦鸡儿、山杏、木本香薷、三裂绣线菊、土庄绣线菊、毛丁香、榛等。

草本植物种类较多，有50余种，主要有白莲蒿、野青茅、鹅观草、委陵菜、蓝萼香茶菜、中华隐子草、鼠掌老鹳草、穿龙薯蓣等。

(7) 荆条灌丛

该群系主要生长在山坡、路旁、岗地，是分布较广的灌木群系之一。在保护区多分布在海拔500m以下的山地、丘陵的阳坡、半阳坡，阴坡分布较少。荆条对基质适应性较强，各类成土母质的土壤上均有生长，但以石灰岩母质和砾岩母质生长最多。土壤类型为褐土。

灌木层高0.4~1.7m，盖度在60%以上。荆条为灌丛的建群种，由于荆条的生态分布幅宽，在不同生境的荆条灌丛中，伴生种植物也有很大的差异。在干旱的阳坡，低海拔地段，伴生种常为旱生性植物酸枣、皂角等，随海拔的逐渐升高，山杏、山桃、绣线菊、胡枝子逐渐取代酸枣等成为主要的伴生植物；在阴坡则多伴生有虎榛子等植物。

下层草本以白羊草、黄背草为优势种，平均高0.5~1.0m，盖度10%~30%，其他种类有苔草、白莲蒿等。

荆条根系发达，在10~15cm的土层中交织成网；地上部分萌生较快，割后第一年可长 0.8~1.5cm，枝繁叶茂，是良好的水土保持植物。同时，荆条枝条可用作编织，花为蜜源，荆条全株均可入药。

3.2.2.4 灌草丛

灌草丛是指以中生或旱中生多年生禾草类植物为主要建群种，与散生其中的落叶灌木组成的植物群落，保护区区域内的灌草丛多为次生演替群落。该区域内只有1个群落类型：荆条-酸枣-黄背草灌草丛，仅分布在保护区内的低山区区域。

该群系结构简单，建群层片为草本层，主要由黄背草组成，覆盖度40%~70%，植株高60~80cm。低草层植株高40cm左右，植物种类较多，常见的有委陵菜、蒿类、白头翁、苔草、知风草（*Eragrostis ferruginea*）、鸡眼草（*Kummerowia striata*）、柴胡、远志（*Polygala tenuifolia*）、铁苋菜（*Acalypha australis*）、阿尔泰狗娃花（*Heteropappus altaicus*）等。少量灌木散生于群落中间，常见的种类有荆条、酸枣，其他种类有欧李（*Prunus humilis*）、红花锦鸡儿（*Caragana rosea*）、花木蓝、三裂绣线菊、杠柳（*Periploca sepium*）等。灌木分布稀疏，植株低矮，高约1.0m。

该群落是一个发育相对比较稳定的植被演替原始阶段。群落地下根系发达，交织成网，地上枝叶丛生，可以起到固土、截留雨水、减少地表径流、防止雨水对地面的过度冲击造成水土流失。对于植被的恢复具有重要的作用。

3.2.2.5 高山草甸

（1）白莲蒿草甸

白莲蒿属半灌木状草本，遍布我国各地，也分布在日本、朝鲜、克什米尔、蒙古、俄罗斯、巴基斯坦、阿富汗、印度、尼泊尔等地，生长于海拔300~3600m的地区，常生于低海拔地区的山坡、山地阳坡局部地区，成为植物群落的优势种，是灌丛地、路旁、森林草原地区的主要伴生种。

大海陀自然保护区的白莲蒿草甸群落主要分布在平地村山坡上坡位，海拔1100m处。群落内共有草本29种。白莲蒿的平均高度约1.3m，平均盖度74.0%。其他物种还有三齿萼野豌豆、龙牙草、硬质早熟禾、牡蒿、野青茅、蒙古蒿，还有鼠掌老鹳草、毛连菜、石竹、细叶婆婆纳、东北堇菜、小蓬草、委陵菜、短尾铁线莲、歧茎蒿、蓬子菜、小红菊、直立黄耆、景天三七、蓝萼香茶菜、大油芒、三籽两型豆、黄花龙芽、东亚唐松草、山萝苣、地榆、女娄菜、日本菟丝子等。

（2）披针叶薹草草甸

披针叶薹草具有短根状茎，地上茎斜升，紧密丛生。耐阴喜湿，适生于雨量充足、气候凉爽的地区，多生长于林下和林缘草地、山地草甸或草甸草原中。分布于我国东北、内蒙古、华北、西北、华中等地；日本、朝鲜、蒙古、西伯利亚和远东也有。

大海陀自然保护区的披针叶薹草草甸群落主要分布在海陀山山顶海拔约2100m附近，群落内物种多是耐旱耐寒草本，共54种。披针叶薹草是群落的优势种，平均高度约0.2m，平均盖度33.7%。数量较多的还有拳参、地榆、瓣蕊唐松草、小红菊、雾灵柴胡、胭脂花、紫苞风毛菊、蓬子菜、歪头菜，还有裂叶蒿、莓叶委陵菜、穗花马先蒿、金莲花、蓝花棘豆、蓝苞风毛菊、乌苏里风毛菊、岩青兰、双花黄堇菜、卷耳、风毛菊、毛莨、柳叶蒿等，高度相对较高的物种有小黄花菜、叉分蓼、山韭、硬质早熟禾等。

（3）紫苞风毛菊草甸

紫苞风毛菊为多年生草本，其生境多为中低山地带的山顶部或山坡湿地，分布于我国东北、华北和内蒙古、陕西、甘肃、四川等地。

大海陀自然保护区的紫苞风毛菊草甸群落主要分布在海陀山山顶海拔2100m处。群落内共有草木26种。紫苞风毛菊平均高度约0.2m，平均盖度43.0%。另外，群落中披针叶薹草也较多，但不及紫苞风毛菊，平均高度0.2m，平均盖度38.0%。群落内其他物种还有拳蓼、瓣蕊唐松草、地榆、岩青兰、蓬子菜，以及田葛缕子、胭脂花、风毛菊、穗花马先蒿、乌苏里风毛菊、雾灵柴胡、翠雀、蓝花棘豆、金莲花、蒲公英、返顾马先蒿、齿叶风毛菊、硬质早熟禾、红纹马先蒿、小红菊、叉分蓼、歪头菜、石沙参、花荵等。

3.3 珍稀保护野生植物

保护野生动植物是保护区的一个重要功能，也是建立保护区的重要目的之一。

3.3.1 国家重点保护野生植物

根据2021年9月7日由国家林业和草原局和农业农村部共同组织制定、国务院批准公布的《国家重点保护野生植物名录》，保护区内有国家重点二级保护野生植物8种，即黄檗、紫椴、野大豆、大花杓兰、紫点杓兰、山西杓兰、手参和软枣猕猴桃，详见表3-15。

表3-15　保护区国家重点保护野生植物名录

中文种名	学名	保护级别
紫椴	Tilia amurensis	二级
黄檗	Phellodendron amurense	二级
野大豆	Glycine soja	二级
大花杓兰	Cypripedium macronthum	二级
紫点杓兰	Cypripedium guttatum	二级
山西杓兰	Cypripedium shanxiense	二级
手参	Gymnadenia conopsea	二级
软枣猕猴桃	Actinidia arguta	二级

紫椴，别名阿穆尔椴、籽椴、小叶椴、椴树，椴树科椴树属落叶乔木，高可达20~30m，为中国原产树种。紫椴作为"中国白木"，是国际木材贸易、市场流通公认的一类商品用材。紫椴在保护区内有较大面积的分布，主要分布于海拔1300m左右的龙潭沟附近。根据实地调查，自然保护区内紫椴的最大直径为18.7cm。

黄檗，别名檗木、檗皮、黄菠萝、黄柏，芸香科黄檗属落叶乔木。其主要分布区位于寒温带针叶林区和温带针阔叶混交林区。本种为古系第三纪古热带植物区系的孑遗植物，对研究古代植物区系、古地理及第四纪冰期气候有科学价值。实地调查中在黄土梁沟发现有黄檗分布，约十几株，最大株胸径约20cm。

野大豆，具有耐盐碱、抗寒、抗病等许多优良性状，又与大豆是近缘种，所以它在育种上有重要的利用价值。该种固氮能力强，对研究生物固氮具有重要意义，同时又是国家重要的种植资源物种。本次调查在龙潭沟发现野大豆分布，数量较少。

大花杓兰，兰科杓兰属多年生草本植物，植株高25~50cm，根茎和根入药，有活血祛瘀、祛风湿、镇痛效果。

紫点杓兰，兰科杓兰属多年生草本植物，植株高15~25cm，根状茎细长横生，茎基部有棕色叶鞘。叶片2，椭圆形，基部楔形或近圆形抱茎。苞片叶状；花1朵，白色，有紫色斑点；中萼片卵状椭圆形，合萼片近线形；花瓣与合萼片约等长；蒴果纺锤形，纵裂。花期6月。生于海拔1650~2490m的山地阴坡林下或草地。

山西杓兰，兰科杓兰属多年生草本植物，植株高4.0~55cm，具稍粗壮而匍匐的根状茎。茎直立，被短柔毛和腺毛，基部具数枚鞘，鞘上方具3~4枚叶。叶片椭圆形至卵状披针形，先端渐尖，唇瓣深囊状，近球形至椭圆形。花序顶生，通常具2花，较少1花或3花。蒴果近梭形或狭椭圆形，疏被腺毛或变无毛。花期5~7月，果期7~8月。生于海拔1000~2500m的林下或草坡上。

手参，别名手掌参、虎掌参、巴掌参、掌参、阴阳草，兰科手参属多年生草本植物，植株可达60cm，生于海拔1600~2300m的阴坡林下、林缘、高山草甸内。中药材名，块茎入药，其性味甘、微苦、凉，有补肾益精、理气止痛之功效，为延年益寿滋补用的中草药品。

软枣猕猴桃，别名软枣子，猕猴桃科猕猴桃属大型落叶藤本植物，生于混交林或水分充足的杂木林中。其果药用或食用。

3.3.2 河北省重点保护野生植物

根据2010年河北省人民政府办公厅发布的《河北省重点保护野生植物名录》统计，河北省公布了《河北省重点保护野生植物名录》(第一批)，共计4门70科192种。

据调查统计，大海陀自然保护区内分布有48种河北省重点保护野生植物。

表3-16 保护区内河北省重点保护植物名录

中文种名	学名
蕨	*Pteridium aquilinum* var. *latiusculum*
油松	*Pinus tabulaeformis*
草麻黄	*Ephedra sinica*
木贼麻黄	*Ephedra equisetina*
胡桃楸	*Juglans mandshurica*
野核桃	*Juglans cathayensis*
虎榛子	*Ostryopsis davidiana*
脱皮榆	*Ubnus lamellosa*

(续)

中文种名	学名
白头翁	*Pulsatilla chinensis*
冀北翠雀花	*Delphinium siwanense*
金莲花	*Trollius chinensis*
升麻	*Cimicifuga dahurica*
长毛银莲花	*Anemone narcissiflora* var. *crinita*
银莲花	*Anemone cathayensis*
野罂粟	*Papaver nudicaule* var. *chinense*
小丛红景天	*Rhodiola durnulosa*
美蔷薇	*Rosa bella*
三籽两型豆	*Amphicarpaea trisperma*
远志	*Polygala tenuifolia*
漆树	*Toxicodendron verniciflum*
蒙椴	*Tiliamongolica*
河北堇菜	*Viola hopeiensis*
刺五加	*Acanthopanax senticosus*
无梗五加	*Acanthopanax sessiliflorus*
雾灵柴胡	*Bupleurum sibiricum* var. *jeholense*
胭脂花	*Primulamaximowiczii*
二色补血草	*Limonium bicolor*
华北白前	*Cynanchum hancockianum*
黄芩	*Scutellaria baicalensis*
丹参	*Salviamiltiorrhiza*
中国马先蒿	*Pedicularis resupinata*
华北蓝盆花	*Scabiosa tschiliensis*
党参	*Codonopsis pilosula*
羊乳	*L Codonopsis lanceolata*
苍术	*Atractylodes lancea*
蚂蚱腿子	*Myripnois dioica*
半夏	*Pineilia ternata*
卷丹	*Lilium lancifolium*
黄精	*Polygonatum sibiricum*
知母	*Anemarrhena asphodeloides*
北重楼	*Paris verticillata*

(续)

中文种名	学名
凹舌兰	*Coeloglossum viride* var. *bradeatum*
角盘兰	*Herminium monorchis*
小花蜻蜓兰	*Tulotis ussuriensis*
二叶舌唇兰	*Platanthera chlorantha*
绶草	*Spiranthes sinensis*
沼兰	*Malaxis monophyllos*
北方鸟巢兰	*Neottia camtschatea*

3.4 本次调查增加的植物

2020—2022年调查队多次进入大海陀自然保护区进行调查，经鉴定，与2017年出版的《河北大海陀自然保护区综合科学考察报告》中河北大海陀自然保护区野生维管束植物名录相比较，增加了55种植物，详见表3-17。

表3-17 本次调查增加的野生维管植物名录

序号	种	科	镇村	生境
1	野葵 *Malva verticillata*	锦葵科	雕鹗镇石头堡村	路边
2	野韭 *Allium ramosum*	百合科	雕鹗镇石头堡村	砾石滩
3	柳叶刺蓼 *Polygonum bungeanum*	蓼科	雕鹗镇石头堡村	路边
4	抱草 *Melica virgata*	禾本科	雕鹗镇石头堡村	山坡
5	花苜蓿 *Medicago ruthenica*	豆科	雕鹗镇石头堡村	山坡
6	小画眉草 *Eragrostisminor*	禾本科	雕鹗镇石头堡村	山坡
7	节毛飞廉 *Cardunsacanthoides*	菊科	雕鹗镇石头堡村	溪边
8	无毛牛尾蒿 *Artemisia dubia*	菊科	雕鹗镇石头堡村	山坡
9	白草 *Pennisetum centrasiaticum*	禾本科	雕鹗镇石头堡村	山坡
10	北京隐子草 *Cleistogenes hancei*	禾本科	雕鹗镇石头堡村	山坡
11	假苇拂子茅 *Calamagrostis pseudophragmites*	禾本科	雕鹗镇石头堡村	山坡
12	长梗鼠李 *Rhamnus yoshinoi*	鼠李科	雕鹗镇石头堡村	山坡
13	东方泽泻 *Alisma orientale*	泽泻科	雕鹗镇孙庄子	水边
14	旱柳 *Salixmatsudana*	杨柳科	雕鹗镇石头堡村	路边
15	老芒麦 *Elymus sibiricus*	禾本科	雕鹗镇孙庄子	田里
16	具刚毛荸荠 *Eleocharis valleculosa*	莎草科	雕鹗镇孙庄子	路边
17	三棱水葱 *Rhynchospora triqueter*	莎草科	雕鹗镇孙庄子	路边
18	野蓟 *Cirsiummaackii*	菊科	雕鹗镇孙庄子	路边

(续)

序号	种	科	镇村	生境
19	红足蒿 Artemisia rubripes	菊科	雕鹗镇孙庄子	路边
20	无芒雀麦 Bromus inermis	禾本科	雕鹗镇孙庄子	路边
21	长芒草 Stipa bungeana	禾本科	雕鹗镇孙庄子	路边
22	内折香茶菜 Rabdosia inflexa	唇形科	雕鹗镇大庙子村	山坡
23	西山委陵菜 Potentilla sischanensis	蔷薇科	雕鹗镇大庙子村	溪边
24	扁茎灯心草 Juncus compressus	灯心草科	雕鹗镇大庙子村	溪边
25	虉草 Phalaris arundinacea	禾本科	雕鹗镇大庙子村	溪边
26	异叶轮草 Galiummaximowiczii	茜草科	雕鹗镇大庙子村	溪边
27	麻叶风轮菜 Clinopodium urticifolium	唇形科	雕鹗镇大庙子村	溪边
28	箭头蓼 Polygonum sagittatum	蓼科	雕鹗镇大庙子村	溪边
29	高山蓼 Polygonum alpinum	蓼科	雕鹗镇三间房村	干旱山坡草地
30	秦艽 Gentiana crassicaulis	龙胆科	雕鹗镇三间房村	干旱山坡草地
31	竹灵消 Cynanchum inamoenum	萝藦科	雕鹗镇三间房村	干旱山坡草地
32	火烧兰 Epipactis helleborine	兰科	大海陀乡大海陀村	山坡阴坡
33	尖唇鸟巢兰 Neottia acuminata	兰科	大海陀乡大海陀村	山坡阴坡
34	纤茎秦艽 Gentiana tenuicaulis	龙胆科	大海陀乡大海陀村	山坡阴坡林下
35	雾灵韭 Allium plurifoliatum	百合科	大海陀乡大海陀村	高山草甸
36	块蓟 Cirsium salicifolium	菊科	大海陀乡大海陀村	高山草甸
37	卷苞风毛菊 Saussurea sclerolepis	菊科	大海陀乡大海陀村	高山草甸
38	假水生龙胆 Gentiana pseudoaquatica	龙胆科	大海陀乡大海陀村	高山草甸
39	长柱沙参 Adenophora stenanthina	桔梗科	大海陀乡大海陀村	林缘
40	红瑞木 Swida alba	山茱萸科	大海陀乡大海陀村	林下
41	喀喇套拉拉藤 Galium karataviense	茜草科	大海陀乡大海陀村	山坡
42	北苍术 Atractylodes chinensi	菊科	雕鹗镇石头堡村	山坡
43	碱茅 Puccinellia distans	禾本科	雕鹗镇石头堡村	山坡
44	刺蓼 Polygonum senticosum	蓼科	雕鹗镇朱家沟	山坡林园
45	无叶章 Deyeuxia langsdorffii	禾本科	雕鹗镇朱家沟	山坡林下
46	水蓼 Polygonum hydropiper	蓼科	雕鹗镇三间房	溪边
47	五角枫 Acer elegantulum	槭树科	大海陀乡施家村	山坡
48	反折假鹤虱 Eritrichium deflexum	紫草科	大海陀乡施家村	山坡
49	少花米口袋 Gueldenstaedtia verna	豆科	大海陀乡施家村	山坡
50	沙棘 Hippophae rhamnoides	胡颓子科	大海陀乡施家村	山坡
51	峨参 Anthriscus sylvestris	伞形科	雕鹗镇石头堡村	路边

(续)

序号	种	科	镇村	生境
52	鸡桑 *Morus australis*	桑科	雕鹗镇石头堡村	路边
53	红蓼 *Polygonum orientale*	蓼科	雕鹗镇石头堡村	路边
54	华北八宝 *Hylotelephium tatarinowii*	景天科	雕鹗镇石头堡村	路边
55	山西杓兰 *Cypripedium shanxiense*	兰科	大海陀乡大海陀山	林下

2017年出版的《河北大海陀自然保护区综合科学考察报告》显示，经调查还有白杄（*Picea megeri*）、青杄（*Picea wilsonii*）、红皮云杉（*Picea koraiensis*）、圆柏（*Sabina chinensis*）、杜松（*Junipers rigida*）5种植物未计入维管束植物名录中，此次科考报告将它们计入。

3.5 资源植物多样性分析

保护区地处燕山山脉的深山区，受人为因素干扰较少，植物资源相对比较丰富，其中很多种类都是极具经济价值的资源植物。根据统计和调查，保护区有各种野生资源植物约543种（按用途累计），根据其用途主要分为11类：野生淀粉植物、野生药用植物、野生食用植物、野生材用植物、野生油脂植物、野生鞣料植物、野生纤维植物、野生蜜源植物、野生芳香油植物、野生饲用植物、野生花卉观赏植物等。这些野生植物，按其已知的经济用途可分为11个大类：用材树种60种，纤维植物89种，油脂植物84种，鞣料植物48种，淀粉植物23种，芳香油植物25种，野菜植物35种，野果植物37种，有毒植物94种，药用植物403种，蜜源植物23种。

3.5.1 野生纤维植物

纤维植物是指植物体的根、茎、叶、皮经加工处理后可取纤维，并作为主要用途而被提取利用的植物。全国有约500种，据初步统计，保护区内野生纤维植物有80多种，以杨柳科（Salicaceae）、椴树科（Tiliaceae）、榆科（Ulmaceae）、桑科（Moraceae）、荨麻科（Urtiaceae）、锦葵科（Malvaceae）、卫矛科（Celastraceae）、豆科（Leguminosae）、禾本科（Gramineae）等科的植物为主，主要种类有山杨（*Populus dacidiana*）、糠椴、蒙椴、桑（*Morus alba*）、葎草（*Humulus scandens*）、大麻（*Cannabis sativa*）、构树（*Broussonetia papyrifera*）、荆条、苘麻（*Abutilon theophrasti*）、野亚麻（*Linum stelleroides*）、细穗苎麻（*Boehmeria gracilis*）、南蛇藤（*Celastrus orbiculatus*）、牛迭肚、野古草（*Arundinella hirta*）、草胡桃楸（*Juglans mandshurica*）、小叶朴（*Celtis bungeana*）、大果榆（*Ulmus macrocarpa*）、蝎子草（*Girardinia diversifolia* subsp. *suborbiculata*）、狭叶荨麻（*Urtica angustifolia*）等。纤维植物的茎、叶、种子、果实等富含纤维，一般含量在20.0%以上，如构树的茎皮纤维含量为24.1%，葎草的茎皮纤维含量为34.6%，蝎子草的茎皮纤维含量为20.0%，大油芒的茎皮纤维含量为30.0%；有些纤维含量在40.0%以上，如蔷薇科的牛迭肚的茎皮纤维含量为44.1%，野古草的茎皮纤维含量为56.5%，桑的茎皮纤维含量为48.2%，大果榆的茎皮纤维含量为54.8%，荨麻的茎皮纤维含量高达71.0%。

3.5.2 野生材用植物

木材是森林的主要产物，主要应用于建筑、采矿、船舶、铁路、包装、造纸、家具、军工器材、文具、乐器、体育器材、工艺品等方面，是国民经济建设中的重要材料之一。据初步统计，区内的材用植物有50多种，主要有华北落叶松（*Larix principis-rupprechtii*）、油松、青杆（*Picea wilsonii*）、白杆（*Piceamegeri*）、侧柏（*Platycladus orientalis*）、圆柏（*Sabina chinensis*）、山杨、旱柳（*Salix matsudana*）、白桦、红桦（*Betula albosinensis*）、鹅耳枥、槲栎、蒙古栎、大叶朴（*Celtis bungeana*）、小叶朴（*Celtis koraiensis*）、榆（*Ulmus pumila*）、元宝槭、色木槭、花楸（*Sorbus pohuashanensis*）、臭椿（*Ailanthus altissima*）、臭檀（*Euodia danielli*）、黄檗（*Phelldendron amurense*）、白杜（*Euonymus maackii*）、大叶白蜡和小叶白蜡等。

3.5.3 野生药用植物

保护区内野生药用种子植物资源比较丰富，据初步统计，保护区内有野生药用植物381余种，占保护区种子植物总数的36%，包括中草药植物和植物性农药植物两类。

3.5.3.1 野生中草药植物

据初步统计，保护区分布有约158种野生中草药植物。主要分布在毛茛科、豆科、唇形科、菊科、伞形科、百合科、芸香科（*Rutaceae*）、五加科（*Araliacea*）、萝藦科（*Asclepiadaceae*）等，多为草本植物，也有部分木本植物。比较常见的有黄檗、刺五加、五味子、葛藤、蝙蝠葛、草乌、北马兜铃、远志、酸枣、地黄（*Rehmannia glutinosa*）、苍术、半夏、草芍药、黄精、穿龙薯蓣、白头翁、牛蒡（*Arctium lappa*）、金莲花（*Trollius chinensis*）、红柴胡（*Bupleurum scorzonerifolium*）、蛇床（*Cnidium monnieri*）、连翘（*Forsythia suspense*）、杠柳、知母、党参（*Codonopsis pilosula*）、北重楼、茜草、列当（*Orobanche coerulescens*）野葵（*Malva verticillata*）、花苜蓿（*Medicago ruthenica*）、野蓟（*Cirsiummaackii*）、小画眉草（*Eragrostisminor*）、节毛飞廉（*Carduns acanthoides*）、无毛牛尾蒿（*Artemisia dubia*）、白草（*Pennisetum centrasiaticum*）、东方泽泻（*Alisma orientale*）、旱柳（*Salixmatsudana*）、内折香茶菜（*Rabdosia inflexa*）、麻叶风轮菜（*Clinopodium urticifolium*）、秦艽（*Gentiana crassicaulis*）、竹灵消（*Cynanchum inamoenum*）、长柱沙参（*Adenophora stenanthina*）、红瑞木（*Swida alba*）、北苍术（*Atractylodes chinensis*）、刺蓼（*Polygonum senticosum*）、水蓼（*Polygonum hydropiper*）、少花米口袋（*Gueldenstaedtia verna*）、红蓼（*Polygonum orientale*）等。下面将分别介绍具有代表性的种类。

（1）黄檗：芸香科黄檗属木本植物。树皮入药。含小檗碱、黄柏碱、黄柏内酯等，有降低血压的作用，其提取物可直接作用于肿瘤细胞，使肿瘤细胞代谢机能降低。所含内酯化合物可抑制由电刺激引起的蛙神经肌肉效应。黄檗是我国的珍贵药材树种。

（2）刺五加：五加科五加属落叶灌木，根及根茎含刺五加甙A、B、B1、C、D、E和多糖等，具有益气健脾、补肾安神的作用，用于治疗脾肾阳虚、体虚乏力、食欲不振、腰膝酸痛、失眠多梦等症，同时还有一定的抗疲劳、抗癌、提高免疫力等作用。

（3）五味子：五味子科五味子属木质藤本，是著名的药用植物，其果实含挥发油约

3%、含柠檬酸12%、苹果酸10%及少量酒石酸和单糖类。种子含脂肪油33%、挥发油1.6%、五味子素、五味子醇、维生素C、维生素E等。五味子有效成分为木脂素，木脂素包括各类五味子素及各类木脂素化合物。果皮及种皮含木脂素5%，根茎皮含4.88%~12.4%，茎皮内含5.6%~9.9%，并以6~7月开花期含量最高，因此茎皮与果实具有同等有效成分，具有同样多种用途。五味子在国内外市场上很受欢迎，市场潜力大，价值高。

(4)葛藤：豆科葛属的多年生草质藤本植物。其块根肥厚，富含淀粉，除此外还含有12%的黄酮类化合物，包括大豆（黄豆）甙、大豆甙元、葛根素等10余种，并含有胡萝卜甙、氨基酸、香豆素类等。葛根具有提高肝细胞再生能力，恢复正常肝脏机能，促进胆汁分泌，促进新陈代谢，加强肝脏解毒功能，预防脂肪肝和酒精对肝脏损伤的功效；对防治冠心病、心绞痛、心肌梗死等心血管疾病有一定的作用；同时，还可以能调节人体机能，增强体质，提高机体抗病能力，抗衰延年。

(5)蝙蝠葛：为防己科蝙蝠葛属多年生藤本，叶盾状着生在叶柄上。多生于山坡路旁灌丛中。含有北豆根碱、去甲北豆根碱、异去甲北豆根碱等8种生物碱。干燥根茎药用，具有清热解毒、消肿止痛的功效。

(6)草乌：为毛茛科乌头属植物，生于山坡或林缘。块根药用，有大毒。各部分含生物碱，其中主要为乌头碱，叶中还含有肌醇及鞣质。入药能祛风除湿、温经止痛，用于治风寒湿痹、关节疼痛、心腹冷痛、寒疝作痛、麻醉止痛。

(7)北马兜铃：马兜铃科马兜铃属草质藤本。多生于山坡路边、草丛边等地。根、茎、果实药用，根称青木香，有小毒，具健胃、理气止痛之效，并有降血压作用；茎叶称天仙藤，有行气治血、止痛、利尿之效；果称马兜铃，有清热降气、止咳平喘之效。

(8)穿龙薯蓣：为薯蓣科薯蓣属多年生缠绕草本，多年生块茎可入药，含薯蓣皂甙(Dioscin)等多种甾体皂甙。根茎含薯蓣皂甙(dioscin)，平均为2.01%，以5~6月含量最高，可达2.499%。另含延龄草皂甙(trillin，为薯蓣皂甙元-3-葡萄糖)、尿囊素(allantoin)等。主要功效为祛除风湿、活血通络、止痛消肿，用于治风湿痹痛、肌肤麻木、关节屈伸不利、跌打损伤、淤血阻滞、热痰咳嗽等症。当地多有采药者采之，导致穿龙薯蓣这一物种资源遭到严重破坏。

(9)草芍药：为芍药科芍药属植物。其根入药，含芍药甙、苯甲酸、葡萄糖等，具有败毒抗癌、清热凉血、祛瘀止痛的作用，用于治癌瘤积毒、血热炎症、血瘀疼痛等症。

(10)党参：为桔梗科党参属植物，生于山地灌木丛间及林缘、林下、沟谷草地。含甾醇类、生物碱、挥发油以及铁、锌、铜、锰等14种无机元素，含天冬氨酸、苏氨酸、丝氨酸、谷氨酸等17种氨基酸。根入药，具有补中益气、健脾益肺的功效，用于治脾肺虚弱、气短心悸、食少便溏、虚喘咳嗽、内热消渴等症。

(11)半夏：属天南星科半夏属植物，生于溪边及林下。半夏是中国中药宝库中的一种重要药材。有毒。块茎含挥发油、少量脂肪(其脂肪酸约34%为固体酸、66%为液体酸)、淀粉、烟碱、黏液质、天门冬氨酸、谷氨酸、精氨酸、β-氨基丁酸等氨基酸、β-谷甾醇、胆碱、β-谷甾醇-β-D-葡萄糖甙、3,4-二羟基苯甲醛，又含药理作用与毒芹碱及烟碱相似的生物碱、类似原白头翁素刺激皮肤的物质。具有燥湿化痰、降逆止呕、消痞散结的作用，用于治疗湿痰冷饮、呕吐、反胃、咳喘痰多、胸膈胀满、痰厥头痛、头晕不眠、外消痈肿等症。

（12）黄芩：为唇形科黄芩属植物，生于向阳草坡。以根入药，有清热燥湿、凉血安胎、解毒之功效。主治温热病、上呼吸道感染、肺热咳嗽、湿热黄疸、肺炎、痢疾、咳血、目赤、胎动不安、高血压、痈肿疔疮等症。

（13）列当：为列当科列当属植物，生于山坡及沟边草地上，常寄生于菊科蒿属植物的根上。全草入药，具有补肾助阳、强筋骨的作用，用于性神经衰弱、腰腿酸软等症；外用可治小儿腹泻、肠炎、痢疾。

（14）丹参：为唇形科丹参属植物，生于山坡、林下、溪谷等地。根入药，主要含脂溶性的二萜类成分和水溶性的酚酸成分，以及黄酮类、三萜类、甾醇等，具有强心、扩张血管、降血脂、改善微循环、促进组织修复与再生、保肝、抗菌等功效。用于月经不调、经闭痛经、症瘕积聚、胸腹刺痛、热痹疼痛、疮疡肿痛、心烦不眠等症以及肝脾肿大、心绞痛等疾病的治疗。

（15）北重楼：为百合科重楼属植物，生于林下腐殖土上。根状茎入药，能清热解毒、散瘀消肿。

（16）升麻：为毛茛科升麻属植物，生于林缘或山谷草地，根状茎药用，有清热解毒、透疹作用。

（17）龙牙草：为蔷薇科龙牙草属植物，生于山坡、山谷、草甸、阴湿地等处。全草入药，为强壮收敛止血药，并有强心的作用。

（18）地榆：为蔷薇科地榆属植物，生于山坡、林缘及草甸。根入药，有凉血止血、收敛止泻之功效。

（19）远志：为远志科远志属植物，生于山坡林下或草地上。根韧皮部以外入药，具有益智安神、散郁化痰之功效。

（20）玉竹：为百合科玉竹属植物，生于山坡阴湿处。根状茎入药，有养阴润燥、生津止渴作用。

3.5.3.2 野生植物性农药植物

保护区内可以用于农药的野生植物有近82种，主要分布在毛茛科、大戟科（Euphorbiaceae）、唇形科、茄科（Solanaceae）、豆科、菊科、百合科、天南星科（Araceae）。如核桃楸的叶、果皮对昆虫有很强的杀毒作用，可杀灭害虫和防治植物病害，外果皮煎汁有除草作用；草乌的根、叶的水浸液可制农药；白头翁全草可杀虫防治植物病虫害；棉团铁线莲的根、茎、叶均可杀虫，防治植物病虫害；茴茴蒜、毛茛全草的水浸液对菜青虫、黏虫以及小麦病害有良好的效果；白屈菜的干燥全草对蚤类害虫有特效；大戟的茎、叶可杀虫；杠柳的叶及根皮均可作杀虫剂；野艾蒿全株及花序可作农药；苦木的根皮、树皮磨成粉可以杀虫；半夏的球茎有毒，可防止病虫害等。

3.5.4 野生食用植物

野生植物中有许多是可食用的，这些植物抗逆性强，无污染，营养丰富，有益健康，且具有独特的风味，是高品质的绿色食品。据统计，全国有野生果树资源1200余种，可食用的山野菜资源6000余种。保护区内野生食用植物分布很多，包括野果和野菜两类，有50余种，其中，野果类有近20种、野菜类有30多种。

3.5.4.1 野果类植物

以蔷薇科、桑科（Moraceae）、桦木科、胡桃科、鼠李科（Rhamnaceae）、茄科（Solanaceae）、胡颓子科（Elaeagnaceae）、葡萄科（Vitaceae）、猕猴桃科（Actinidiaceae）、忍冬科（Caprifoliaceae）植物为主，共有35种，主要有以下几种。

（1）胡桃楸：为胡桃科植物，果仁含脂肪60%~70%，蛋白质15%~20%，糖10%，并含多种维生素及矿物质，果仁可生食或炒食，也可作糕点、糖果等营养品的原料，也可以榨油用。

（2）榛、毛榛：为桦木科植物。榛子营养丰富，果仁中除含有蛋白质、脂肪、糖类外，胡萝卜素、维生素B_1、维生素B_2、维生素E含量也很丰富；含有人体所需的8种氨基酸，而且其含量远远高于核桃；榛子中各种微量元素如钙、磷、铁含量也高于其他坚果，果仁含脂肪量达60.5%、蛋白质17%~19%。榛子可生食、炒食、做糕点、巧克力、榛子粉、榛子乳等营养食品，也可以榨油。

（3）桑：为桑科植物，果实富含糖、胡萝卜素、硫酸铵、核黄素及维生素，味甜多汁，可鲜食，也可提取果汁直接利用、酿酒或制果酱。

（4）山荆子：为蔷薇科植物。果实含糖9.71%，总酸量2.31%，富含维生素，其营养成分高于苹果，其中，有机酸的含量超过苹果的1倍以上。果实成熟后可直接食用，也可在未熟软时以冰糖煮制或蒸制。山荆子是酿酒和调制纯绿色饮品的最佳原料，适用于加工果脯、蜜饯和清凉饮料，树皮可作染料。山荆子树还是果树的嫁接植物。

（5）山杏：为蔷薇科植物。山杏果肉含糖、蛋白质、脂肪，此外，还含有枸橼酸、苹果酸、维生素C、维生素B_{17}等成分。维生素B_{17}是极有效的抗癌物质，且只对癌细胞有杀灭作用，而对正常的细胞和健康组织无毒性。果仁含蛋白质23%~27%、粗脂肪50%~60%、糖类10%，还含有磷、铁、钾等无机盐类及多种维生素，是滋补佳品。果肉除鲜食外，还可加工成杏脯、罐头、杏干、杏酱、杏汁、杏酒、杏青梅、杏话梅、杏丹皮等；杏仁可炒食，也可加工成杏仁霜、杏仁露、杏仁酪、杏仁酱、杏仁点心、杏仁酱菜、杏仁油等；杏仁油微黄透明，味道清香，不仅是一种优良的食用油，还是一种高级的油漆涂料、化妆品及优质香皂的重要原料。

（6）酸枣：为鼠李科植物。酸枣不仅含有钾、钠、铁、锌、磷、硒等多种微量元素，更重要的是，新鲜的酸枣中含有大量的维生素C，其含量是红枣的2~3倍、柑橘的20~30倍，在人体中的利用率可达到86.3%，是所有水果中的佼佼者。其果实可以鲜食，也可以深加工成果汁、饮料，用于酿酒、制醋、制作酸枣糕等。同时，酸枣也是一种优良的蜜源植物。

（7）秋子梨（*Pyrus ussuriensis*）：为蔷薇科植物。其果易保存，食之味琼香如蜜、沁人心脾。

除此之外，还有牛迭肚、欧李（*Prunus humilis*）、茅莓（*Rubus parvifoliu*）、山葡萄、猕猴桃、狗枣猕猴桃（*Actinidia kolomikta*）、木天蓼（*Actinidia polygama*）、酸浆（*Physalis alkekengi* var. *franchetii*）、龙葵（*Solanum nigrum*）等。

3.5.4.2 野菜类植物

保护区内野菜类植物有 30 多种，以蕨类、菊科、蓼科、蔷薇科、豆科、百合科、藜科、苋科、十字花科植物为多，主要有蕨(*Pteridium aquilinum* var. *latiusculum*)、酸膜叶蓼(*Polygonum lapahifolium*)、河北大黄(*Rheum franzenbachii*)、马齿苋(*Portulaca oleracea*)、龙牙草、朝天委菱菜(*Potentilla supine*)、地榆、车前(*Plantago asiatica*)、桔梗、山莴苣(*Lactuca indica*)、蒲公英、苦苣菜、藜(*Chenopodium album*)、猪毛菜(*Salsola collina*)、地肤(*Kochia scoparia*)、荠菜(*Capsella bursa-pastoris*)、山韭菜(*Allium senescens*)、黄花菜(*Hemerocallis citrine*)、小黄花菜(*Hemerocallis minor*)、野韭(*Allium ramosum*)等。

(1)蕨菜：又叫如意菜、长寿菜。属凤尾蕨科多年生草本植物，分布较广，适应性较强。主要生长于阴坡林下灌丛、沟谷及海拔较高的阳坡，因其天然生长、无污染、无毒而深受人们喜爱，被称为"山野珍品"。蕨菜营养价值较高，有一定的滋补作用，尤以蛋白质、脂肪、粗纤维和铁的含量较高，同时还含有钙、磷等矿物质和一些微量元素。蕨菜还有一定的药用价值，其药性味甘寒，具有清热、清肠、降气、祛风、化痰等功效。可治食膈、肠风热毒等症。据《本草纲目》记载，蕨类能"去暴热、利水道、令人睡、补五脏不足、气壅经络筋骨间毒气"。蕨类根状茎可药用，有解毒、利尿的功效，同时蕨类还具有降压、抗衰老等功效，因而成为餐桌上久盛不衰的名菜，曾远销日本、东南亚等各国。

(2)桔梗：属桔梗科多年生草本植物，分布较广，常野生于山坡、草丛以及林缘的向阳干燥处。较喜温和的气候，也较耐寒。在阳光充足、土质偏沙、水分不过多的条件下，长势更好。桔梗的根含糖量高达 62.1%，同时还含有皂苷元及葡萄糖、桔梗聚糖、三萜烯类物质。其药用效能：性味苦、辛、平，入肺经，具有宣肺、祛痰、排脓的效能。用以治疗外感咳嗽、咯痰不利、胸肋疼痛、咽喉肿痛、咳吐脓血的"肺痈"等症。据《本草纲目》载：桔梗主治"胸肋疼痛如刀刺，腹满肠鸣幽，惊恐悸气。利五脏肠胃，补血气，除寒热风痹，温中消谷，疗喉咽痛，下蛊。治下痢，破血去积气，消积聚痰涎，去肺热气促嗽逆，除腹中冷痛，主中恶及小儿惊痫。下一切气，止霍乱转筋，心腹胀痛，补五劳，养气，除邪辟温，破症瘕肺痛，养血排脓，补内漏及喉痹，利窍。除肺部风热，清利头目咽嗌，胸膈滞气及痛，除鼻塞，治寒呕。主口舌生疮，赤目肿痛。"

(3)黄花菜：属百合科多年生草本植物。其花为著名的干菜，又叫金针菜，被誉为"上珍"。黄花适应性较强，分布较广，在保护区各地山坡、草地和林下都有生长。黄花菜还含有谷氨酸、赖氨酸、酪氨酸、精氨酸等氨基酸。其药用效能为：性凉、味甘，入脾、肺二经，能健脑、抗衰、解忧，根能利水、凉血、宽胸膈。据《分类草药性》载：黄花可"滋阴补神气，通女子血气、消肿，治小儿咳嗽。"

(4)马齿苋：属马齿苋科一年生草本，又称马生菜、长寿菜，广布于田间、山坡、荒地，性耐旱。马齿苋富含维生素 E，含量 12.2mg/kg，是菠菜的 6 倍，α-亚麻酸 300～400mg/kg，是菠菜的 10 倍，比任何食用蔬菜都高，所以营养丰富，是群众普遍喜爱的野菜品种。同时，马齿苋味酸、性寒，具有清热解毒、杀虫散血的作用，可药用，用来治热毒引起的视物不清或生翳膜肿痛以及热毒血痢等。

(5)荠菜：十字花科植物，荠菜每百克含水分 85.1g，蛋白质 5.3g，脂肪 0.4g，碳水化合物 6g，钙 420mg，磷 73mg，铁 6.3mg，胡萝卜素 3.2mg，维生素 B 10.14mg，尼克酸

0.7mg，维生素 C 55mg，还含有黄酮甙、胆碱、乙酰胆碱等。荠菜含丰富的维生素 C 和胡萝卜素，有助于增强机体免疫功能，是一种人们喜爱的可食用野菜。同时，荠菜也可以药用。

3.5.5　野生花卉观赏植物

保护区内野生花卉观赏植物十分丰富，据统计约有 60 种。主要有毛茛科、蔷薇科、虎耳草(Saxifragaceae)科、石竹科(Caryophyllaceae)、玄参科、忍冬科、桔梗科、菊科、百合科、兰科、槭属科、椴树科、无患子科、鼠李科等科植物。

用于花卉观赏的主要有荚果蕨(Matteuccia struthiopteris)、石竹、浅叶剪秋萝(Lychnis cognate)、华北耧斗菜(Aquilegia yabeana)、银莲花(Anemone cathayensis)、金莲花、翠雀、唐松草(Thalictrum aquilegifolium)、草芍药、细叶小檗(Berberis poiretii)、雾灵香花芥(Hesperis oreophila)、瓦松(Orostachys fimbriatus)、景天(Sedum sp.)、溲疏(Deutzia sp.)、梅花草(Parnassia palustris)、太平花(Philadelphus pekinensis)、金露梅(Potentilla fruticosa)、迎红杜鹃(Rhododendron mucronulatum)、东陵绣球(Hydrangea bretschneideri)、美蔷薇(Rosa bella)、绣线菊、胡枝子、老鹳草(Geranium wilfordii)、金花忍冬(Lonicera chrysantha)、接骨木、桔梗、山丹、玉竹、黄花菜、小黄花菜、北重楼、野鸢尾(Iris dichotoma)、射干、矮紫苞鸢尾(Iris ruthenica var. nana)及兰科植物等。

用于园林绿化的观赏树种有栾树(Koelreuteria paniculata)、色木槭、元宝槭、小叶鼠李、旱柳、糠椴、蒙椴、花楸、山桃、山杏、稠李、白杜(Euonymus maackii)、丁香、锦带花(Weige florida)等。

3.5.6　野生油脂植物

能贮藏植物油脂的植物统称油脂植物。植物油脂多集中于植物的种子中，以种仁含量最多。

保护区内有油脂植物 83 种，种子含油量均在 10% 以上，多数分布在松科、胡桃科、桦木科、蔷薇科、忍冬科、十字花科、唇形科和菊科等。主要种类有油松、侧柏、核桃楸、榛、毛榛、山桃、山杏、臭椿、苍耳、色木槭、桔梗等，它们的种子富含油脂，含油量大多在 20%~30%，其中，油松种子含油量在 30%~40%，核桃楸种子含油量高达 68.2%，色木槭种子含油量为 22.2%，山杏种子含油量 49.9%，苍耳种子含油量 10.5%。

种子油的用途很多，有些可以作为良好的食用油，如油松、核桃楸、野核桃、榛、诸葛菜等，有些可以用作工业用油，用作油漆、肥皂、润滑油、油墨、油毡等的原料，如色木槭、诸葛菜、香薷、益母草、桔梗、苍耳等。榨油后的渣滓还可以用作饲料。

3.5.7　野生淀粉植物

淀粉是人类的主要食品和能量来源，是人类生活必需的营养，除直接食用外，还广泛应用于食品工业、造纸工业、纺织工业、医药工业、冶金工业、化妆品工业、发酵工业等领域。保护区内有野生淀粉植物 20 余种，集中在壳斗科、桦木科、蓼科、百合科、禾本科等，主要有榛、毛榛、槲栎、槲树、栗、蒙古栎、葛、歪头菜、黄精、玉竹、穿龙薯蕨等。

淀粉主要分布在植物的种子或根状茎，不同植物种子的淀粉含量不同，差异较大。如毛榛的种子淀粉含量为20%左右，根状茎的淀粉含量也差异较大，低的为15%左右，高的可达70%，如拳参根状茎的淀粉含量为12%~45%，黄精根状茎的淀粉含量为68.46%，一般在20%~30%。

种子淀粉富含营养，可用作副食、榨油、酿酒或制作饲料等，如榛、毛榛、槲树等，根状茎也可以食用、酿酒或作饲料。

3.5.8　野生鞣料植物

鞣料植物是指富含单宁的植物，从中可提取的植物性鞣料或鞣料浸膏称为栲胶。栲胶一般可从富含单宁的植物组织如树皮、木材、果实、果壳、根、茎叶中经粉碎、浸提蒸发、干燥等过程制成。蕨类植物、种子植物均可含有鞣质。保护区内野生鞣料植物约有48种，主要集中在壳斗科、松科（Pinaceae）、杨柳科、桦木科、蔷薇科、蓼科、牻牛儿苗科（Geraniaceae），主要有油松、旱柳、小叶杨、蒙古栎、水杨梅、景天三七、三裂绣线菊、地榆、鹅绒委菱菜、牻牛儿苗、老鹳草、鼠掌老鹳草等。这些植物的树皮、叶或壳斗、木材内均含有鞣质，含量在8%~15%。

3.5.9　野生芳香油植物

野生芳香植物是提制香料、香精的重要原料，其制品可以广泛用于配制香皂、牙膏、化妆品、卷烟、糖果、糕点、饮料、调味和医药卫生、杀虫剂、冷食加工以及其他化学工业方面。保护区内此类植物约有25种，主要是伞形科、菊科、马鞭草科、败酱科（Valerianaceae）、芸香科、唇形科、胡颓子科。如侧柏、美蔷薇、薄荷、藿香（*Agastache rugosa*）、香薷、木香薷、裂叶荆芥（*Schizonepeta tenuifolia*）、辽藁本（*Ligusticum jeholense*）、石防风（*Peucedanum terebinthaceum*）、变豆菜（*Sanicula chinensis*）、荆条、异叶败酱（*Patrinia heterophylla*）、照山柏、苍术、黄花蒿（*Artemisia annus*）、茵陈蒿（*Artemisia capillaris*）等，其茎、叶、花或果实、根可供提取芳香油。

3.5.10　野生蜜源植物

保护区内分布有野生蜜源植物约23种，分布广泛，主要存在于豆科、蔷薇科、十字花科（Cruciferae）、鼠李科、椴树科、马鞭草科（Verbenaceae）等。其中，有些蜜源植物的花期如下。

（1）山杏：蔷薇科，花期3~4月。
（2）山桃：蔷薇科，花期3~4月。
（3）稠李：蔷薇科，花期4~6月。
（4）胡枝子：豆科，花期6~8月。
（5）山野豌豆：豆科，花期6~9月。
（6）栾树：无患子科，花期6~9月。
（7）糠椴、蒙椴：椴树科，花期6~7月。

(8)荆条：马鞭草科，花期6~7月。
(9)薄荷：唇形科，花期7~8月。
(10)香薷：唇形科，花期7~8月。
(11)木香薷：唇形科，花期8~9月。
(12)地椒：唇形科，花期7~8月。
(13)酸枣：鼠李科，花期5~6月。
(14)六道木：忍冬科，花期6月。

3.5.11 野生饲用植物

饲用植物是指直接或经过加工调制后可用来饲喂家畜、家禽、鱼类及其他经济动物，供其消化吸收和生长繁殖并生产各种产品的植物。保护区内饲用植物可分为牧草、饲料植物等，约有52种，主要分布在禾本科、豆科、菊科、十字花科、蔷薇科、蓼科、藜科和苋科中，其中饲用价值较大的有白茅(*Imperata cylindrical*)、羊草(*Leymus chinensis*)、野燕麦(*Avena fatua*)、披碱草(*Elymus dahuricus*)、马唐(*Digitaria sanguinalis*)、隐子草、早熟禾、稗(*Echiochloa crusaglli*)、大油芒、狗尾草(*Setaria viridis*)、野青茅(*Calamagrostis arundinacea*)、黄耆(*Astragalus* sp.)、葛、歪头菜、胡枝子、山莴苣、草木樨等。

3.6 植物群落功能多样性

植物群落不仅是该地区生态系统的重要组成部分，同时，它本身又具有许多重要的功能，如生态功能、资源功能、生态旅游功能、科研科普实习基地功能等。

3.6.1 生态功能

(1)涵养水源、水土保持

植物的枝叶及落到地面的枯枝落叶能遮挡雨水对土壤的直接冲刷，减缓水流速度；植物的根系又对土壤具有很强的固着作用，可减缓水分对土壤的冲蚀。另外，植被本身，特别是草本层和地被层，具有很强的吸水能力，而且植物的根系使土壤疏松，增加了其吸水的能力。因此，拥有良好植被的土壤能在雨停几天或几周内缓慢释放所储存的水分，从而减少暴雨后洪水泛滥的危险。由于赤城大海陀位于红河、白河上游，是红河、白河上的主要支流的水源地之一，该区域植被的好坏，直接影响着红河、白河水系，保护区植被覆盖率高，区内土壤含水量充足，特别是中山地段植被覆盖极好，林下土壤水分非常充沛，一些沟谷内溪流四季长流，泉水叮咚，流水清澈见底，林下土壤保持非常好，对当地起到涵养水源、保持水土的作用。

(2)调节气候

大海陀地区植被茂密，反射率小，辐射平衡值高。植被巨大的蒸腾作用，使大量的水分排入空气中，增加了周围地区的空气湿度，从而使本地区甚至周邻地区的水、热条件得到调节。由于植被的蒸腾作用，促进了水分的循环，从而对该地区气温的降低起到了重要的作用。

（3）净化和调节空气

首先，植物群落通过光合作用可以吸收固定空气中大量的 CO_2，从而对空气中 CO_2 的含量起到一定的调节作用，可以为减缓全球的温室效应起到一定的作用。其次，植物可以吸收空气中的有害气体，还可以阻挡和吸收空气中的尘埃颗粒，从而对大气起到净化作用。

（4）为其他生物提供栖息地

由于大海陀自然保护区所处地区气候、基质和生物影响的多样化，变化错综复杂，导致了该地区植被类型的多样化，植被的变化也非常复杂，从而产生了许多复杂的小生境，以适应生物对栖息地多样化的要求，为许多生物提供了多样化的栖息地。因此，大海陀保护区除了具有丰富的植物物种外，还具有丰富的其他生物物种。该地区鸟类资源丰富，昆虫物种多样性指数高，其他陆生脊椎动物和无脊椎动物、土壤微生物种类都很多，丰富度均较高。

3.6.2 提供生物资源产品

绿色植物通过光合作用固定 CO_2，制造有机物。大海陀自然保护区植被具有很高的初级生产力，能为人类提供大量的生物资源。首先，该地区森林广布，蕴藏着大量的木材，许多优良树种均有分布。除此之外，还有许多其他的资源植物，如药用植物、食用植物、蜜源植物、纤维植物、观赏植物等。药用植物资源丰富，最常见的有黄檗、刺五加、柴胡、沙参、党参、手参、白前、金莲花、列当、草乌、穿龙薯蓣、鹿药等。各种药用植物分布都比较广泛，且储量较高，如刺五加在核桃楸林和落叶阔叶混交林下常成片生长，沙参、柴胡、党参、乌头、穿龙薯蓣等也都很常见。食用植物有山杏、栗、核桃楸、稠李、秋子梨、萱草及多种食用菌等。大海陀自然保护区植被能为人类提供大量的资源产品。资源的开发应是在保障生态系统平衡和生物多样性不受影响的前提下，适度地开发，而不能因为开发影响生态系统平衡，破坏生物多样性。

第4章 动物多样性

4.1 动物区系

4.1.1 物种组成

根据本次调查及结合有关资料,保护区共有野生脊椎动物206种,分属哺乳纲、鸟纲、两栖纲、爬行纲和鱼类25目65科。其中,两栖纲(Amphibia)有1目2科2种;爬行纲(Reptilia)2目5科16种;鸟纲(Aves)16目44科150种;哺乳纲(Mammalia)5目12科28种;鱼类(Pisces)1目2科10种。各纲中目、科、种的统计见表4-1。

表4-1 河北大海陀国家级自然保护区陆生野生脊椎动物统计

纲	目		科		种	
	数量	比例(%)	数量	比例(%)	数量	比例(%)
两栖纲	1	4	2	3.1	2	1.0
爬行纲	2	8	5	7.6	16	7.7
鸟 纲	16	64	44	67.7	150	72.8
哺乳纲	5	20	12	18.5	28	13.6
鱼 类	1	4	2	3.1	10	4.9
合 计	25		65		206	

从表4-1中可以看出,在保护区分布的脊椎动物中以鸟类最为丰富。调查鸟类有150种,分别占保护区野生脊椎动物目、科及种的64%、67.7%和72.8%。其次为哺乳动物28种,分别占保护区野生脊椎动物目、科及种的20%、18.5%和13.6%

4.1.2 地理分布与区系

根据地理分布和区系从属关系,可以将保护区内分布的206种野生脊椎动物划分为三种类型。即①古北种,繁殖范围主要或完全分布于古北界的种类;②东洋种,繁殖范围主要或完全分布于东洋界的种类;③广布种,繁殖范围广布于东洋界和古北界,甚至超出两界或难以判断的种类。保护区分布的陆生脊椎动物中,古北界种类为优势种,广布种次之,东洋种最少。各纲中古北种、东洋种、广布种的数量及比例见表4-2。保护区在动物地理区划上隶属于古北界华北区黄土高原亚区。

表4-2 河北大海陀国家级自然保护区脊椎动物区系从属关系

纲	种数	古北种		东洋种		广布种	
		种数	百分比(%)	种数	百分比(%)	种数	百分比(%)
两栖纲	2	/	/	/	/	2	1.0

(续)

纲	种数	古北种		东洋种		广布种	
		种数	百分比(%)	种数	百分比(%)	种数	百分比(%)
爬行纲	16	6	2.9	4	1.9	6	2.9
鸟纲	150	75	36.4	27	13.1	48	23.3
哺乳纲	28	13	6.3	6	2.9	9	4.4
鱼类	10	5	2.4	3	1.5	2	1.0
合计	206	99	48	40	19.4	67	32.6

4.2 各论

4.2.1 哺乳类

哺乳动物是脊椎动物中形态结构最高等、生理机能最完善、行为最丰富复杂的高等动物类群。起源于古代爬行动物，同时在系统进化历史上有着更加进步的特征，具有全身被毛、恒温、胎生、哺乳和运动迅速等特征，使得哺乳动物更能够适应各类生存环境条件，分布几乎遍布世界各地，形成了丰富多样的生态类群。

哺乳动物类群是各类自然生态系统中重要的组成部分，处于食物链的顶层，在生态系统中有着极为重要的作用。同时，它还具有重要的经济价值，是人类生活必需品的重要来源，与人类有着极为密切的关系。不同区域哺乳动物类群多样性受自然环境变迁、气候变化、人为活动及自身进化的影响与制约，有着独特的地理群落特征，这也是动物进化与自然选择优化的结果。

保护区内哺乳动物调查内容与调查方法主要通过样线、样区实际调查，结合保护区的红外相机监测资料以及以往资料与访问(当地居民、保护区工作人员以及经常到保护区考察与科学研究的专家等)，对保护区内兽类资源种类及其分布生境等进行统计分析。大型兽类则在调查访问的基础上，对其痕迹或残留物(包括粪便、毛发、啃食痕迹、足迹等)进行收集与分析，同时获取各兽类的照片或标本资料。

4.2.1.1 物种组成

据初步调查，保护区及周边地区有哺乳动物28种，隶属于5目12科28种，分别为食虫目(Insectivora)1科1种，即猬科(Erinaceidae)中的东北刺猬(*Erinaceus amurensis*)；兔形目(Lagomorpha)1科2种，即兔科(Leporidae)中的托氏兔(*Lepus tolai*)、草兔(*Lepus capensis*)；啮齿目(Rodentia)3科11种，即松鼠科(Sciuridae)中的岩松鼠(*Sciurotamias davdianus*)、花鼠(*Eutamias sibiricus*)、灰鼠(*Sciurus vulgaris*)，鼠科(Muridae)，姬鼠属(*Apodemus*)中的大林姬鼠(*Apodemus peninsulae*)和黑线姬鼠(*Apodemus agrarius*)，鼠属(*Rattus*)的褐家鼠(*Rattus norvegicus*)、北社鼠(*Niviventer confucianus*)、小家鼠(*Musmusculus*)、中华林姬鼠(*Apodemus draco*)，仓鼠科(Cricetidae)中的长尾仓鼠(*Cricetulus longicaudatus*)、大仓鼠(*Tscheskia triton*)；食肉目(Carnivora)4科11种，即犬科(Canidae)中的狼(*Canis lupus*)、貉(*Nyctereutes procyonoides*)、狐(*Vulpes vulpes*)，鼬科

(Mustelidae)中的黄鼬(*Mustela sibirica*)和艾鼬(*Mustela eversmanni*)、狗獾(*Meles meles*)、猪獾(*Arctonyx collaris*),灵猫科(Viverrinae)花面狸属(*Paguma*)中的果子狸(*Paguma larvata*),猫科(*Felidae*)中的豹猫(*Prionailurus bengalensis*)、金钱豹(*Panthera pardus*)、猞猁(*Felis lynx*);偶蹄目(Artiodactyla)3科3种,即猪科(Suidae)野猪属(*Sus*)中的野猪(*Sus scrofa*),鹿科(Cervidae)狍属(*Capreolus*)中的狍(*Capreolus capreolus*),牛科(Bovidae)斑羚属(*Naemorhedus*)中的斑羚(*Naemorhedus griseus*)。河北大海陀国家级自然保护区哺乳动物目、科、种数统计情况见表4-3,河北大海陀国家级自然保护区兽类组成见表4-4。

表4-3 河北大海陀国家级自然保护区哺乳动物目、科、种数统计

目	科	哺乳动物种类	种数	小计
食虫目 Insectivora	猬科 Erinaceidae	东北刺猬 *Erinaceus amurensis*	1	1
兔形目 Lagomorpha	兔科 Leporidae	托氏兔 *Lepus tolai*	1	2
		草兔 *Lepus capensis*	1	
啮齿目 Rodentia	松鼠科 Sciuridae	花鼠 *Eutamias sibiricus*	1	3
		岩松鼠 *Sciurotamias davidianus*	1	
		灰鼠 *Sciurus vulgaris*	1	
	鼠科 Muridae	褐家鼠 *Rattus norvegicus*	1	6
		北社鼠 *Niviventer confucianus*	1	
		小家鼠 *Mus musculus*	1	
		大林姬鼠 *Apodemus peninsulae*	1	
		黑线姬鼠 *Apodemus agrarius*	1	
		中华林姬鼠 *Apodemus draco*	1	
	仓鼠科 Circetidae	长尾仓鼠 *Cricetulus longicaudatus*	1	2
		大仓鼠 *Tscheskia triton*	1	
食肉目 Insectovora	犬科 Canidae	貉 *Nyctereutes procyonoides*	1	3
		狼 *Canis lupus*	1	
		狐 *Vulpes vulpes*	1	
	鼬科 Mustelidae	黄鼬 *Mustela sibirica*	1	4
		狗獾 *Meles meles*	1	
		猪獾 *Arctonys collaris*	1	
		艾鼬 *Mustela eversmanni*	1	
	猫科 Felidae	豹猫 *Prionailurus bengalensis*	1	3
		猞猁 *Felis lynx*	1	
		金钱豹 *Panthera pardus*	1	
	灵猫科 Viverridae	果子狸 *Paguma larvata*	1	1

(续)

目	科	哺乳动物种类	种数	小计
偶蹄目 Artiodaxtyla	猪科 Suidae	野猪 Sus scrofa	1	1
	鹿科 Cervidae	狍 Capreolus capreolus	1	1
	牛科 Bovidae	斑羚 Naemorhedus griseus	1	1

表4-4　河北大海陀国家级自然保护区兽类组成

目	科	种数	小计	比例(%)
食虫目 Insectivora	猬科 Erinaceidae	1	1	3.6
兔形目 Lagomorpha	兔科 Leporidae	2	2	7.1
啮齿目 Rodentia	松鼠科 Sciuridae	3	11	39.3
	鼠科 Muridae	6		
	仓鼠科 Circetidae	2		
食肉目 Insectovora	犬科 Canidae	3	11	39.3
	鼬科 Mustelidae	4		
	猫科 Felidae	3		
	灵猫科 Viverridae	1		
偶蹄目 Artiodaxtyla	猪科 Suidae	1	3	10.7
	鹿科 Cervidae	1		
	牛科 Bovidae	1		
合计		14	28	100.00

在保护区全区内通过布鼠夹、痕迹追踪、红外相机等方法，在人员活动较少的大庙、平地、石头堡、水库大坝、三间房、龙潭沟、大海陀村、大海陀东沟样线上布放红外相机36台，每台布放2~4个月。调查到其中猪獾和豹猫数量最多，托氏兔、野猪和狍数量较少，据当地居民反映，斑羚常出现于调查人员难于到达的陡峭山脊和断崖附近，在保护区红外相机龙潭沟、长春沟影像资料里拍到了斑羚。

4.2.1.2　物种多样性分析

区域哺乳动物类群的多样性，在很大程度上反映了区域内各生境类型的相似度以及与外界环境的关系，是区域野生动物群体的重要指示因子。

保护区地处燕山山脉西段，动物地理区划上属于古北界华北区黄淮平原亚区和黄土高原亚区燕山山脉交界处，地处暖温带至温带的过渡带，属半湿润半干旱季风气候。区域地貌类型复杂多样、小地形较多，植物群落类型丰富繁多，为各种野生动物的栖息繁衍提供了良好的生存环境。区域内既有食虫类动物，又有以洞穴为主要生活环境的啮齿类动物，也有以植物性食物为主的草食性动物，还有处于食物链顶层的肉食性动物群体。这是自然长期进化与动物适应环境优化选择的结果。保护区有哺乳动物5目12科28种，占全省的32.2%，哺乳动物组成相对丰富。物种的目、科、属及种的数目及占全省总数的比例处于相邻保护区的中等水平(表4-5)。

表4-5 河北大海陀自然保护区与邻近保护区哺乳动物占全省总数对比

自然保护区	目		科		种	
	数目	占全省百分比(%)	数目	占全省百分比(%)	数目	占全省百分比(%)
大海陀	5	55.6	12	52.2	28	32.2
松山	6	66.7	15	65.2	27	31.0
辽河源	6	66.7	13	56.5	30	34.5
木兰围场	6	66.7	14	60.9	46	52.9
雾灵山	7	77.8	14	60.9	34	39.1
小五台山	5	55.6	12	52.2	32	36.8
河北省	9	100.0	23	100.0	87	100.0

为了对保护区哺乳动物物种多样性进行分析,根据调查结果,采用物种多样性测度的G-F指数方法(蒋志刚,1999)获得了该保护区哺乳动物在科、属水平上的多样性。

G-F 指数:

F-index(科的多样性):$DF = \sum_{k=1}^{m} DF_k$,DF_k 为 k 科中的物种多样性。

其计算公式为:$DF_k = -\sum_{I=1}^{n} p_i \ln p_i$

式中:p_i 为哺乳动物中 k 科 i 属中的物种数占 k 科物种总数的比值;n 为 k 科中的属数;m 为哺乳动物中的科数。

G-index(属的多样性):$DG = -\sum_{j=1}^{p} DG_j = -\sum_{j=1}^{p} q_i \ln q_i$

式中:q_j 为哺乳动物中 j 属的物种数与总物种数之比;p 为哺乳动物中的属数。

G-F-index(科属多样性):$D_{G-F} = 1 - D_G/D_F$

G-F-index 的特征:①非单种科越多,G-F 指数越高;②G-F 指数是 0~1 的测度。一般,$0 \leq D_G/D_F \leq 1$。

同时规定,如果哺乳动物所有的科都是单属科,即 $D_F = 0$ 时,规定该地区的 $D_{G-F} = 0$。

由上述计算公式,得出河北大海陀国家级自然保护区哺乳动物科的多样性 F 指数为 5.46,属的多样性 G 指数为 3.07,总体多样性 G-F 指数为 0.439。

根据相关资料,将河北大海陀国家级自然保护区的哺乳动物科、属及总体多样性指数与省内相邻保护区相应指数进行了比较(表4-6)。

表4-6 河北大海陀国家级自然保护区与邻近保护区哺乳动物多样性比较

自然保护区	G 指数	F 指数	G-F 指数
大海陀	3.07	5.46	0.439
松山	3.27	6.65	0.508
木兰围场	3.42	10.03	0.659

(续)

自然保护区	G 指数	F 指数	G-F 指数
雾灵山	3.27	7.58	0.569
小五台山	3.25	7.06	0.540
辽河源	3.22	6.99	0.539

从表 4-6 可以看出，①河北大海陀国家级自然保护区内科、属的多样性指数均处于较低水平，科与属的多样性水平均低于省内其他几个保护区。②保护区哺乳动物总体多样性 G-F 指数为 0.439<0.5，低于省内其他各保护区 G-F 指数值，处于相对较低的水平。

4.2.1.3 区系成分

动物区系成分是指分布在一个地区动物种群的总体。动物分布区的空间结构在很大程度上反映了物种对现代自然条件的适应，也是动物分布历史变迁及对生态环境选择与适应的结果。一定区域的动物区系是由许多分类上明确的与分布上相互重叠的种组成。高级分类阶元所依据的形态学的共同特征，具有某些客观的标准，反映其亲缘关系的亲近性，也反映了动物群体在进化与演化过程中的空间联系。物种分布往往在某一地域中相对集中。在集中区，物种的分布向外延伸的幅度不同，中心区域种的分布密度最高。根据种的分布区相对集中并与一定的自然地理区域相联系的事实，将我国动物物种分布划分为许多不同的分布型。张荣祖(1999)将我国陆生脊椎动物划分为：北方型、东北型、中亚型、高地型、旧大陆热带–亚热带型、东南亚热带–亚热带型、喜马拉雅–横断山脉型、南中国型和岛屿型。保护区内哺乳动物相对丰富，分布类型也较为复杂。

(1) 北方型

分布区环绕北半球北部。根据分布情况的不同，又可把北方型分为古北型和全北型。古北型是指分布区横贯欧亚大陆寒温带，其南部通过我国最北部(东北北部及新疆北部)的物种。全北型是指有少数种类的分布还包括北美洲，属于全北界成分，反映我国北方动物区系与环球寒温带–极地间的关系。它们之间还有少数种类不同程度地向南延伸，沿季风区向南方渗透。

该保护区内北方型物种是哺乳动物的主体，共有 13 种，占保护区内哺乳动物总数的 46.4%。其中，古北型物种在北方型种类中又具有绝对的优势，共 11 种，占北方型种类总数的 84.6%，其中包括花鼠、黑线姬鼠、中华林姬鼠、灰鼠、小家鼠、褐家鼠、黄鼬、艾鼬、狗獾、野猪、狍。而全北型种类在北方型种类中占有的分量则较小，仅 15.4%，共计 2 种，即狼和狐。

(2) 东北型

此类物种分布区位于我国东北及其邻近地区，有些物种分布区向北可至极地，向东可达日本岛屿，向西至乌拉尔山脉，属古北界。东北地区是我国最寒冷的地区。有些物种的分布范围也包括了亚洲大陆寒冷中心的维尔霍扬斯克基地区。东北型的物种多属于森林种类，是东北区的代表成分，许多物种的分布区向南延伸至华北地区，根据哺乳动物的分布范围可细分为东北型、华北型和"东北–华北型"。

保护区东北型哺乳动物物种数仅次于北方型物种，计有 4 种，占区域哺乳动物总数的

14.3%，其中，东北-华北型种类4种，包括东北刺猬、长尾仓鼠、大仓鼠、大林姬鼠。

(3) 东南亚热带-亚热带型

此分布型动物多分布于印度半岛、中南半岛及其附近岛屿。分布区的北缘深入我国南部热带和亚热带，属于东洋界，是"华南区"的代表成分。有些动物种类不同程度地沿着季风区向北延伸至温带，亦为东洋型。

保护区分布有4种东洋型种类，占区域哺乳动物种类总数的14.3%，包括社鼠、猪獾、果子狸和豹猫。

(4) 旧大陆热带-亚热带型

此分布型绝大部分分布于欧亚非大陆的低纬或从低纬至中纬地区，跨东洋与旧热带两界。有些种类的分布区能够扩展至欧亚大陆的温带，甚至可延伸至大洋洲。对于我国而言，分布区则沿着季风区向北延伸。保护区内，旧大陆热带-温带型种类包括貉、斑羚和金钱豹等3种，占保护区哺乳动物种类总数的10.7%。

(5) 喜马拉雅-横断山型

其主要分布于横断山脉中、低山以及过渡到喜马拉雅南坡森林带的种类，属于东洋界，是"西南区"的代表成分。此种类型又可以分为喜马拉雅型和横断型。有些种类主要分布于横断山-喜马拉雅山系交汇地区，适应于山地热带雨林与季雨林，为分布狭窄的乡土物种。在我国，此型种类主要分布在西藏察隅地区。

保护区分布有该类型哺乳动物1种，即岩松鼠，占区域哺乳动物种类总数的3.6%。

其中，岩松鼠又属于横断山型物种，分布在横断山南端及其附近以北，在季风区内从南亚热带沿西部山地和华北山地一直延伸至暖温带，在东部地区仅见于伏牛-大别山地，最南可至黄山。

(6) 难以确定型

此外，栖息于保护区内的刺猬、马铁菊头蝠、草兔、托氏兔、豺狼很难明确归入上述类型中任何一种，被称为难以确定型。据罗泽珣(1988)对我国野兔的分类和分布可知，草兔属于非洲-亚洲中部型。

表4-7 河北大海陀国家级自然保护区哺乳动物区系分布统计

分布类型	种类	种数	比例(%)
全北型	狼和狐	2	7.1
古北型	花鼠、黑线姬鼠、中华林姬鼠、灰鼠、小家鼠、褐家鼠、黄鼬、艾鼬、狗獾、野猪、狍	11	39.3
东北型	东北刺猬、大仓鼠、长尾仓鼠、大林姬鼠	4	14.3
东南亚热带-亚热带型	社鼠、猪獾、果子狸和豹猫	4	14.3
旧大陆热带-亚热带型	貉、斑羚和金钱豹	3	10.7
喜马拉雅-横断山型	岩松鼠	1	3.6
难以确定型	草兔、托氏兔、豺狼	3	10.7

对保护区内哺乳动物区系各分布统计见表4-7。由调查结果分析可知，大海陀国家自然保护区内哺乳动物区系组成以北方型为主；其次是东北型、东南亚热带–亚热带型；再次是难以确定型、旧大陆热带–亚热带型、喜马拉雅–横断山脉型。其中，东南亚热带–亚热带型和喜马拉雅–横断山脉型是典型的南方动物区系成分，这表明南方动物区系成分在一定程度上向北进行了扩展。

4.2.1.4 生态习性

生境是动物赖以生存与繁衍的基本环境，为其提供食物、能量、栖憩、隐蔽等生存条件。不同的物种之间生态习性有着很大差别，导致了各物种赖以生存的生境有很大差别。

动物依赖一定的生境为其提供食物、隐蔽等基本生存条件，栖憩生境为动物提供了所需的各种资源，是其赖以生存和繁衍的基础。但是不同的种类之间的差异较大，因此所需要的生境也不同。不同动物的分布、活动特征和丰富度变化是由当前的生物和非生物条件造成的，也是对过去发生但现在已经丧失或已经减弱的某些力量调整或适应的结果。系统了解哺乳类资源的分布信息对野生生物类自然保护区来说是非常重要的，这有助于更有针对性地制定合理的保护和管理措施。

哺乳类的分布在很大程度上同其生境特点有关，适应于灌丛、森林、荒漠等。不同生境中哺乳类的种类组成、数量比例均有较大的差异。河北大海陀国家级自然保护区植被类型变化明显。保护区生境随着海拔的升高可分为农田区、山地灌丛、山地森林和亚高山草甸4种类型。

山地森林生境主要指该保护区内的林区，林木茂密，种类繁多，植被盖度高，主要乔木有山杨、白桦、椴树、核桃楸等。亚高山草甸通常气候寒冷，风大，多岩石。山地灌丛分布于山地中部阳坡，向阳干旱，以灌木为主，包含绣线菊、蔷薇、忍冬、山杏等，该生境内小型哺乳动物种类相对较多。河谷漫滩位于河流两侧附近，地势较平坦，土壤较贫瘠，植被低矮稀疏，多为草丛，木本植物较少，气温较高，受人类活动影响较大。农田村庄主要分布在保护区边缘地带，并散布着许多村落，是人类主要经济活动区，粮食作物有冬小麦、玉米、高粱、谷子、马铃薯等，经济作物和蔬菜品种也很丰富。

不同的生境类型与兽类的分布有直接关系。综合红外相机、鼠夹、访问以及痕迹调查结果，笔者总结了大海陀自然保护区兽类分布特征（表4-8）。啮齿目动物分布最广，森林、灌丛、农田村庄以及溪流等不同生境里都有分布；貉、狗獾、猪獾、豹猫、狍等栖息于距离农田和民居较远的林地；托氏兔主要出现于亚高山草甸、山地森林、灌丛、农庄和河谷；黄鼬主要出现于农田、道路和民居附近；金钱豹出现在山地森林，斑羚主要出现于山地森林附近。

表4-8 河北大海陀国家级自然保护区兽类生态分布

种名	垂直分布			生境				
	低山	中山	高山	亚高山草甸	山地森林	矮山灌丛	农田村庄	河谷漫滩
1. 东北刺猬 *Erinaceus amurensis*	√	√			√	√	√	
2. 托氏兔 *Lepus tolai*	√	√	√	√	√	√	√	√

(续)

种名	垂直分布			生境				
	低山	中山	高山	亚高山草甸	山地森林	矮山灌丛	农田村庄	河谷漫滩
3. 草兔 *Lepus capensis*	√	√	√	√	√	√	√	√
4. 花鼠 *Eutamias sibiricus*	√	√	√	√	√	√		
5. 岩松鼠 *Sciurrotamias davidianus*	√	√			√	√	√	
6. 灰鼠 *Sciurus vulgaris*	√	√	√		√	√		
7. 褐家鼠 *Rattus norvegicus*	√	√				√		√
8. 北社鼠 *Niviventer confucianus*	√		√				√	
9. 小家鼠 *Mus musculus*	√			√			√	√
10. 大林姬鼠 *Hpodemus peninsulae*	√	√	√		√			
11. 黑线姬鼠 *Apodemus agrarius*	√	√	√		√		√	
12. 中华林姬鼠 *A. draco*	√	√	√		√		√	√
13. 长尾仓鼠 *Cricetulus longicaudatus*	√	√	√		√		√	
14. 大仓鼠 *Tscheskia triton*	√				√		√	√
15. 貉 *Nyctereutes procyonoides*	√				√			
16. 狼 *Canis lupus*	√		√	√	√			
17. 狐 *Vulpes vulpes*					√			
18. 黄鼬 *Mustela sibirica*	√				√		√	√
19. 狗獾 *Meles meles*	√	√	√		√	√	√	
20. 猪獾 *Arctonys collaris*	√	√	√		√	√		
21. 艾鼬 *Mustela eversmanni*				√	√	√	√	
22. 豹猫 *Felis bengalensis*		√	√		√			
23. 猞猁 *Felis lynx*					√			
24. 金钱豹 *Panthera pardus*					√			
25. 果子狸 *Paguma larvata*					√	√	√	
26. 野猪 *Sus scrofa*					√			
27. 狍 *Capreolus capreolus*		√	√	√		√		√
28. 斑羚 *Naemorhedus griseus*			√	√	√			

从表4-8可以看出，栖息于保护区内的哺乳动物随着物种的耐适性不同，分布生境有

着很大的差别。有的物种仅生活在一个生境类型中，如豹猫等；有的物种则在两个或多个生境类型中均有分布，如斑羚生活在亚高山草甸与山地森林等两个生境类型中；岩松鼠则能在4个生境类型中生活；小家鼠、草兔等则在5种生境中均有分布。

  山地森林生境类型所分布的哺乳动物种类最为丰富，共计25种，占哺乳动物总数的89.3%。其中，一些体形较大的，具有经济价值和保护价值的种类分布在此生境类型内。如偶蹄目的斑羚。其次，分布种类较多的生境为山地灌丛，共计20种，占哺乳动物总数的71.4%，主要为鼠类和小型的肉食目种类。再次，为农田村庄及河谷漫滩与生境内物种相对丰富，分别为13种与9种，占哺乳动物总数的46.4%和32.1%，主要为与人类关系密切的鼠类。在几种生境中，分布的哺乳动物种数最少的是亚高山草甸，仅有9种，占保护区内哺乳动物总数的32.1%，主要为一些食草为主和对环境因素适应性较强的穴居性种类，如草兔、褐家鼠、小家鼠等。现将各生境内所分布的哺乳动物物种、种数及所占百分比列表如下（表4-9）。

表4-9 河北大海陀国家级自然保护区各生境内哺乳动物

生境类型	种数	占总数比例(%)	物种
亚高山草甸	9	32.1	托氏兔、草兔、花鼠、岩松鼠、灰鼠、小家鼠、艾鼬、狍、斑羚
山地森林	25	89.3	东北刺猬、托氏兔、草兔、花鼠、岩松鼠、灰鼠、小家鼠、大林姬鼠、黑线姬鼠、中华林姬鼠、长尾仓鼠、大仓鼠、貉、狼、狐、黄鼬、狗獾、猪獾、艾鼬、豹猫、猞猁、金钱豹、果子狸、野猪、斑羚
灌丛	20	71.4	东北刺猬、托氏兔、草兔、花鼠、岩松鼠、灰鼠、褐家鼠、北社鼠、小家鼠、大林姬鼠、黑线姬鼠、中华林姬鼠、长尾仓鼠、大仓鼠、貉、狗獾、猪獾、艾鼬、果子狸、狍
农庄	13	46.4	东北刺猬、托氏兔、草兔、岩松鼠、北社鼠、小家鼠、中华林姬鼠、长尾仓鼠、大仓鼠、黄鼬、狗獾、艾鼬、果子狸
河谷	9	32.1	托氏兔、草兔、褐家鼠、小家鼠、中华林姬鼠、大仓鼠、黄鼬、果子狸、狍

4.2.1.5 兽类珍稀濒危物种和重点保护的野生动物

  自然保护区分布有国家一级保护兽类1种，为金钱豹；国家二级保护兽类6种，为猞猁、狼、貉、豹猫、狐和斑羚；河北省重点保护动物7种，其中，食虫目1种，食肉目5种，偶蹄目1种。

  金钱豹（*Panthera pardus*）又名豹、文豹，是珍贵的观赏动物，毛皮艳美。国家一级保护野生动物，被列入《濒危野生动植物种国际贸易公约》附录Ⅰ；在《世界自然保护联盟物种红色名录》中被列为濒危；在《中国物种红色名录》中被列为极危。金钱豹在2002年《河北大海陀自然保护区科学考察报告》中有记载。

  斑羚（*Naemorhedus griseus*）为国家二级保护野生动物。体长约100cm，肩高约51cm，颌下无须。具足腺，无鼠蹊腺。雌雄两性均具角，角长13~15cm，横切面呈圆形，二角由头部向后上方斜向伸展，角尖略微下弯。为典型的林栖兽类，栖息生境多样，从亚热带至北温带地区均有分布，可见于山地针叶林、山地针阔叶混交林和山地常绿阔叶林，但未见于热带森林中。常在密林间的陡峭崖坡出没，并在崖石旁、岩洞或丛竹间的小道上隐蔽。一般数只一起活动，其活动范围多不超过林线上限。冬季交配，翌年夏季产仔，每产1仔，偶产2仔。分布于中国东北、华北、西北、华南及西南诸省份。据当地群众反映，保护区内斑羚数量曾经较多，甚至可以在石头堡管理站附近的林道上见到，并且在陡峭的山崖附近经常可以遇见斑羚粪便。据当地人反映，大海陀自然保护区内斑羚分布于调查人员难于到达的陡崖山脊附近，当地人偶有遇见，在保护区红外相机龙潭沟、长春沟影像资料里拍到了斑羚。

猞猁（*Felis lynx*）为国家二级保护野生动物。尾极短，通常不及头体长的1/4。四肢粗长而矫健。耳尖生有黑色耸立簇毛。两颊具下垂的长毛。上体浅棕、土黄棕、浅灰褐或麻褐色，或为灰白色而间杂浅棕色调；腹面浅白、黄白或沙黄色；尾端呈黑色。为喜寒动物，栖息生境极富多样性，从亚寒带针叶林、寒温带针阔混交林至高寒草甸、高寒草原、高寒灌丛草原及高寒荒漠与半荒漠等各种环境均有其足迹。生活在森林灌丛地带、密林及山岩上。喜独居，耐饥性强，可在一处静卧几日，不畏严寒，以鼠类、野兔、雉类等为食，也捕食小野猪和小鹿。巢穴多筑在岩缝石洞或树洞内。每胎2~4仔。广泛分布于欧洲和亚洲北部。在大海陀自然保护区内，当地人在石头堡管理站发现1只猞猁，是本地区兽类的记录物种。

豹猫（*Felis bengalensis*）为国家二级保护野生动物。体形与家猫大致相仿，但各亚种的差别比较大。毛基色呈灰色且周身有深色斑点，由头到肩有4条主条纹。体侧有斑点，明显的白色条纹从鼻子一直延伸到两眼间或到头顶。耳大而尖，耳后黑色，带有白斑点。两条明显的黑色条纹从眼角内侧一直延伸到耳基部。内侧眼角到鼻部有1条白色条纹，鼻吻部白色。尾长，有环纹至黑色尾尖。白昼伏在树上，或在草丛中，或在悬崖的石洞中休息；夜间单独在食物较丰富的地方活动。豹猫非常聪明灵活，身姿矫健，善于游泳、爬树和跳跃。性情机敏，嗅觉、听觉和视觉都较好，隐蔽性很强。主要捕食草兔、狍、鼠类、中小型有蹄类动物，偶尔食鸟类和鱼类。栖息于灌丛林、茂密的次生林、人工林和农业区及人类居住地附近。在大海陀保护区内远离人居环境的林地都有分布，粪便多见于山脊，保护区内利用红外相机在多处拍到过豹猫，数量较多。

狐（*Vulpes vulpes*）又名赤狐、狐狸、红狐、草狐，为国家二级保护野生动物。狐是体形最大、最常见的狐狸，体长50~90mm，尾长30~60mm，体重5~10kg。毛色因季节而有一定变异，一般背面棕灰或棕红色，腹部白色或黄白色，尾尖白色，耳背面黑色或黑褐色，四肢外侧黑色条纹延伸至足面，具尾腺。栖息于各种生境，居于土洞、树洞、石隙或其他动物废弃的旧洞穴内。听觉、嗅觉发达，性狡猾，行动敏捷，喜欢单独活动。在夜晚捕食，捕食各种鼠类、野禽、鸟卵、昆虫和无脊椎动物，也吃浆果、鼬科动物等，偶尔盗食家禽。狐皮经济价值较高。狐还是鼠类等有害动物的天敌。在保护区内数量稀少。

貉（*Nyctereutes procyonoides*）为国家二级保护野生动物。中等体形，外形似狐，但较肥胖，体长50~65cm，尾长25cm，体重4~6kg；吻尖，耳短圆，面颊生有长毛；四肢和尾较短，尾毛长而蓬松；体背和体侧毛均为浅黄褐色或棕黄色，背毛尖端黑色，吻部棕灰色，两颊和眼周的毛为黑褐色，从正面看为"八"字形黑褐斑纹，腹毛浅棕色，四肢浅黑色，尾末端近黑色。貉的毛色因地区和季节不同而有差异。分布于我国及俄罗斯亚洲部分、朝鲜、日本等地。貉生境多样，平原、丘陵、河谷、溪流附近均有栖息。穴居，一般利用其他动物的废弃洞穴或营巢于树根际和石隙间。白天在洞内睡眠，夜间外出觅食，行动缓慢。主要以鱼、虾、蛇、蟹、小型啮齿类、鸟类及鸟卵等为食，也吃植物性食物如浆果、真菌、谷物等。北方貉在冬季有蛰眠习性，但与真正的冬眠不同，呈昏睡状态，代谢活动并不停止。天敌有狼和猞猁等。每年3月间交配，一雄配多雌，5~6月间产仔，每胎4~8只，多者达10多只，幼兽生长很快，当年秋天即可独立生活。貉是一种较贵重的毛皮兽，毛长绒厚，质地轻韧、拔去针毛的绒皮为上好的制裘原料。针毛弹性好，适于制造画笔。2009年科考调查中，在平地样线上利用红外相机记录到一只貉，这也是历年以来在松山和大海陀自然保护范围内的首次记录。

狼(*Canis lupus*)为国家二级保护野生动物。狼外形和狼狗相似，但吻略尖长，口稍宽阔，耳竖立不曲。尾挺直状下垂；毛色棕灰。栖息范围广，适应性强，凡山地、林区、草原、荒漠、半沙漠以至冻原均有狼群生存。中国除台湾、海南以外，各省份均产。狼既耐热，又不畏严寒。夜间活动。嗅觉敏锐，听觉良好。性残忍而机警，极善奔跑，常采用穷追方式获得猎物。杂食性，主要以鹿类、羚羊、兔等为食，有时亦吃昆虫、野果或盗食猪、羊等。能耐饥，亦可盛饱。据保护区内居民反映，近年来在农田附近的山林中偶尔看到过单独活动的狼。

果子狸(*Paguma larvata*)为河北省重点保护野生动物。体长48~50cm，尾长37~41cm；体重3.6~5kg。身体略胖，颈部粗短，和身体不易区分。体毛短而粗，体色为黄灰褐色，头部毛色较黑，由额头至鼻梁有一条明显的色带，眼下及耳下具有白斑，背部体毛灰棕色。后头、肩、四肢末端及尾巴后半部为黑色，四肢短壮，各具五趾。趾端有爪，爪稍有伸缩性；尾长，约为体长的2/3。夜行性动物。主要栖息在森林、灌木丛、岩洞、树洞或土穴中，偶可在开垦地发现。喜欢在黄昏、夜间和日出前活动，善于攀缘。属杂食性动物，颇喜食多汁之果类，以野果和谷物为主食，也吃树枝叶和水果。在大海陀自然保护区内当地人在三间房样线附近曾发现1只果子狸，是2009年在松山和大海陀自然保护范围内开展科学考察工作以来的首次记录。

黄鼬(*Mustela sibirica*)为河北省重点保护野生动物。俗名黄鼠狼，体长28~40cm，雌性小于雄性1/3~1/2，头骨为狭长形，顶部较平。小型的食肉动物。栖息于平原、沼泽、河谷、村庄、城市和山区等地带。夜行性动物。主要以啮齿类动物为食，偶尔也吃其他小型哺乳动物，每年3~4月发情交配。选择柴草垛下、堤岸洞穴、墓地、乱石堆、树洞等隐蔽处筑巢。保护区内民居和道路附近可见。

艾鼬(*Mustela eversmanni*)为河北省重点保护野生动物。又称作艾虎、地狗，是鼬科鼬属的小型毛皮动物，体形像黄鼬，身长30~45cm，尾长11~20cm。吻部钝，颈稍粗，足短。前肢间毛短，背中部毛最长，略为拱曲形。尾毛稍蓬松。背面为棕黄色，自肩部沿背脊向后至尾基之大部为棕红色，后背黑尖毛较多，臀部稍暗。体侧为淡棕色。鼻周和下颌为白色。鼻中部、眼周及眼间为棕黑色。眼上前方具卵圆形白斑。头顶棕黄色，额部棕黑色，具1条白色宽带。颊部、耳基灰白色，耳背及外缘为白色。颔部、喉部棕褐色。胸部、鼠蹊部淡黑褐色。尾近基部的大半段与前背毛色一致，末端 1/3 为黑色。栖息于海拔 3200m 以下的开阔山地、草原、森林、灌丛及村庄附近。黄昏和夜间活动。主要以鼠型啮齿动物为食。在大海陀自然保护区内，当地人曾发现 1 只艾鼬，是 2009 年以来在松山和大海陀自然保护范围内的首次记录。

狗獾（*Meles meles*）为河北省重点保护野生动物。头体长 50~70cm，尾长 13~21cm。体形大、矮胖，有一明显的长鼻子，末端有一个大的外鼻垫。腿和尾均短而粗。面部延长，锥形，耳小而圆，耳尖白色，位于头两侧偏下。皮毛粗糙、茂密，长度适中。身体灰色，腿部为暗灰色到几乎黑色。头部有明显斑纹，面部大部为白色，具 2 黑纹，一条位于头部两侧，纵向贯穿整个面部，从鼻到眼，再到耳基部。白色的面部斑纹与全黑色的喉部和腹部形成鲜明对照。吻部长，具软骨质的鼻垫，鼻垫与上唇之间区域有毛。臭腺位于尾下肛门开口处之外，其气味用于标记。足为趾行性，每足具 5 趾，且足垫无毛。所有趾上均长有长而黑的弯爪，上肢上的更长。具集群性，洞穴复杂。捕食无脊椎动物、小型爬行动物、地面营巢鸟类、小型哺乳动物、蛙类、腐肉、植物性食物以及蘑菇。夜行性或晨昏活动。在大海陀自然保护区内粪便及痕迹广泛分布于森林和灌丛，利用红外相机在保护区内多处拍摄到狗獾，但数量少于猪獾。

猪獾（*Arctonyx collaris*）为河北省重点保护野生动物。头体长 32~74cm，尾长 9~22cm。头部伸长，圆锥形，面部几乎为白色，从鼻子延伸出 2 条黑色条纹，穿过眼和淡白的耳直至颈部。足、腿和腹部为深褐色至黑色；喉部白色；前足的爪为白色；尾淡白色。头骨相对较窄而高；吻突长；眶下孔很大。主要栖息于森林、草地。独居，晨昏活动，地栖性。食物主要以植物块茎、根、蚯蚓、蜗牛和昆虫为主。偶尔会吃小型哺乳动物。用长鼻吻挖掘森林地面，以获取植物根茎。挖掘洞穴而居，雌性在洞穴里产仔，每年在 2~3 月产 1 胎，每胎 2~4 仔。在大海陀保护区内粪便及痕迹广泛分布于森林和灌丛，调查中利用红外相机在保护区内多处拍摄到猪獾，是拍摄到的最多的物种。

狍（*Capreolus capreolus*）为河北省重点保护野生动物。体长 100~140cm，尾长仅 2~3cm，体重 25~45kg，鼻吻裸出无毛，眼大，有眶下腺，耳短宽而圆，内外均被毛。颈和四肢都较长，后肢略长于前肢，蹄狭长，尾很短，隐于体毛内。雄性具角，角短，仅有三叉，无眉叉，主干离基部约 9cm 分出前后二枝，前枝尖向上，后枝再分歧成二小枝，其中一枝尖向上，一枝向后而偏内，角基部有一圈表面粗糙的节突，主干上同样有许多小节突。冬毛为均一的灰白色至浅棕色。吻部棕色，鼻端黑色，两颊黄棕色，耳基黄棕色，耳背灰棕色，耳内淡黄色而近于白色，耳尖黑色。额、颈和体背为暗棕色而稍带棕黄色，下颌淡黄，喉灰棕色，腹部淡黄色。四肢外侧沙黄色。内侧较淡。尾淡黄色，臀部有明显的白色块斑。夏毛短而薄。从嘴到尾以及四肢的背侧都是纯黄棕色，背中线附近较深，腹面从胸部、鼠蹊部以至四肢内侧均为淡黄色。狍多栖息在疏林带，多在河谷及缓坡上活动，狍性情胆小。西伯利亚狍分布于亚洲西伯利亚、蒙古、朝鲜半岛及我国东北、华北和新疆等地区。大海陀保护区内的平地样线附近曾利用红外相机拍到狍。

4.2.1.6 资源动物价值

哺乳动物是最高等的脊椎动物，与其他脊椎动物一样，是大自然留给人类的宝贵财富，与人类生活有着极为紧密的联系，具有较大的经济价值，同时还具有生态与社会价值。

(1) 生态价值

哺乳动物是生态系统中的重要成员，尤其是肉食动物位于食物链的上部或顶级位置，对维持生态平衡和生物多样性起着现代技术无法替代的作用。哺乳动物使生态系统中的太阳能在植物储存和动物消耗过程中保证能量传递和物质循环的顺利进行。草食动物和肉食动物，包括杂食动物的数量和密度起着自然调节作用，尤其对控制有害动物的数量及剔除捕食动物种群中老弱病残个体等起着重要的作用，从而提高了生态系统的多样性和物种健康、基因遗传变异性及交换率。在保护区内，鼠类、猪獾、狗獾、野猪等穴居动物的掘土行为虽然对植物有一定危害，但维持了土壤的物理特性和结构，提高了土壤的通透性和通气性。啮齿目的一些种类、松鼠类、野猪等大型动物都以松子、核桃、橡子等种子为食，并有贮存食物的习性，这都为植物种子的传播和植入，尤其对先锋树种的浸入起着十分重要的作用。

在保护区内，哺乳动物保持生态平衡方面的价值和意义，比起其他价值来，往往不被人们所重视。但是这方面的价值从某种意义上来说却是其他价值所无法比拟的。

(2) 社会价值

①文化和美学价值

哺乳动物在人类的文化发展中，几乎无所不在。有多少美妙的传说都是以动物为题材的，有多少画家都是以此起步的，有多少诗人都是以此来抒发自己的情怀的。可以说，文学艺术家们从哺乳动物那里得到了无数的创作灵感。

②观赏和娱乐价值

保护区内分布的哺乳动物中如豹、豹猫、岩松鼠、狐等具有一定的观赏价值。在紧张的工作之余，人们通过欣赏野生动物光泽的皮毛、矫健的体形及活泼可爱的姿态来缓解疲劳的身心，恢复精力和振奋精神。人们通过在自然界中欣赏野生动物与大自然的和谐而愉悦身心，满足自身调节身体状态的需要。野生动物不仅丰富了人们的文化生活，使人得到休息，而且扩展了人们的视野，增长了人们的知识。

③科学价值

哺乳动物是科学研究的重要对象之一。现代医学、生物学、遗传学、生态学等很多领域的研究都是与哺乳动物分不开的。人类的医学进展离不开哺乳动物，因为作为研究的实验对象，几乎所有开发研制的新药物和手术方法都必须先在其身上验证。哺乳动物在科学技术的发展上还给人类带来了可贵的启迪，如动物骨骼关节的耐久性给人类对机械摩擦的研究带来启发。

4.2.2 鸟类

鸟类是陆生脊椎动物中种类和数量最丰富的动物群，分布于各种生境中，全世界有9700种，我国鸟类资源丰富，有1445种。为了使该自然保护区鸟类的保护和资源的利用更加科学，调查人员于2020~2022年进行了详细的考察，结合以往的调查资料，对该地区鸟类资源本底状况进行详细统计记录。

4.2.2.1 鸟类资源的调查时间和方法

此次调查采用野外观察和走访调查相结合的方法开展。野外观察采用样线法和样方法相结合的方法,即在水域采用固定样线法观察记录,在其他生境采用样线法记录样带两侧50m(树林灌丛为25m)所见到的鸟的种类和数量以及生境,结合以往科考资料,了解鸟类在保护区的分布、繁殖、居留型及区系等情况,获取鸟类照片或录音资料。在此期间,对保护区范围林场工人和村民的采访也是获取数据的一个重要途径。调查时间为2020年5月至2022年5月。

4.2.2.2 物种组成

对大海陀自然保护区范围内的鸟类资源进行调查后,获取了大量一手资料,并参考了2003-2006年的调查数据。由于保护区内环境主要为山地,缺少湿地,所以调查结果中林栖鸟类数量最多,游禽和涉禽的种类和数量很少。保护区分布有国家一级保护鸟类4种,为黑鹳、金雕、白肩雕和秃鹫;国家二级保护鸟类19种;河北省重点保护鸟类40种。

根据调查,结合过去的调查资料可知,保护区及其周边地区共有鸟类150种,占全国已知鸟类1445种的10.38%,占河北省已知鸟类486种的30.86%,隶属16目44科。河北大海陀国家级自然保护区鸟类目、科、种数统计见表4-10,鸟类调查结果见表4-11。

表4-10　河北大海陀国家级自然保护区鸟类目、科、种数统计

目	科	种数	小计	比例(%)
䴙䴘目 Podicipediformes	䴙䴘科 Podicipedidae	1	1	0.67
鹳形目 Ciconiiformes	鹭科 Ardeidae	1	2	1.33
	鹳科 Ciconiidae	1		
鸻形目 Charadriiformes	鹬科 Scolopacidae	2	2	1.33
雁形目 Anseriformes	鸭科 Anatidae	2	2	1.33
鹰形目 Accipitriformes	鹰科 Accipitridae	9	13	8.68
隼形目 Falconifornies	隼科 Falconidae	4		
鸡形目 Gallifonnes	雉科 Phasianidae	5	5	3.33
鸽形目 Columbiformes	鸠鸽科 Columbidae	5	5	3.33
鹃形目 Cuculiformes	杜鹃科 Cuculidae	5	5	3.33
鸮形目 Strigiformes	鸱鸮科 Strigidae	5	5	3.33
夜鹰目 Caprimulgiformes	夜鹰科 Capriniulgidae	1	1	0.67
雨燕目 Apodiformes	雨燕科 Apodidae	2	2	1.33
佛法僧目 Coraciiformes	翠鸟科 Alcedinidae	3	3	2.00
戴胜目 Upupiformes	戴胜科 Upupidae	1	1	0.67
鴷形目 Picifonnes	啄木鸟科 Picidae	7	7	4.67

(续)

目	科	种数	小计	比例(%)
雀形目 Passeriformes	百灵科 Alaudidae	2	96	64.00
	燕科 Hiiundinidae	3		
	鹡鸰科 Motacillidae	5		
	山椒鸟科 Campephagidae	1		
	鹎科 Pycnonotidae	1		
	太平鸟科 Bombycillidae	1		
	伯劳科 Laniidae	2		
	黄鹂科 Oriolidae	1		
	卷尾科 Diciuiuclae	2		
	椋鸟科 Sturnidae	1		
	鸦科 Corvidae	10		
	河乌科 Cinclidae	1		
	鹪鹩科 Troglodytidae	1		
	岩鹨科 Prunellidea	1		
	鸫科 Turdidae	11		
	鹟科 Muscicapidae	7		
	戴菊科 Regulidae	1		
	画眉科 Timaliidae	1		
	鸦雀科 Paradoxornithidae	1		
	扇尾莺科 Cisticolidae	2		
	莺科 Sylviidae	11		
	长尾山雀科 Aegithalidae	1		
	山雀科 Paridae	5		
	䴓科 Sittidae	2		
	雀科 Passeridae	3		
	噪鹛科 Leiothrichidae	1		
	燕雀科 Fringillidae	9		
	鹀科 Emberizidae	9		
16	44		150	100

表 4-11 河北大海陀国家级自然保护区鸟类调查结果

目	科	种	保护级别
䴙䴘目 Podicipediformes	䴙䴘科 Podicipedidae	小䴙䴘 *Tachybapus ruficollis*	

（续）

目	科	种	保护级别
鹳形目 Ciconiiformes	鹭科 Ardeidae	池鹭 *Ardeola bacchus*	H
	鹳科 Ciconiidae	黑鹳 *Ciconia nigra*	一
鸻形目 Charadriiformes	鹬科 Scolopacidae	白腰草鹬 *Tringa ochropus*	
		丘鹬 *Scolopax rusticola*	H
雁形目 Anseriformes	鸭科 Anatidae	鸳鸯 *Aix galericulata*	二
		绿头鸭 *Anas plalyrhynchos*	
鹰形目 Accipitriformes	鹰科 Accipitridae	黑鸢 *Milvus migrans*	二
		秃鹫 *Aegypius monachus*	一
		金雕 *Aquila chrysaetos*	一
		白尾鹞 *Circus cyaneus*	二
		日本松雀鹰 *Accipiter gularis*	二
		雀鹰 *Accipiter nisus*	二
		苍鹰 *Accipiter gentilis*	二
		普通鵟 *Buteo buteo*	二
		白肩雕 *Aquila heliaca*	一
隼形目 Falconifornies	隼科 Falconidae	红隼 *Falco tinnunculus*	二
		红脚隼 *Falco amurensis*	二
		灰背隼 *Falco columbarius*	二
		燕隼 *Falco subbuteo*	二
鸡形目 Gallifonnes	雉科 Phasianidae	日本鹌鹑 *Coturnix japonica*	
		雉鸡 *Phasianus colchicus*	
		勺鸡 *Pucrasia macrolopha*	二
		斑翅山鹑 *Perdix dauuricae*	H
		石鸡 *Alectoris chukar*	H
鸽形目 Columbiformes	鸠鸽科 Columbidae	岩鸽 *Columba rupestris*	
		山斑鸠 *Streplopelia orientalis*	
		珠颈斑鸠 *Streptopelia chinensis*	
		火斑鸠 *Streptopelia tranquebarica*	
		灰斑鸠 *Streptopelia decaocto*	
鹃形目 Cuculiformes	杜鹃科 Cuculidae	鹰鹃 *Hierococcyx sparverioides*	H
		四声杜鹃 *Cuculus micropterus*	H
		大杜鹃 *Cuculus canorus*	H

（续）

目	科	种	保护级别
鹃形目 Cuculiformes	杜鹃科 Cuculidae	中杜鹃 *Cuculus saturatus*	H
		小杜鹃 *Cuculus poliocephalus*	H
鸮形目 Strigiformes	鸱鸮科 Strigidae	红角鸮 *Otus sunia*	二
		雕鸮 *Bubo bubo*	二
		纵纹腹小鸮 *Athene noctua*	二
		领角鸮 *Otus bakkamoena*	二
		长耳鸮 *Asio otus*	二
夜鹰目 Primulgiformes	夜鹰科 Capriniulgidae	普通夜鹰 *Caprimulgus indicus*	H
雨燕目 Apodiformes	雨燕科 Apodidae	白腰雨燕 *Apus pacificus*	H
		白喉针尾雨燕 *Hirundapus caudacutus*	H
佛法僧目 Coraciiformes	翠鸟科 Alcedinidae	普通翠鸟 *Alcedo atthis*	
		冠鱼狗 *Megaceryle lugubris*	
		蓝翡翠 *Halcyon pileata*	H
戴胜目 Upupiformes	戴胜科 Upupidae	戴胜 *Upupa epops*	
䴕形目 Picifonnes	啄木鸟科 Picidae	白背啄木鸟 *Dendrocopos leucotos*	H
		大斑啄木鸟 *Dendrocoposmajor*	H
		灰头绿啄木鸟 *Picus canus*	H
		星头啄木鸟 *Dendrocopos canicapillus*	H
		小星头啄木鸟 *Dendrocopos kizuki*	H
		小斑啄木鸟 *Dendrocopos minor*	H
		蚁䴕 *Jynx torquilla*	H
雀形目 Passeriformes	百灵科 Alaudidae	云雀 *Alauda arvensis*	二
		凤头百灵 *Galerida cristata*	H
	燕科 Hiiundinidae	家燕 *Hirundo rustica*	
		金腰燕 *Cecropis daurica*	
		岩燕 *Ptyonoprogne rupestris*	
	鹡鸰科 Motacillidae	白鹡鸰 *Motacilla alba*	
		灰鹡鸰 *Motacilla cinerea*	
		山鹡鸰 *Dendronanthus indicus*	
		田鹨 *Anthus richardi*	
		树鹨 *Anthus hodgsoni*	H
	山椒鸟科 Campephagidae	长尾山椒鸟 *Pericrocotus elhologus*	H
	鹎科 Pycnonotidae	白头鹎 *Pycnonotus sinensis*	H

(续)

目	科	种	保护级别
雀形目 Passeriformes	太平鸟科 Bombycillidae	大太平鸟 *Bombycilla garrulous*	H
	伯劳科 Laniidae	红尾伯劳 *Lanius cristatus*	H
		牛头伯劳 *Lanius*	H
	黄鹂科 Oriolidae	黑枕黄鹂 *Oriolus chinensis*	H
	卷尾科 Diciuiuclae	黑卷尾 *Dicrurus macrocercus*	H
		发冠卷尾 *Dicrurus hottentottus*	
	椋鸟科 Sturnidae	灰椋鸟 *Sturnus cineraceus*	
	鸦科 Corvidae	松鸦 *Garnilus glandarius*	
		灰喜鹊 *Cyanopica cyana*	H
		红嘴蓝鹊 *Urocissa erythrorhyncha*	H
		喜鹊 *Pica pica*	H
		红嘴山鸦 *Pyrrhocorax pyrrhocorax*	
		达乌里寒鸦 *Corvus dauuricus*	
		寒鸦 *Corvusmonedula*	
		大嘴乌鸦 *Corvusmacrorhynchos*	
		小嘴乌鸦 *Corvits corone*	
		星鸦 *Nucifraga caryocatactes*	
	河乌科 Cinclidae	褐河乌 *Cinclus pallasii*	
	鹪鹩科 Troglodytidae	鹪鹩 *Troglodytes troglodytes*	
	岩鹨科 Prunellidea	棕眉山岩鹨 *Prunellamontanella*	
	鸫科 Turdidae	斑鸫 *Turdus naumanni*	
		白眉鸫 *Turdus obscurus*	
		宝兴歌鸫 *Turdusmupinensis*	H
		紫啸鸫 *Myophonus caenileus*	
		红胁蓝尾鸲 *Tarsiger cyanurus*	
		北红尾鸲 *Phoenicurus auroreus*	
		红尾水鸲 *Rhyacornis fiiliginosus*	
		黑喉石䳭 *Saxicola torquata*	
		赤颈鸫 *Turdus ruficollis*	
		蓝矶鸫 *Monticola solitarius*	
	鹟科 Muscicapidae	赭红尾鸲 *Phoenicurus ochruros*	
		黄眉姬鹟 *Ficedula narcissina*	
		白眉姬鹟 *Ficedula zanthopygia*	

(续)

目	科	种	保护级别
雀形目 Passeriformes	鹟科 Muscicapidae	红喉姬鹟 Ficedula albicialla	
		白腹姬鹟 Ficedula cyanomelana	
		乌鹟 Muscicapa sibirica	
		北灰鹟 Muscicapa dauurica	
		寿带 Terpsiphone paradisi	H
	戴菊科 Regulidae	戴菊 Regulus regulus	
	画眉科 Timaliidae	山噪鹛 Garmlax davidi	H
	鸦雀科 Paradoxornithidae	棕头鸦雀 Paradoxornis webbianus	
	扇尾莺科 Cisticolidae	山鹛 Rhopophilus pekinensis	H
		棕扇尾莺 Cisticola juncidis	
	莺科 Sylviidae	鳞头树莺 Urosphena squameicepa	
		远东树莺 Celtia canturians	
		黄腰柳莺 Phylloscopus proregulu.	
		云南柳莺 Phylloscopus yumianensis	
		极北柳莺 Phylloscopus borealis	
		冕柳莺 Phylloscopus coronatus	
		褐柳莺 Phylloscopus fuscatus	
		巨嘴柳莺 Phylloscopus schwarzi	
		淡眉柳莺 Phylloscopus humei	
		冠纹柳莺 Phylloscopus reguloides	
		黄眉柳莺 Phylloscopus inornatus	
	长尾山雀科 Aegithalidae	银喉长尾山雀 Aegithalos caudatus	
	山雀科 Paridae	沼泽山雀 Pams palustris	
		北褐头山雀 Purus montamis	
		黄腹山雀 Parus venustulus	H
		大山雀 Parus major	
		煤山雀 Parus ater	
	䴓科 Sittidae	普通䴓 Silla europaea	
		黑头䴓 Sitt a villosa	H
	雀科 Passeridae	（树）麻雀 Passer monlanus	
		山麻雀 Passer nitilans	
		黑尾蜡嘴雀 Eophona migratoria	H
	噪鹛科 Leiothrichidae	矛纹草鹛 Babax lanceolatus	

(续)

目	科	种	保护级别
雀形目 Passeriformes	燕雀科 Fringillidae	燕雀 *Fringilla monlifringilla*	
		金翅雀 *Carduelis sinica*	
		黄雀 *Carduelis spinus*	H
		白腰朱顶雀 *Carduelis flammea*	
		普通朱雀 *Carpodacus erythrinus*	
		北朱雀 *Carpodacus roseus*	二
		红眉朱雀 *Carpodacus pulcherrimus*	
		苍头燕雀 *Fringilla coelebs*	
		长尾雀 *Carpodacus sibiricus*	
	鹀科 Emberizidae	灰眉岩鹀 *Emberiza godlewskii*	
		灰头鹀 *Emberiza spodocephala*	
		三道眉草鹀 *Emberiza cioides*	
		小鹀 *Emberiza pusilla*	
		田鹀 *Emberiza rustica*	
		黄喉鹀 *Emberiza elegans*	
		白头鹀 *Emberiza leucocephalos*	
		黄眉鹀 *Emberiza chrysophrys*	
		栗鹀 *Emberiza rutila*	

注：一、二分别为国家一、二级重点保护野生动物；H 为河北省重点保护野生动物。

保护区鸟类组成中雀形目鸟类 28 科 96 种，占保护区总科与总种数的 63.60%、64.00%；隼形目鸟类 1 科 4 种，占保护区鸟类的 2.27%、2.67%（表 4-12）。雀形目鸟类远远多于其他鸟类，这与保护区山地森林生态系统的自然环境密切相关。水鸟所占比例最小，反映了保护区内缺少湿地环境。

表 4-12 河北大海陀国家级自然保护区鸟类组成统计

目	科		种	
	数量	比例(%)	数量	比例(%)
鹎鹧目	1	2.27	1	0.67
鹳形目	2	4.55	2	1.33
鸻形目	1	2.27	2	1.33
雁形目	1	2.27	2	1.33
隼形目	1	2.27	4	2.67
鹰形目	1	2.27	9	6.00

(续)

目	科		种	
	数量	比例(%)	数量	比例(%)
鸡形目	1	2.27	5	3.33
鸽形目	1	2.27	5	3.33
鹃形目	1	2.27	5	3.33
鸮形目	1	2.27	5	3.33
夜鹰目	1	2.27	1	0.67
雨燕目	1	2.27	2	1.33
佛法僧目	1	2.27	3	2.00
戴胜目	1	2.27	1	0.67
鴷形目	1	2.27	7	4.67
雀形目	28	63.64	96	64.00
合计	44		150	

4.2.2.3 物种多样性分析

生物多样性是当前全球生物多样性研究的重要组成部分，不同区域的生物多样性有其不同的特点。生物的不同结构层次上都存在着多样性，但是目前并不存在一个单一的客观的指数测度生物多样性，只存在与特定目的相关的测定方法。在对保护区的鸟类进行详细调查的基础上，利用 G-F 指数进行了鸟类物种多样性分析。G-F 是基于物种分类的研究方法，侧重于测定一个地区某个类群科、属水平上种的多样性，可以反映较长一段时间内一个地区的物种多样性，而且 G-F 指数是一种标准化指数，不受生存环境、出生率、死亡率以及种内、种间关系的影响，可以快速地评估一个区域物种资源的多样性。计算可知，保护区 G 指数=4.11，F 指数=20.91，G-F 指数=0.803（计算公式见 4.2.1 哺乳类）。结合蒋志刚、纪力强（1999）对 G-F 指数的特征描述：①非单种科越多，G-F 指数越高；②G-F 指数是 0~1 的测度，一般地，DG/DF≤1，同时，如果该地区仅有一个物种，或仅有几个分布在不同科的物种，则定义该地区 G-F 指数为零，可知保护区鸟类资源物种多样性丰富。

保护区具有典型的温带暖温带山地森林生态系统。将其与河北境内及周边的雾灵山国家自然保护区、松山国家自然保护区、小五台国家级自然保护区、辽河源自然保护区的鸟类组成与物种多样性进行 G-F 指数比较，见表 4-13。

表 4-13 河北大海陀国家级自然保护区与省内及周边其他保护区鸟类组成与 G-F 指数比较

保护区	鸟类组成			G 指数	F 指数	G-F 指数
	目	科	种			
大海陀	14	44	150	4.11	20.91	0.803
松山	16	37	120	4.11	15.30	0.723
雾灵山	12	35	112	4.11	14.43	0.715
小五台	11	30	95	4.09	18.83	0.783

(续)

保护区	鸟类组成			G 指数	F 指数	G-F 指数
	目	科	种			
辽河源	17	49	193	4.49	23.61	0.810

可以看出：①上述省内及周边不同保护区的 G-F 指数变化在 0.715~0.810，以辽河源最高，大海陀次之，雾灵山最低；各保护区的 G 指数变化在 4.09~4.49，以辽河源最高，大海陀、松山和雾灵山具有相同的 G 指数，小五台最低；F 指数变化在 14.43~23.61，辽河源最高，大海陀次之，雾灵山最低。这说明该保护区鸟种的科属多样性在河北的保护区中高于松山、雾灵山和小五台山，资源较为丰富。②自然保护区鸟类的科数、属数和种数较为丰富。整体看来，在以上 5 个保护区中，自然保护区的鸟类物种多样性较为丰富，不同的鸟类占据着不同的生态位，更能充分利用外界资源，其主要原因在于保护区内既有山地森林又有河流湿地，森林、草地、灌丛不同生境类型之间相交的边缘带较长。

4.2.2.4 区系成分

(1) 鸟类的居留型

保护区计有夏候鸟 61 种(雀形目 40 种)，占鸟类总数的 39.87%；冬候鸟 9 种，均为雀形目鸟类，占鸟类总数的 5.88%；旅鸟 40 种(其中，非雀形目 11 种，雀形目 29 种)，占鸟类总数的 26.14%；留鸟 43 种(其中，非雀形目 14 种，雀形目 29 种)，占鸟类总数的 28.1%。

由以上数据及图 4-1 可以看出，保护区繁殖鸟类众多(夏候鸟和留鸟)，占鸟类的三分之二，旅鸟占鸟类的三分之一，形成了保护区鸟类的一大特点。鸟类的一般分布规律是北方留鸟少，夏候鸟多；南方留鸟多，夏候鸟少，该地区恰好符合这一规律。一个地区的旅鸟数量说明了区域在鸟类迁徙通道上的生态位置。自然保护区地处冀东近沿海区域，成为某些鸟类迁徙的一个重要驿站。实际上，由于旅鸟在迁徙过程中的特点，即路过时间短暂、多夜间迁徙等，对一部分旅鸟的记录会有遗漏，旅经本地的种类可能更多。故此，旅鸟种类众多为保护区鸟类区系组成的又一大特点。冬候鸟所占比重很小。以上分析表明，该地区鸟类受季节变化的影响较大，环境与鸟类群落间相互作用的效应明显。

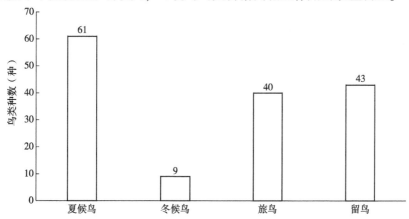

图 4-1 河北大海陀国家级自然保护区鸟类居留型

（2）区系成分

保护区在动物地理区划上属于古北界华北区黄淮平原亚区和黄土高原亚区燕山山脉交界处，个别青藏高原耐寒动物分别渗透至保护区。同时，保护区距离我国东部沿海较近，且无山地阻碍，因而南北迁徙的候鸟和旅鸟也会从此经过，使得保护区的鸟类区系复杂化。另外，它在一定程度上反映了华北区动物地理群区系复杂、相互渗透现象广泛的特点。

一个地区的动物区系，由许多分类明确和分布相互重叠的物种组成。种的分布是客观存在的，根据种的分布区相对集中并与一定的自然地理区域相联系，可将其划分为若干不同的分布型。张荣祖将我国陆生脊椎动物划分为 9 种类型，即为北方型、东北型、中亚型、高地型、旧大陆热带-亚热带型、东南亚热带-亚热带型、喜马拉雅-横断山脉型、南中国型和岛屿型。各种类型可以进一步划分。在动物地理区划中，鸟类分布情况较复杂，各地出现的鸟类有留鸟、夏候鸟、冬候鸟、旅鸟和迷鸟之分。现在的分布情况主要以繁殖区（留鸟、夏候鸟）为准。保护区鸟类分布类型复杂多样，基本分为以下几种。

（1）北方型

北方型包括古北型和全北型。在河北大海陀国家级自然保护区鸟类中，属于古北型的有 65 种，如池鹭（*Ardeola bacchus*）、黑鹳（*Ciconia nigra*）、雀鹰（*Accipiter nisus*）、红脚隼（*Falco vespertinus*）、岩鸽（*Columba rupestris*）等。保护区鸟类属于全北亚型的种类有 10 种，如苍鹰（*Accipiter gentilis*）、长耳鸮（*Asio otus*）、白尾鹞（*Circus cyaneuss*）。由此可知，北方型种类共有 75 种，占保护区鸟类总数的 50.00%，在保护区鸟类中占绝对优势，构成了保护区鸟类的主体。

（2）东北型

保护区东北型种类共 25 种，占保护区鸟类总数的 16.67%，仅次于北方型。其中，东北亚型的种类有 21 种，如乌鹟（*Muscicapa sibirica*）、北灰鹟（*Muscicapa latirostris*）、白眉（姬）鹟（*Ficedula zanthopygia*）、褐柳莺（*Phylloscopus fuscatus*）、巨嘴柳莺（*Phylloscopus schwarzi*）等；东北-华北亚型有红尾伯劳（*Lanius cristatus*）和灰椋鸟（*Sturnus cineraceus*）等 2 种；华北亚型种类较少，只有 2 种即山噪鹛和黄眉（姬）鹟（*Ficedula narcissina*）。

（3）中亚型

保护区属于中亚型的种类有 3 种，占保护区鸟类总数的 2.00%，这是该种类的分布区向南部扩展的结果，包括斑翅山鹑（*Perdix dauuricae*）、石鸡和山鹑。

（4）东南亚热带-亚热带型

保护区属于东南亚热带-亚热带型的种类有 24 种，占保护区鸟类总数的 16.0%。其中包括季风亚型 2 种，即山斑鸠、大嘴乌鸦；东洋亚型 22 种，如黑枕黄鹂（*Oriolus chinensis*）、黑卷尾（*Dicrurusmacrocercus*）、红嘴蓝鹊（*Urocissa erythrorhyncha*）、褐河乌（*Cinclus pallasi*）、红尾水鸲（*Rhyacornis fuliginosus*）、紫啸鸫（*Myiophonus caeruleus*）等。本分布型鸟类仅次于北方型、东北型鸟类，这反映了华南区成分受近年来全球变暖的影响进一步向北方扩展。

（5）喜马拉雅-横断山脉型

大海陀自然保护区此种类型共有 2 种，即中杜鹃和北朱雀，占保护区鸟类总数的

1.33%。这两种鸟类在此区域出现是本类型鸟类向东北部扩展的结果。

(6) 南中国型

自然保护区此种类型包括勺鸡、棕头鸦雀和黄腹山雀3种，占保护区鸟类总种数的2.0%。

从分布类型来看，保护区的鸟类以古北型、全北型和东北型北方鸟类为主，共有100种，占据保护区鸟类总种数的66.67%，这与保护区所处的地理区划位置相符；东南亚热带-亚热带型、南中国型、喜马拉雅-横断山型三种南方鸟类共有25种，占据保护区鸟类总种数的16.67%，反映出随着近年来气温逐年上升，南方鸟类向北部逐步外延；中亚型鸟类仅有2种，这是西部高原鸟类东部扩张的结果。保护区鸟类的这种分布类型使保护区呈现出以北方鸟类为主、各种类型鸟类混杂的局面。河北大海陀国家级自然保护区鸟类及其分布型见表4-14。

表4-14 河北大海陀国家级自然保护区鸟类分布型

分布类型	种类	种数	比例(%)
全北型 C	苍鹰、长耳鸮、绿头鸭、金雕、白尾鹞、家燕、小嘴乌鸦、鸲鹟、北褐头山雀、黑头鸭	10	6.67
古北型 U	池鹭、黑鹳、雀鹰、黑鸢、日本松雀鹰、雕鸮、鸳鸯、普通鵟、燕隼、红脚隼、灰背隼、白腰草鹬、纵纹腹小鸮、蚁鴷、灰头啄木鸟、白背啄木鸟、大斑啄木鸟、云雀、喜鹊、灰喜鹊、红喉姬鹟、煤山雀、沼泽山雀、银喉长尾山雀、松鸦、星鸦、达乌里寒鸦、秃鼻乌鸦、黄腰柳莺、极北柳莺、云南柳莺、巨嘴柳莺、远东树莺、鳞头树莺、淡眉柳莺、普通鸬鹚、(树)麻雀、燕雀、黄雀、普通朱雀、小鸦、白头鹞、大太平鸟、棕眉山岩鹨、宝兴歌鸫、冠鱼狗、白肩雕、黄眉柳莺、丘鹬、小杜鹃、赭红尾鸲、棕扇尾莺、戴菊、苍头燕雀、白腰雨燕、白喉针尾雨燕、岩鸽、小斑啄木鸟、岩燕、寒鸦、山麻雀、白腰朱顶雀、红眉朱雀、田鹀、牛头伯劳	65	43.33
东北亚型 M	乌鸫、北灰鹟、白眉姬鹟、黑眉苇莺、褐柳莺、冕柳莺、小星头啄木鸟、山鹨鸰、田鹨、红胁蓝尾鸲、北红尾鸲、白眉鸫、斑鸫、金翅雀、长尾雀、黄喉鹀、灰头鹀、三道眉草鹀、黄眉鹀、黑尾蜡嘴雀、白腹姬鹟	21	14.00
东北-华北亚型 X	灰椋鸟、红尾伯劳	2	1.33
华北亚型 B	山噪鹛和黄眉姬鹟	2	1.33
中亚型 D	斑翅山鹑、山鹑、石鸡	3	2.00
东洋亚型 W	小䴙䴘、珠颈斑鸠、灰斑鸠、火斑鸠、四声杜鹃、普通夜鹰、星头啄木鸟、黑枕黄鹂、黑卷尾、红嘴蓝鹊、褐河乌、红胸水鸲、紫啸鸫、冠纹柳莺、矛纹草鹛、蓝翡翠、寿带、发冠卷尾、鹰鹃、灰头绿啄木鸟、长尾山椒鸟、白头鹎	22	14.67
季风亚型 E	山斑鸠、大嘴乌鸦	2	1.33
喜马拉雅-横断山脉型 H	中杜鹃、北朱雀	2	1.33

(续)

分布类型	种类	种数	比例(%)
南中国型S	棕头鸦雀、勺鸡、黄腹山雀	3	2.00
难以确定型O	红隼、秃鹫、雉鸡、大杜鹃、红角鸮、日本鹌鹑、戴胜、金腰燕、白鹡鸰、灰鹡鸰、红嘴山鸦、黑喉石鵖、灰眉岩鹀、大山雀、凤头百灵、赤颈鸫、蓝矶鸫、普通翠鸟	18	12

4.2.2.5 资源特点

(1) 物种资源与鸟类多样性丰富多样

自然保护区鸟类种类众多,共记录有150种,占全国鸟类总种数的10.38%,占河北省已知鸟类总数的30.68%。

(2) 繁殖鸟、旅鸟众多,古北种占绝对优势

保护区分布的150种鸟类中,繁殖鸟类多达104种,占区域鸟类总数的69.33%,充分显示了保护区作为鸟类繁殖聚集地的重要作用;而旅鸟多达40种,反映了保护区生境质量较好,是许多鸟类迁徙中途能量与食物的补给站。同时,保护区古北界区系特征明显,有古北种鸟类65种。

(3) 单种科和单种属数量多,珍稀种类多

保护区分布的鸟类中,有单种科18科,占保护区分布总科数的40.91%,这充分说明保护区鸟类科、属多样性的丰富程度。

4.2.2.6 农林益鸟

(1) 鸟类的食性

鸟类分布广泛,取食的范围很宽,动植物界中几乎所有物种在不同程度上为鸟提供了食物。根据成鸟的食物组成可分为肉食性、植食性和杂食性鸟类等。肉食性的鸟类又可以分为食肉鸟、食鱼鸟、食虫鸟和食腐鸟等。植物食性的鸟类可分为食谷鸟类、食果实鸟类、食植物鸟类(食青草、幼嫩枝芽、花蜜等)。一些鸟类兼有动物食性和植物食性,称为杂食性鸟类。现将自然保护区鸟类根据食性分类介绍如下。

肉食性鸟类主要有以下四类。①食肉鸟类:隼形目、鸮形目鸟类是典型的食肉鸟类,主要以森林、草原、农田的鼠类为食。一些伯劳和鸦科的鸟类如大嘴乌鸦(*Corvus macrorhynchos*)、小嘴乌鸦(*Corvus corone*)等的食物也包括鼠类,这类鸟还有黑鸢(*Milvus migrans*)、苍鹰、金雕、红隼、长耳鸮和红尾伯劳。隼形目、鸮形目鸟类也食小型鸟类、两栖类和昆虫,但是鸟类占食物的量很少,如长耳鸮的食物中,少数是小鸟,绝大多数食物仍为鼠类。②食虫鸟类:主要类群有杜鹃科、啄木鸟科、鹟鸲科、伯劳科、鸫科、莺科等,它们的食物多是鳞翅目、鞘翅目、膜翅目、双翅目、同翅目等多种昆虫。③食鱼鸟类:包括黑鹳、翠鸟(*Alcedo atthis*)等。④食腐性鸟类:自然保护区内仅黑鸢和乌鸦等少数种类以腐烂的动物尸体为食,被称为食腐性鸟类。

整个生命周期都以植物为食的鸟类极少,植食性鸟类在繁殖季节和雏鸟期间也捕食昆虫,笔者对鸟类食性的划分是以成鸟的主要食物为标准的。植食性鸟类主要包括三类。①食谷鸟类:在保护区内鸠鸽科、燕雀科、雀科、鸦科的鸟类多为食谷鸟类,如黄雀、交嘴

雀等。②食果鸟类：大太平鸟、松鸦、斑鸫等多在夏秋果实成熟时节采食果实。③食植物鸟类：包括雁形目的大部分鸟类，这些鸟类主要食用植物的根茎和嫩芽等。

杂食性鸟类主要包括鸡形目的雉鸡，雀形目鸦科的喜鹊、乌鸦等，兼食昆虫和植物性食物。它们的食物会随着季节、生境、年度的变化而变化。例如，雉鸡春季啄食嫩草和树叶，夏季主要以昆虫和小型无脊椎动物为食。乌鸦的食物有果实、种子、鼠类和腐肉等。

河北大海陀国家级自然保护区内食虫鸟类和食鼠鸟类众多。鸟类是生态系统中重要的组成部分，食量大，代谢速度快，而且几乎所有鸟类在繁殖季节均不同程度上取食昆虫，有的还专门以各种农林害虫和鼠类为食，在森林、植物保护中具有极为重要的意义。许多鸟类，如普通杜鹃、啄木鸟、普通夜鹰、戴胜、家燕、山雀、灰喜鹊等，每年可消灭数十万甚至上百万只害虫，它们是抑制森林害虫的中坚力量，是人类和各种虫害斗争的有力助手。乌鸦等食腐性鸟类能清洁环境，防止有害病菌的传播，在保护环境等方面具有重要的意义，因此人们常把一些鸟类称为森林医生、农林业卫士、大自然的清道夫等。目前，随着农药和各种化学杀虫剂使用后所造成的环境污染，以及大量抗药性昆虫的出现，人们更加认识到鸟类在消灭害虫、害鼠，维持生态平衡方面的重要作用。鸟类不仅在控制和影响有害昆虫和鼠类方面具有重要的作用，而且在自然界中物质循环和能量转换方面，也起着极其重要的作用，比如，许多以果实和种子为食物的鸟类对自然植被的更新也有益处。

(2) 主要食虫、食鼠鸟类

保护区及附近有大面积的树林和农田，一些森林灌丛食虫鸟类，如杜鹃科、啄木鸟科、鹟鹟科、伯劳科、鸫科、莺科等对消灭害虫有重要的生态作用。鹰隼类和鸮形目种类喜食鼠类等啮齿目动物，保护区常见种类有白尾鹞、雀鹰、普通鵟、燕隼、红隼、长耳鸮、雕鸮、纵纹腹小鸮等，它们常在林区、农田和苗圃捕食鼠类和多种昆虫，防止了大仓鼠等啮齿类对农田和苗圃所造成的危害，在一定程度上为提高农作物的产量发挥了巨大的经济效益。保护区主要的食虫、食鼠鸟类见表 4-15。

表 4-15 河北大海陀国家级自然保护区主要食虫、食鼠鸟类

种类	生境	主要食性
黑鸢	树林农田	鸟、鼠类、蛇、蛙、鱼、兔、蜥蜴、昆虫
苍鹰	森林农田	鼠类、兔、鸟类
雀鹰	山地林区农田	鼠类、蝗虫、金龟子等
普通鵟	山地林区农田	鼠类、蝗虫、金龟子等
金雕	山谷、树林	鼠类及其他兽类
白尾鹞	森林、农田、草地	鸟、鼠类、蛙、蜥蜴、昆虫
灰背隼	疏林、草地、农田	鸟类、昆虫
红脚隼	林区开阔地带	鼠类、蝗虫、蝼蛄、蟊斯、金龟子、步甲等
红隼	农田旷野及疏林	蝗虫、蝉、金龟子、小鼠等

(续)

种类	生境	主要食性
大杜鹃	山地树林	主要以松毛虫、舞毒虫、松针枯叶蛾及其他鳞翅目幼虫为食，也吃蝗虫、步行虫等
雕鸮	山地疏林	鼠类（林姬鼠、黄鼠等）、兔、蛙、刺猬、昆虫、鸟
纵纹腹小鸮	丘陵或村落附近树林	鼠类、鞘翅目昆虫，也吃鸟、蜥蜴、蛙等
长耳鸮	山地森林	鼠类，也吃小型鸟类、哺乳动物和昆虫（金龟子、甲虫、蝼蛄等）
普通夜鹰	山地疏林或草皮	金龟子、蝼蛄、松毛虫蛾、夜蛾、蚊蝇、叶蝉蟋蟀虫卵等
戴胜	农田、旷野	蝼蛄、蝗虫、金针虫、甲虫、天牛科幼虫等
蚁䴕	低山、丘陵森林中	蚂蚁
星头啄木鸟	树林	象甲、蚂蚁、蛾类、步行甲等
大斑啄木鸟	树林	象甲、蛾类、金龟子、天牛科幼虫、鳞翅目幼虫等
岩燕	高山峡谷	蝇类、虻、甲虫等
家燕	村庄、田野	甲虫、蚊蝇类、叶蝉、象虫、松毛虫等
金腰燕	村庄	蟒、虻、叶甲、叶蝉、叩头虫、金龟子、蚊蝇类、鳞翅目幼虫等
山鹡鸰	山地、林区	落叶松鞘蛾、落叶松卷蛾、松毛虫、象甲等
灰鹡鸰	水域附近	蝗虫、甲虫、松毛虫、蟒等
田鹨	开阔的林间空地、灌丛、沼泽、农田等	蝗虫、甲虫等
树鹨	树林、草地、灌丛等	象甲、松毛虫、蟒、步甲、金龟子、蝗虫等
红尾伯劳	树林、村庄	蝼蛄、象甲、叩头虫、蛾、蝗虫、金龟子、蝶类幼虫、松毛虫幼虫及卵等
黑枕黄鹂	树林	天蛾、枯叶蛾、象甲、蝗虫、金龟子、松毛虫幼虫及卵、鞘翅目昆虫等
黑卷尾	树林	蜻蜓、甲虫及卵、蝗虫、蛾类、蝇类、象甲、金龟子、叶蝉等
灰椋鸟	树林	蝗虫、叶甲、金龟子、松毛虫、蝼蛄、叩头虫、伪步甲以及其他鞘翅目昆虫和蛾类及其幼虫
松鸦	山地、树林	松毛虫、金龟子、象甲等
红嘴蓝鹊	树林、灌丛	金龟子、蝗虫、蝼蛄、蛴螬、小鱼、野果等
灰喜鹊	村庄、树林	松毛虫、枯叶蛾、舟蛾、叶甲等
喜鹊	村庄、树林	蝼蛄，象甲，地老虎，松毛虫的卵、蛹及幼虫等
红嘴山鸦	山地	天牛、金针虫、金龟子、蝗虫、天蛾等幼虫
大嘴乌鸦	低山开阔地带	昆虫（甲虫类为主），也吃鸟卵、雏鸟、鼠类、腐肉、尸体、垃圾、植物果实、草籽、农作物
小嘴乌鸦	低山开阔地带	昆虫及植物果实、种子、鼠类、腐肉、尸体、农作物

(续)

种类	生境	主要食性
褐河乌	溪流附近	石蚕、甲壳类等
鹪鹩	山地、灌丛	蝗虫、叶甲、蟋蟀等
棕眉山岩鹨	低地灌丛	昆虫及杂草种子等
北红尾鸲	灌丛、村庄	蝗虫、叶蝉、叶甲、蟓、蚂蚁、蝇类等
红尾水鸲	水域、灌丛	金龟子等
田鸫	山地森林	蝗虫、象甲等
斑鸫	旷野、灌丛	甲虫、金针虫、蝗虫、地老虎等
山噪鹛	山地、灌丛	卷叶蛾、甲虫等
棕头鸦雀	中低山阔叶林和混交林林缘灌丛地带	主要以甲虫、象甲、松毛虫卵、蜡象、鞘翅目和鳞翅目等昆虫为主
山鹛	山地灌丛	象甲、金龟子等害虫
褐柳莺	开阔地带疏林灌丛	喜食鞘翅目、鳞翅目昆虫,还吃尺蠖、苍蝇和蜘蛛等
巨嘴柳莺	灌丛、树林	蟊斯、叶甲、叶蝉、蝗虫等
黄眉柳莺	树林、灌丛	金龟子、叶甲、象甲、蚂蚁、蚊蝇类及鳞翅目昆虫及幼虫等
大山雀	树林、村庄	天牛、松毛虫、叶蝉、落叶松鞘蛾、蟓等
沼泽山雀	林区、灌丛	蚂蚁、蝗虫、象甲、金龟子、落叶松毛虫、落叶松鞘蛾等
褐头山雀	混交林	蟓、叶甲、金龟子、枯叶蛾、灯蛾、尺蛾等
煤山雀	混交林	粗、叶甲、金龟子、毒蛾、尺蛾等
银喉长尾山雀	灌丛	尺蛾、落叶松鞘蛾等鳞翅目昆虫
树麻雀	村庄树林	卷叶蛾、蝗虫等
黑尾蜡嘴雀	树林	主要为鞘翅目昆虫,如叩头虫、叶蜂、蝗虫等
三道眉草鹀	林缘疏林、灌丛	松毛虫、甲虫、蝗虫及其他鞘翅目、鳞翅目昆虫
小鹀	开阔地带的疏林、灌丛	蚜虫、尺蠖、金龟子等鳞翅目、鞘翅目、直翅目和膜翅目昆虫及幼虫

4.2.2.7 珍稀鸟类

(1)国家重点保护鸟类

《国家重点保护野生动物名录》于2021年2月5日经国务院批准,由国家林业和草原局、农业农村部公告发布实施,其中列明自然保护区有国家级重点保护鸟类23种,占保护区鸟类总数的15.33%(表4-16),其中,国家一级保护鸟类4种,即黑鹳、金雕、白肩雕和秃鹫,占保护区鸟类总数的2.67%;国家二级保护鸟类19种,占保护区鸟类总数的12.67%,包括黑鸢、苍鹰、雀鹰、松雀鹰、白尾鹞、鸳鸯、普通鵟、红隼、红脚隼、燕隼、灰背隼、雕鸮、红角鸮、领角鸮、长耳鸮、纵纹腹小鸮、勺鸡、云雀、北朱雀。此外，河北省重点保护鸟类 40 种。自然保护区与全国及河北省鸟类物种的比较及保护鸟类的比例见表 4-17。

表 4-16　河北大海陀国家级自然保护区国家重点保护野生鸟类

种名	保护级别	居留类型	区系关系
黑鹳 Ciconia nigra	一	夏	北
金雕 Aquila chrysaetos	一	留	北
白肩雕 Aquila heliaca	一	留	北
秃鹫 Aegypius monachus	一	留	北
黑鸢 Milvus migrans	二	留	广
苍鹰 Accipiter gentiles	二	旅	北
雀鹰 Accipiter nisu	二	旅	北
松雀鹰 Accipiter gularis	二	夏	北
白尾鹞 Circus cyaneuss	二	旅	北
鸳鸯 Aix galericulata	二	旅	北
普通鵟 Buteo buteo	二	旅	北
红脚隼 Falco amurensis	二	夏	北
红隼 Falco tinnunculus	二	留	广
灰背隼 Falco columbarius	二	旅	北
燕隼 Falco subuteo	二	冬	广
勺鸡 Pucrasis macrolopha	二	留	广
红角鸮 Otus sunia	二	夏	北
领角鸮 Otus bakkamoena	二	夏	广
雕鸮 Bubo bubo	二	留	北
纵纹腹小鸮 Athene noctua	二	留	北
长耳鸮 Asio otus	二	冬	北
云雀 Alauda arvensis	二	旅	北
北朱雀 Carpodacus roseus	二	冬	北

注：保护级别中一为国家一级保护动物，二为国家二级保护动物；区系成分中广为广布种，东为东洋种，北为古北种；鸟类居留类型中夏为夏候鸟，留为留鸟，冬为冬候鸟，旅为旅鸟，迷为迷鸟。

表 4-17　河北大海陀国家级自然保护区与全国及河北省鸟类分布对比

保护类别	种类		国家重点保护鸟类		省重点保护鸟类
	保护区/全国	保护区/河北	保护区/全国	保护区/河北	保护区/河北
种数比	150/1445	150/486	23/394	23/132	40/132
比例（%）	10.38	30.86	5.84	17.42	30.30

(2)我国特有种鸟类

我国的鸟类特有种包括仅在我国分布或主要繁殖在我国而偶见于国外的、在邻近狭小的区域并无亚种分化的所有种类。保护区有中国特产种鸟类2种,包括雀形目的山鹛和山噪鹛,在保护区内种群数量较为丰富。现将特有鸟类生态习性简介如下。

山鹛(*Rhopophilus pekinensis*):眉纹偏灰,髭纹近黑。似体形敦实的鹪莺。上体烟褐色而密布近黑色纵纹;外侧尾羽羽缘白色;颏、喉及胸白;下体余部白,两胁及腹部具醒目的栗色纵纹,有时沾黄褐色。主要栖息于山坡平缓的疏林灌丛和灌草丛中。主要以象甲、金龟甲为食。善鸣叫,易于驯化,是很好的笼养观赏鸟。

山噪鹛(*Garrulax davidi*):全身黑褐色,上体羽灰沙褐色或暗灰褐色;嘴稍向下曲;鼻孔完全被须羽掩盖;嘴在鼻孔处的厚度与其宽度几乎相等。鸣叫声多变化,富于音韵而动听。鸣叫时常振翅展尾,在树枝上跳上跳下,非常活跃。栖息于山地斜坡上的灌丛中。经常成对活动,善于地面刨食,夏季吃昆虫,辅以少量植物种子、果实,冬季则以植物种子为主。中小型鸣禽,是人们喜爱的一种笼养鸟。

(3)中日候鸟协定、中澳候鸟协定保护鸟类

鸟类是自然生态系统的重要组成部分,在艺术、科学、文化、娱乐、经济等方面均有一定价值的资源。1981年3月3日,我国与日本签订了保护候鸟及其栖息环境的协定,规定了227种两国共同保护的鸟类。1986年10月20日,我国和澳大利亚签署了保护候鸟及其栖息环境的协定,规定了81种两国共同保护的鸟类。保护区鸟类有中日候鸟协定保护鸟类49种,例如,白尾鹞、大杜鹃、山鹡鸰、田鹨、极北朱顶雀和白头鹎等;中澳候鸟协定保护鸟类仅有4种,例如,家燕、白鹡鸰等。保护区中日、中澳候鸟协定保护鸟类见表4-18。

表4-18 中日、中澳候鸟协定保护鸟类

协定	种数	保护种类
中日	49	黑鹳、松雀鹰、白尾鹞、灰背隼、日本鹌鹑、大杜鹃、小杜鹃、长耳鸮、普通夜鹰、家燕、金腰燕、山鹡鸰、白鹡鸰、田鹨、树鹨、太平鸟、红尾伯劳、黑枕黄鹂、北红尾鸲、黑喉石䳭、白眉鸫、斑鸫、极北柳莺、黄眉柳莺、鳞头树莺、白眉姬鹟、黄眉姬鹟、燕雀、黄雀、极北朱顶雀、普通朱雀、北朱雀、白头鹎、田鹀、小鹀、灰头鹀、绿头鸭、燕隼、鹌鹑、白腰草鹬、红尾歌鸲、红胁蓝尾鸲、冕柳莺、乌鸫、北灰鹟、黑尾蜡嘴雀、黄喉鹀、灰伯劳、白腰雨燕
中澳	4	家燕、灰鹡鸰、白鹡鸰、极北柳莺

(4)被列入国际公约或《中国物种红色名录》的鸟类

保护区分布的鸟类中,被列入《濒危野生动植物国际贸易公约》(CITES)附录Ⅱ的22种;被列入《中国物种红色名录》(CHN)中为近危(NT)的7种(表4-19)。

表4-19 河北大海陀国家级自然保护区被列入CITES、IUCN、CHN的种类

种类	CITES	IUCN	CHN
松雀鹰 *Accipiter gularis*	二		

(续)

种类	CITES	IUCN	CHN
黑鹳 *Ciconia nigra*	二		
黑鸢 *Milvus migrans*	二		
苍鹰 *Accipiter gentiles*	二		
雀鹰 *Accipiter nisu*	二		
白尾鹞 *Circus cyaneuss*	二		
秃鹫 *Aegypius monachus*	二	LR/nt	NT
普通鵟 *Buteo buteo*	二		
金雕 *Aquila chrysaetos*	二		
燕隼 *Falco subuteo*	二		
鸳鸯 *Aix galericulata*			NT
红脚隼 *Falco amurensis*	二		
红隼 *Falco tinnunculus*	二		
灰背隼 *Falco columbarius*	二		
红角鸮 *Otus sunia*	二		
领角鸮 *Otus bakkamoena*	二		
雕鸮 *Bubo bubo*	二		
纵纹腹小鸮 *Athene noctua*	二		
长耳鸮 *Asio otus*	二		
勺鸡 *Pucrasis macrolopha*			NT
喜鹊 *Pica pica*	二		NT
山鹛 *Rhopophilus pekinensis*	二		NT
黑头䴓 *Sitta villosa*	二		NT
树麻雀 *Passer montanus*	二		NT

注：CITES 中的 I、II 分别为《濒危野生动植物种国际贸易公约》附录 I、附录 II；IUCN 和 CHA 中的 CR 为极危、EN 为濒危、VU 为易危、NT 为近危、LR/nt 为低危接近受危。

4.2.2.8 鸟类资源保护与利用

保护区鸟类资源相对丰富，区域生态系统非常脆弱，一经破坏将很难恢复。鸟类资源的保护与利用，应通过科学研究调查，系统掌握区域内主要经济资源种类的名称、数量、分布、密度、种群结构、群体间的关系、繁殖率、死亡率、疾病、食性、栖息环境和食物基地等生态学资料，为合理开发利用主要经济鸟类资源提供科学依据。对野生鸟类资源的利用要建立在保护的基础上，保护是利用的前提和基础，利用是保护的目的。为更好利用鸟类资源，应做到：

(1) 系统、科学地进行鸟类资源本底调查，了解区域内经济鸟类资源的种类、数量、分布、栖息环境等数据，掌握各种资源鸟类种群数量变化动态，分级进行适度利用，重点保护；同时，对其种群动态进行长期监测，为制定科学、可行的保护管理制度提供依据。

(2) 加强宣传教育，通过开展爱鸟周、科普知识讲座、野生动物保护法规宣传等活动，使广大群众深入了解鸟类在农林生产和维护生态平衡中的作用。同时，还要加强对鸟类偷猎、乱捕、毒杀等不法行为的打击力度。

(3) 对经济价值较高的鸟类，在不影响区域野生自然种群相对稳定的前提下，通过驯养和半驯养，进行人工繁殖，以增加鸟类的种群数量，保护物种资源。

4.2.3 两栖爬行类

两栖动物是从水生到陆生的过渡类群，爬行动物是真正的陆栖脊椎动物，它们是自然生态系统的重要组成部分。利用样线法与特殊环境重点寻找相结合的方法对自然保护区内的两栖爬行动物种类数量与分布等进行调查统计分析。

4.2.3.1 组成及分布特点

(1) 两栖爬行动物的组成

初步查明，大海陀自然保护区调查到的两栖爬行动物有 18 种，隶属 2 目 7 科。其中，两栖纲 1 目 2 科 2 种，即无尾目(Anura)蟾蜍科(Bufonidae)的中华蟾蜍(Bufo gargarizans) 1 种，蛙科(Ranidae)中的黑斑蛙(Rana nigromaculata)。爬行动物有 1 目 5 科 16 种，均为有鳞目(Squamata)种类。其中，壁虎科(Gekkonidae)有无蹼壁虎(Gekko sivinhonis) 1 种；石龙子科(Scincidae)有蓝尾石龙子(Eumeces elegans)、黄纹石龙子(Eumeces capito)和宁波滑蜥(Scincella modesta) 3 种；蜥蜴科(Lacertidae)有丽斑麻蜥(Eremias argus)和山地麻蜥(Eremias brenchleyi) 2 种；游蛇科(Colubridae)有黄脊游蛇(Coluber spinalis)、白条锦蛇(Elaphe dione)、乌梢蛇(Zaocys dhumnades)、虎斑颈槽蛇(Rhabdophis tigrinus)、赤链蛇(Dinodon rufozonatum)、红点锦蛇(Elaphe rufodorsata)、赤峰锦蛇(Elaphe anomala)、双斑锦蛇(Elaphe bimaculata)和团花锦蛇(Elaphe davidi) 9 种；蝰科(Viperidae)亚洲蝮属(Gloydius)有中介蝮(Gloydius intermedius) 1 种。

将保护区两栖爬行动物的科、属、种组成与河北省、全国两栖爬行动物科、属种组成比较见表 4-20。

表 4-20　河北大海陀国家级自然保护区两栖爬行动物组成及所占比例

动物类群	大海陀保护区科：种	河北省科：种	占河北比例(%)科：种	全国科：种	占全国比例(%)科：种
两栖动物	2：2	5：10	40：20	11：321	18.2：0.6
爬行动物	5：16	8：24	62.3：66.7	24：407	20.8：3.9

从物种组成类群绝对数角度来看，保护区两栖爬行动物资源比较贫乏，这与两栖动物属于狭喜热性动物，其分布由低纬度向高纬度呈递减的分布规律有关，和我国北方陆生脊椎动物组成特点相一致。

保护区内分布的两栖动物科、种数分别占河北省的40%和20%，爬行动物的科、种分别占河北省爬行动物的62.3%和66.7%，由此可以看出，保护区的两栖爬行动物在河北省的分布多样性较匮乏，这与保护区地处燕山腹地，为山地森林生态群落系统类型而少两栖爬行类动物赖以生存的湿润生态环境有关。

（2）分布特点（表4-21）

两栖动物：保护区内共有两栖类动物2种。

中华蟾蜍，主要集中于田间、水域、农舍附近的草丛、石下或潮湿、阴凉的土洞内。黑斑蛙仅见于池塘、水沟、洼淀、小河内或水域附近的草丛中。中华蟾蜍和黑斑蛙多出现于石头堡管理站水库附近。

表4-21 河北大海陀国家级自然保护区两栖爬行动物生态分布统计

种名	生境	发现地点
中华蟾蜍 Bufo gargarizans	c	公路、东沟、龙潭沟
黑斑蛙 Rana nigromaculata	c	东沟
无蹼壁虎 Gekko sivinhonis	a	民居
丽斑麻蜥 Eremias argus	e	石头堡管理站附近农田
山地麻蜥 Eremias brenchleyi	e	石头堡管理站附近农田
蓝尾石龙子 Eumeces elegans	f	大海陀管理站附近山坡
黄纹石龙子 Eumeces capito	f	石头堡管理站附近山沟
宁波滑蜥 Scincella modesta	f	石头堡管理站附近山沟
白条锦蛇 Elaphe dione	b, d	东沟、龙潭沟、平地、公路
虎斑颈槽蛇 Rhabdophis tigrinus	b	龙潭沟、公路
黄脊游蛇 Coluber spinalis	f	公路
乌梢蛇 Zaocys dhumnades	f	公路
赤链蛇 Dinodon rufozonatum	b, d	东沟、龙潭沟
红点锦蛇 Elaphe rufodorsata	b, d	东沟、龙潭沟
赤峰锦蛇 Elaphe anomala	b, d	东沟、龙潭沟
团花锦蛇 Elaphe davidi	b, d	东沟、龙潭沟
双斑锦蛇 Elaphe bimaculata	b, d	东沟、龙潭沟
中介蝮 Gloydius intermedins	b	龙潭沟

注：a. 民居；b. 溪流；c. 水库池塘；d. 山地森林；e. 农田；f. 山谷灌丛。

爬行动物：绝对数量较少，资源不甚丰富。蛇类种类最多，占本区爬行类总数的56.2%，其中，游蛇科种类多达9种，分布于田野、山林、村镇、水域等各种生境中。蝰科毒蛇有1种，即中介蝮，主要分布于山区、石隙、灌丛中，大南沟溪流边也有分布。丽斑麻蜥和山地麻蜥主要分布于林缘、草地、丘陵和灌丛中，在保护区广泛分布。黄纹石龙子和蓝尾石龙子只分布于山间道路旁的草丛、石块下或树林、溪流的乱石堆中，数量稀少。保护区内爬行类数量最多的是白条锦蛇，是保护区内的优势种，分布于溪流边和山地森林地带。虎斑颈槽蛇分布于溪流、池塘附近；丽斑麻蜥和山地麻蜥仅在石头堡管理站附近的农田地带被发现；黄脊游蛇分布于大海陀管理站附近的公路边；无蹼壁虎主要出现于民居内外。

4.2.3.2 区系与分布型分析

(1) 动物区系与分布型

张荣祖(1999)的《中国动物地理》中显示，河北大海陀国家级自然保护区两栖爬行动物共有7种分布型(表4-22)，简述如下。

表4-22 河北大海陀国家级自然保护区两栖爬行动物分布型统计

分布型	种类	占总数比例(%)	分布型	种类	占总数比例(%)
古北型(U)	2	11.11	中亚型(D)	1	5.56
东北-华北型(X)	4	22.22	季风型(E)	5	27.78
华北型(B)	2	11.11	东洋型(W)	1	5.56
南中国型(S)	3	16.67			

古北型：属于古北型的种类有2种，即黄脊游蛇和白条锦蛇。

东北-华北型：属于东北-华北型的种类有4种，即团花锦蛇、丽斑麻蜥、山地麻蜥和宁波滑蜥。

华北型：属于华北型的种类有2种，即无蹼壁虎、黄纹石龙子。

中亚型：属于中亚型的种类仅有1种，即中介蝮。

季风型：属于季风型的种类有5种，即中华蟾蜍、黑斑蛙、虎斑颈槽蛇、赤链蛇和赤峰锦蛇。

东洋型：属于东洋型的种类仅有1种，即乌梢蛇。

南中国型：属于南中国型的种类有3种，即蓝尾石龙子、红点锦蛇和双斑锦蛇。

4.2.3.3 珍稀濒危物种

自然保护区两栖爬行动物均为国家保护的有重要生态、科学、社会价值的陆生野生动物。其中，蓝尾石龙子、黄纹石龙子和双斑锦蛇3种是我国的特有种；中介蝮被列为《中国物种红色名录》中的易危(VU)等级；黑斑蛙被列为《中国物种红色名录》中的近危(NT)等级。蓝尾石龙子和黑斑蛙属于河北省重点保护动物；丽斑麻蜥、山地麻蜥、黄纹石龙子、中华蟾蜍等12种属于河北省保护的有重要生态、科学、社会价值的陆生野生动物。

现将保护区分布的列入红色名录及我国特产两栖爬行类的分布、生态习性、资源现状简述如下。

黑斑蛙(*Rana nigromaculata*)：国家保护的有重要生态、科学、社会价值的陆生野生动物，被《中国物种红色名录》列为近危(NT)等级。体长60~70mm，头长略大于头宽；吻钝圆而略尖，超出下颌。眼间距很窄，为上眼睑的1/2，鼓膜大，为眼径的3/4~4/5。犁骨齿两小团，左右不相遇或仅相遇，趾间几全蹼。体背面有1对背侧褶，两背侧褶间有4~6行不规则的短肤褶。生活时体色变异很大，背面为黄绿色或灰绿色或带灰棕色，吻端到肛部常有1条窄而色浅的脊线。雄性颈侧有1对外声囊，在保护区内常栖于池塘、水沟、稻田或小河内，将身体悬浮在水中仅露出头部，或在水域附近的草丛中。一般10月中旬至翌年3月中旬为休眠期。产卵季节可从3月下旬延续到5月末。卵多产于稻田、池塘及水流缓慢的水沟内，成一片片块状浮于水面上，为一次性产卵，每次产卵3000粒左右。食物以陆生动物为主，其中以昆虫纲最多，如鞘翅目、双翅目、直翅目、同翅目、鳞翅目等。在保护区范围内种群数量已经很稀少。

蓝尾石龙子（*Eumeces elegans*）：河北省重点保护野生动物，国家保护的有重要生态、科学、社会价值的陆生野生动物，我国特有种。背面棕黑色，身体有5条黄色纵纹。正中一条纵纹在间顶鳞分叉前沿额鳞两侧达吻部，向后延伸至尾中部；两条背侧纵纹自最后上唇鳞起经耳孔上方沿体侧至胯部。头侧与体侧具有红色斑点。尾部蓝色。腹面色淡。在保护区内，蓝尾石龙子栖息于山涧旁道的草丛、石块下、树林、溪边乱石堆中，食性以昆虫为主，6月至7月为产卵期，每次产卵6~9枚，产卵于土洞、草丛中、沙土里及隐蔽的地面上。保护区内数量较多。

黄纹石龙子（*Eumeces capito*）：国家保护的有重要生态、科学、社会价值的陆生野生动物，我国特有种。头体长66~67mm，尾长100~101mm。背面为褐色，腹面为灰褐色，颔部、四肢、尾为灰白色。栖息于海拔700~1100mm的山区、丘陵的石块下及其草丛中。以昆虫为食。保护区内数量较多。

双斑锦蛇（*Elaphe bimaculata*）：国家保护的有重要生态、科学、社会价值的陆生野生动物，我国特有种。头部呈椭圆形，与颈部可分，眼中等大小，瞳孔圆形。背鳞23(25)-25(27)-19行，腹鳞179~204枚，肛鳞2枚，尾下鳞双行，63~72对。身体背面灰褐色，身形黑斑，在颈背形成2条略平行的镶黑边的带状斑。眼后有一黑带到达口角。身体背面中央两侧有黑褐色圆斑纹，多连接成哑铃状。体侧面的斑纹与背部的斑纹交错排列。尾背两侧具暗褐色纵纹。腹面褐色，散布有不规则的半圆形或三角形的黑斑点。在保护区内栖息于丘陵地带，常活动于路边、草丛、乱石堆等环境中，以鼠类及蜥蜴等为食。无毒蛇。保护区内分布较普遍。

中介蝮（*Gloydius intermedius*）：河北省重点保护野生动物，国家保护的有重要生态、科学、社会价值的陆生野生动物，被《中国物种红色名录》列为易危等级。头体长425~605mm，尾长66~105mm。头呈三角形，与颈区分明显。吻棱明显。鼻间鳞外缘尖细；颊鳞2(3)+4(3,5)；上唇鳞7枚或8枚，一般第3枚入眶，第2枚不入颊窝。第3、4枚最大；下唇鳞10或11枚，前4枚切前颔片；背鳞23(25)-23(25)-19(17)行，除最外一行外，均起棱；腹鳞154~167枚；肛鳞完整，尾下鳞双行43~51枚。上颌具1对管状牙，在管状牙后面有预备毒牙，鼻孔与眼之间有颊窝。背面具土黄色或灰白色细横纹，左右有时交错排列，眼后具1条粗大的黑褐色眉纹，上缘镶细白边，头腹面灰白色，体腹面灰黑色。栖息于山区的石隙、灌丛中，分布于海拔850~2200m。以鼠类、蜥蜴及鸟类等为食。每年10月中下旬进入冬眠期，第二年4~5月出蛰。卵胎生。

4.2.3.4 两栖动物资源价值

(1) 生态价值

两栖动物与人类生存发展息息相关，绝大多数属于有益物种，在消灭、防治害虫以及维护生态平衡中具有重大的意义。据调查，中国林蛙主要捕食昆虫，其中多为森林、农牧业害虫，如步甲类、金龟、蝗虫、蚜虫、蚊子等；黑斑蛙胃内昆虫占76%，以直翅目、膜翅目、鞘翅目、双翅目、半翅目等昆虫为主，有益系数为46.9%；中华蟾蜍能捕食大量危害农作物、牧草、森林、建筑木材和有害人体健康的多种有害动物，如椿象、叩头虫、玉米螟、象鼻虫、棉铃虫、小地老虎、蚜虫、谷盗、金龟子、蚁类、黏虫、蛆、蚊以及蜗虫、椎实螺等，以膜翅目、鞘翅目、双翅目、同翅目等有害昆虫为主要食物，其有益系数达90%以上。因此，两栖类在森林、草原及农作物病虫害防治方面起着巨大的作用，对自然生态系统极为有益。

大多数爬行动物是杂食性或肉食性动物，通过大量捕食昆虫及鼠类等而有益于农牧业生产，在生态系统中充当次级消费者的角色。蜥蜴类如麻蜥、石龙子多捕食各种农林害虫，如金龟子、叶螨、吉丁虫、金花虫、跳蝉、蝶类、蛾类、蚂蚁、蚊蝇等。此外，许多爬行动物又是食肉动物和猛禽的食物和能量来源之一，因而对维持陆地生态系统的稳定性以及对自然界的能量流动都具有重要的作用。

(2) 药用价值

保护区分布的两栖爬行类中绝大多数可入药，一些为我国传统的中药材。蟾蜍的全身均可入药，尤以蟾酥最为重要，其味甘、辛，性温，有毒，可解毒消肿、通窍止痛、强心利尿，是多种中成药的主要原料。黑斑蛙的胆汁含有牛磺酸及三羟基粪甾烷酸，有清热解毒之功效，输卵管可治疗身体虚弱、精力不足等病症。蛇类价值更高，蛇肉、蛇胆、蛇蜕、蛇血、蛇骨、蛇卵、蛇粪、蛇油、蛇皮、蛇鞭、蛇内脏、蛇毒都有重要的药用价值。蓝尾石龙子有解毒、散结和行水之功效。

(3) 食用价值

两栖爬行动物的实用价值早已为人所知。两栖类的肉含蛋白质高，有多种人体必需的氨基酸和微量元素，营养丰富。黑斑蛙有"田鸡"之美誉，肉味鲜美如鸡，我国民间广为食用。爬行类也具有独特的实用价值。其中，蛇肉含有脂肪、蛋白质、糖类、钙、铁以及维生素A、维生素B_1等，可与牛肉相媲美。特别是蝮蛇肉，不仅其蛋白质含有全部的人体必需氨基酸，而且还含有能增加脑细胞活力的谷氨酸营养素以及能帮助消除疲劳的天冬氨酸。

4.2.3.5 保护与合理利用

两栖动物是由水生到陆生过渡型的陆栖脊椎动物。爬行动物虽然是真正的陆生脊椎动物，但其新陈代谢水平低，属变温动物，对环境的依赖性较大。两栖爬行动物必须以冬眠的方式来度过寒冬。随着人口的增加、水源枯竭、气候变化以及人类的各种生活和生产活动所带来的环境污染，两栖爬行动物的生存、繁殖已经受到了严重的威胁，其分布范围也在减小，甚至有的种类在一些地区已经消失。因此，应加强对两栖爬行动物的保护。保护两栖爬行动物首先必须严禁滥捕滥猎，其次要保护它们的栖息环境。保护区应大力贯彻国家已经颁布的环境保护和野生动物保护等法律法规，制定具体的保护措施和实施细则。将宣传教育工作作为一项经常性的、长期性的工作，要有周密的计划，定期监督核查。严禁对两栖爬行动物的滥捕滥猎，做到有法必依，执法必严，违法必究。

4.2.4 鱼类

大海陀自然保护区调查到的鱼类有1目2科10种（表4-23）。保护区内的水域主要为位于大海陀管理站所在山谷的溪流和龙潭沟内的溪流。利用网捕法对保护区内水库以外的所有水域进行调查，统计分析栖息在保护区内的鱼类种类组成及其分布情况。龙潭沟沟口处建有一小型水库截断溪流。两条溪流在流出保护区后完全渗入地下，偶有雨水多的年份溪流会延河道继续向下游流淌。调查中，在大海陀和龙潭沟的溪流和水库分别布放4个地笼，捕捉小型鱼类；龙潭沟水库内通过张网捕获体形较大的鱼类。鲤、鲫、草鱼、鲢皆捕获于水库，为水库的早期承包人投放。泥鳅仅在水库中捕获，可能为随其他人工饲养鱼类同时放入。洛氏鱥、棒花鱼和其他鳅类为原生鱼类，其中，洛氏鱥数量最多，占捕获鱼类的绝大多数，鳅类数量较少，棒花鱼仅在大海陀管理站所在山谷溪流发现过，数量很少。此次没有调查到鳙，但周边老百姓称在保护区水域存在这个种类。

表 4-23 大海陀自然保护区鱼类数量和分布

目	科	种	采集地点
鲤形目 Cypriniformes	鲤科 Cyprinidae	鲤 *Cyprinus carpio*	龙潭沟水库
		鲫 *Carassius auratus*	龙潭沟水库
		棒花鱼 *Abbottina rivularis*	大海陀溪流
		草鱼 *Ctenopharyngodon idellus*	龙潭沟水库
		洛氏鱥 *Phoxinus lagowskii*	大海陀溪流、龙潭沟
		鲢 *Hypophthalmichthys molitrix*	龙潭沟水库
		鳙 *Arislichthys nobilis*	龙潭沟水库
	鳅科 Cobitidae	北方条鳅 *Nemachilus nudus*	大海陀溪流、龙潭沟
		北方花鳅 *Cobitis granoci*	大海陀溪流、龙潭沟
		泥鳅 *Misgurnus anguillicaudatus*	龙潭沟水库

第5章 大型真菌

大型真菌又称蕈菌,是指有显著子实体的大型真菌(地下或地上),其子实体肉眼可见,徒手可摘。据估计,全球共有真菌150万种以上,而目前仅知其中的4.6%,约7万种以上,其中,大型真菌约有1万余种。据统计,中国目前已报道的大型真菌有4000多种。大型真菌的种类和数量可以指示生态系统中自然的或人类活动引起的变化,并可以在生态系统的保护、恢复或重建过程中发挥重要作用。大型真菌多样性是地球上极为重要的财富,是生物多样性家庭中不可缺少的重要一员,更是人类赖以生存和发展的重要物质基础。

大型真菌是一个具有重要经济和生态学意义的生物类群。真菌的年产量具有很强的生长季节性和年际变化性。大型真菌,如香菇(*Lentinus edodes*)、木耳(*Auricularia auricula*)、灵芝(*Ganoderma lucidum*)、茯苓(*Poria cocos*)等,多数为食用菌,所含有的蛋白质量比一般水果蔬菜都高,既包括人体所必需的9种氨基酸,还含有多种维生素、核酸和糖类,被称为保健食品。东汉时期的药物学专著《神农本草经》和明代李时珍的《本草纲目》中,就有茯苓、猪苓(*Polyporus umbellatus*)、芝类(*Ganoderma* sp.)、马勃(*Lycoperdon* sp.)、雷丸(*Omphalia lapidescens*)、蝉花(*Ophiocordyceps sobolifera*)、银耳(*Tremella fuciformis*)的记载。

现河北大海陀自然保护区已经成为国家级自然保护区,虽然2002年出版了《河北大海陀自然保护区科学考察集》,但书中并没有介绍保护区内大型真菌的情况。对该保护区大型真菌物种资源的调查和生态分布的研究,可为自然保护区大型真菌的物种组成、群落结构和分布状况方面的研究打下一定基础,对菌类的合理开发利用以及发展本地区经济、保护生态环境具有重要意义。

2017年出版的《河北大海陀自然保护区综合科学考察报告》中采用样线与样地相结合的方法对河北大海陀保护区内的大型真菌进行了调查采样,共设置样方62个,样方面积为20m×20m,样线17条,样线的平均长度3~5km,详细记录了大型真菌的采集地点、数量、所在植物群落类型、攀附基质、海拔、经纬度、坡度、坡向等生态数据,并进行野外生态拍照。将采集的标本进行室内鉴定,广泛查阅分类专著、文献和彩色图谱对标本和照片中的子实体进行鉴定,并确定科、属和种名。最后,根据鉴定结果对大型真菌的经济价值以及物种多样性与海拔、植物群落类型和攀附基质之间的联系进行统计分析。

5.1 大型真菌区系组成及与周边保护区的比较

5.1.1 大型真菌区系组成

在收集样本中,鉴定出大型真菌188种,隶属于26科71属(表5-1)。其中,白蘑科(Tricholomataceae)最多,其属数占总属数的21.13%,种数占总种数的26.60%,远高于其他科。含大型真菌种类10种及以上的科有白蘑科(50种)、牛肝菌科 Boletaceae(17种)、蘑菇科 Agaricaceae(16 种)、红菇科 Russulaceae(16 种)、多孔菌科 Polyporaceae(16 种)、丝膜菌科 Coprinaceae(15 种)和鬼伞科 Coprinaceae(10 种)，这 7 科共含 140 种，占总种数的 74.47%。其他 18 科共含 48 种，占总种数的 25.53%，其中，白蘑科、蘑菇科、红菇科、鬼伞科等是河北省的广布种。由于受调查时间、大型真菌本身形态变化等因素的影响，此调查结果仍不能包括保护区内的全部大型真菌种类，有待以后进一步深入调查补充。

表 5-1 河北大海陀国家级自然保护区大型真菌的组成统计

科名	属		种	
	数量	比例(%)	数量	比例(%)
白蘑科 Tricholomataceae	15	21.13	50	26.60
蜡伞科 Hygrophoraceae	2	2.82	6	3.19
蘑菇科 Agaricaceae	3	4.23	16	8.51
牛肝菌科 Boletaceae	5	7.04	17	9.04
红菇科 Russulaceae	2	2.82	16	8.51
鹅膏菌科 Amanitaceae	2	2.82	7	3.72
光柄菇科 Pluteaceae	1	1.41	2	1.06
球盖菇科 Strophariaceae	1	1.41	1	0.53
鬼伞科 Coprinaceae	4	5.63	10	5.32
丝膜菌科 Cortinariaceae	5	7.04	15	7.98
锈耳科 Crepidotaceae	1	1.41	1	0.53
粉褶菌科 Rhodophyllaceae	4	5.63	6	3.19
粪锈伞科 Bolbitiaceae	1	1.41	1	0.53
铆钉菇科 Gomphidiaceae	1	1.41	1	0.53
卷褶菌科 Paxillaceae	1	1.41	1	0.53
多孔菌科 Polyporaceae	12	16.90	16	8.51
裂褶菌科 Schizophyllaceae	1	1.41	1	0.53
鸡油菌科 Cantharellaceae	1	1.41	2	1.06
齿耳菌科 Steccherinaceae	1	1.41	1	0.53
枝瑚菌科 Ramariaceae	1	1.41	3	1.60
革菌科 Thelephoraceae	1	1.41	2	1.06
韧革菌科 Stereaceae	1	1.41	2	1.06
马勃科 Lycoperdaceae	2	2.82	8	4.26
木耳科 Auriculariales	1	1.41	1	0.53
马鞍菌科 Helvellaceae	1	1.41	1	0.53
盘菌科 Sarcosomataceae	1	1.41	1	0.53
总计	71	100.00	188	100.00

(1) 白蘑科有50种，占保护区大型真菌总种数的26.60%，秋季雨后，尤其在立秋前后大量地产生在草原上，形成"蘑菇圈"，每年雨量充足的8~9月为盛产期。

(2) 牛肝菌科有17种，占保护区大型真菌总种数的9.04%，该科多数大型真菌可食用，子实体单生或群生于立木或倒腐木上，多发生于7~8月。

(3) 蘑菇科有16种，占保护区大型真菌总种数的8.51%，该科大型真菌种类多，分布广泛，大多数可以食用。

(4) 红菇科有16种，占保护区大型真菌总种数的8.51%，该科真菌生在林中地上，很少生在腐木上，通常与高等植物形成菌根，有一些种可供药用，在抑制肿瘤试验方面效果明显。

(5) 多孔菌科有16种，占保护区大型真菌总种数的8.51%，绝大多数种类木生，少数地生，该科大型真菌如茯苓、猪苓、云芝等是常用的中草药，多发生于6~7月。

5.1.2 与周边保护区的比较

在大海陀自然保护区调查中共采集鉴定出大型真菌188种，隶属于26科71属，以白蘑科、蘑菇科、牛肝菌科、红菇科、鬼伞科、丝膜菌科和多孔菌科的大型真菌种类及数量占优势。而与本自然保护区处于同一纬度的北京雾灵山自然保护区（40°34′~40°38′N，117°19′~117°25′E）内有大型真菌31科124种，优势科有白蘑科、红菇科、牛肝菌科、蘑菇科、多孔菌科、鬼伞科等；位置略偏北的北京喇叭沟门自然保护区（40°42′~41°04′N，116°17′~116°42′E）内有大型真菌162种，隶属于75属35科，优势科有多孔菌科、白蘑科、蘑菇科、红菇科、牛肝菌科、鹅膏菌科、鬼伞科等。由此可见，这两个自然保护区内的大型真菌优势科的情况与大海陀自然保护区基本一致，但种数都小于大海陀自然保护区，体现了大海陀自然保护区内大型真菌种的多样性。大海陀自然保护区大型真菌科的总数低于北京喇叭沟门自然保护区和北京雾灵山自然保护区，说明大海陀自然保护区内大型真菌的种类组成较为集中，更适合某些科的大型真菌的生长。

5.2 大型真菌的分布

5.2.1 在植物群落中的分布

植物群落类型不同，其内发生的大型真菌种类也不同。在大海陀自然保护区内，山杨林、白桦林、油松林、榆树林、榛类灌丛以及草坡（地）这6种植物群落内的大型真菌共有147种，占总种数的78.19%，主要是白蘑科、红菇科、马勃科、牛肝菌科、丝膜菌科、枝瑚菌科、鬼伞科的种类（表5-2）。林下腐殖质丰富的区域要多于腐殖质少的区域，样地编号为20130713101和20130713201的两块样地是在原始森林里设置的，这两块样地的大型真菌的种类有17种，相比于其他次生林中的样地，不仅种类多样，数量也大，这也从另一个角度说明了保护原始林的重要性。

另外，草地上尤其是有树荫遮挡的草地上，大型真菌的数量比较多，主要是蜡伞科、马勃科、蘑菇科、牛肝菌科等科的种类，在阳光照射下的草地上分布的大型真菌比较少，或几乎没有。

从各科在不同植物群落类型内的分布来看，白蘑科、红菇科、马勃科、牛肝菌科、丝膜菌科、鬼伞科、枝瑚菌科等在多种植物群落中都有分布，分布的范围比较广。

表 5-2 不同植物群落类型内大型真菌的分布统计

植物群落类型	科数	属数	种数
白桦林	7	13	16
黑桦林	7	9	10
黄桦林	4	7	9
山杨林	8	13	16
油松林	8	11	15
榆树林	9	18	21
蒙古栎林	7	11	13
胡桃楸林	5	10	12
五角枫林	6	9	12
大叶白蜡林	4	4	5
山杏灌丛	4	7	10
溲疏灌丛	5	7	8
胡枝子灌丛	5	6	10
土庄绣线菊灌丛	6	13	14
榛类灌丛	11	17	20
草地	17	39	59
路边	5	5	5

注：部分大型真菌分布于2个或2个以上植物群落类型中。

5.2.2　在攀附基质上的分布

大型真菌的发生对基质水分条件的敏感性很强，它们的种类组成在不同季节、不同气候条件下可能有所不同。根据基质的不同，将大型真菌分为土生菌、木生菌和粪生菌（表5-3），其中，木生菌包括着生于树干和腐木2种类型。

经统计，在大海陀自然保护区内有土生菌125种，其中，外生菌根菌74种，即生于土壤中与树木形成外生菌根的真菌，占总种数的39.36%，如橙黄疣柄牛肝菌 *Leccinum aurantiacum*。据估计，目前在全球范围内能够形成外生菌根的真菌约90个属5000~6000种。以土壤和地表腐殖质为基物的种类，且不包括与树木形成外生菌根的种类，共计51种，占总数的27.13%，此类真菌主要是蜡伞科的种类，如纯白环菇（*Leucoagaricus pudicus*）等。

木生菌共计14种，占总数的7.45%。此类真菌以木材为基础，繁殖生长在立木、倒腐木及树桩上。其中，以树干为基质的有3种，如松生拟层孔菌（*Fomitopsis pinicola*）等。以腐木为基质的有11种，如云芝（*Coriolus versicolor*）、黄多孔菌（*Polyporus elegans*）等。

粪生菌2种，占总数的1.06%。此类真菌适于在牲畜粪上或粪肥充足的沃土上生长，多见于鬼伞科的部分种，如花褶伞(*Panaeolus retirugis*)。

表5-3　不同攀附基质上大型真菌的组成统计

基质	科数	属数	种数
土坡	23	54	125
树干	1	3	3
腐木	5	10	11
粪土	1	1	2
其他	14	28	47

注：部分科、属内的不同种分别着生在不同的基质上。

5.2.3　在海拔上的垂直分布

大型真菌分布除与水分、温度、湿度、土壤、地形、植被以及枯枝落叶等密切相关外，海拔高度的变化差异对大型真菌种类的分布影响极大。本调查以海拔每100m为统计单位，统计分析了保护区海拔800~1999m大型真菌的分布情况(表5-4)。结果发现，在900~1199m的海拔范围内有49科105属169种，占总数的89.9%；此海拔范围内，森林葱郁茂密，树种组成复杂，落叶层较厚，气候温暖湿润，土层厚肥力高，丰富的植物种类可促进林中的大型真菌生长发育。在1200~1699m的海拔范围内有28科46属52种，占总数的27.66%；这个海拔的气候湿润度较高，水热条件明显不如1200m以下，使得大型真菌的种类以及分布发生变化，如卷褶菌科等都未采集到。在1700m以上的海拔范围内，仅采集到4科8属12种大型真菌；由于地势升高，云雾增多，相对湿度偏高，风大且气温低，地上个体较大的种类比例呈明显的下降趋势，如牛肝菌科、红菇科等科的很多种类基本消失。

从大型真菌科的海拔分布来看，白蘑科、蜡伞科和鬼伞科的海拔分布范围比较广，900~1900m海拔范围内几乎均有分布；蘑菇科、牛肝菌科、红菇科、鹅膏菌科、丝膜菌科、枝瑚菌科和马勃科主要分布在900~1600m海拔范围内；光柄菇科、球盖菇科、锈耳科、粉褶菌科、粪锈伞科、铆钉菇科、卷褶菌科、裂褶菌科、鸡油菌科主要分布在900~1100m的海拔范围内(表5-4)。

表5-4　不同海拔段内大型真菌的分布统计

海拔(m)	科数	属数	种数	所包含的科
800~899	1	1	2	马勃科
900~999	17	37	55	白蘑科、多孔菌科、鹅膏菌科、鬼伞科、红菇科、鸡油菌科、卷褶菌科、蜡伞科、裂褶菌科、马勃科、铆钉菇科、蘑菇科、牛肝菌科、盘菌科、丝膜菌科、锈耳科、枝瑚菌科
1000~1099	19	39	59	白蘑科、多孔菌科、鹅膏菌科、粉褶菌科、粪锈伞科、光柄菇科、鬼伞科、红菇科、鸡油菌科、卷褶菌科、蜡伞科、离褶伞科、马勃科、蘑菇科、牛肝菌科、球盖菇科、韧革菌科、丝膜菌科、枝瑚菌科

(续)

海拔(m)	科数	属数	种数	所包含的科
1100~1199	13	29	54	白蘑科、多孔菌科、粉褶菌科、鬼伞科、红菇科、卷褶菌科、马勃科、蘑菇科、木耳科、牛肝菌科、韧革菌科、丝膜菌科、枝瑚菌科
1200~1299	10	20	22	白蘑科、多孔菌科、鹅膏菌科、鬼伞科、红菇科、蜡伞科、马鞍菌科、马勃科、蘑菇科、牛肝菌科
1300-1399	6	10	12	白蘑科、鹅膏菌科、革菌科、鬼伞科、红菇科、牛肝菌科
1400~1499	4	8	9	白蘑科、蘑菇科、丝膜菌科、枝瑚菌科
1500~1599	6	6	7	白蘑科、鬼伞科、红菇科、马勃科、牛肝菌科、丝膜菌科
1600~1699	2	2	2	鹅膏菌科、红菇科
1700~1799	0	0	0	—
1800~1899	0	0	0	—
1900~1999	4	8	12	白蘑科、蜡伞科、光柄菇科、鬼伞科

5.3 大型真菌资源类型组成

5.3.1 大型真菌资源组成

在鉴定出的188种大型真菌中，有食用菌95种，占总种数的50.53%。多数为优良食用菌，如浓香蘑(*Lepista gravelens*)，味道鲜美。有些食用菌要慎食，如灰盖鬼伞(*Coprinus cinereus*)与酒同食会引起中毒。药用菌有49种，占总种数的26.06%。如猪苓(*Grifola umbellata*)为著名中药材，具有利尿、治水肿功效。既可食用又可药用的大型真菌有27种，占总种数的14.36%。如美味牛肝菌(*Boletus edulis*)为著名食用菌之一，且有祛风散寒、舒筋活络之效。毒菌有27种，占总种数的14.36%，如芥黄鹅膏菌(*Amanita subjun-quillea*)有剧毒，短时间内能引起人的死亡。有些毒菌含有毒素，但可作为药材使用，如簇生黄韧伞(*Naematoloma fasciculare*)，虽然有毒但可以抗癌。"其他"类型的大型真菌是指参考书以及资料上标注不建议食用、不宜食用或有毒、可能有毒、食毒不明、未说明等大型真菌种类。详见表5-5。

表5-5 基于经济价值的大型真菌分类统计

类型	科数	属数	种数
食用菌	23	47	95
药用菌	13	30	49
既可食用又可药用菌	12	20	27
毒菌	9	14	27
其他	14	31	44

5.3.2 典型食用菌

(1) 芳香杯伞 (*Clitocybe fragrans*)

子实体小。菌盖直径 2.5~5cm，初期扁平，开伞后中部有凹窝，薄，水浸状，浅黄色，湿润时边缘显出条纹。菌肉白色，很薄，气味明显香。菌褶白色至带白色，直生至延生，薄，较宽，不等长。菌柄细长，同盖色，圆柱形，光滑，长 4~8cm，粗 0.4~0.8cm，基部有细绒毛，内部空心。孢子椭圆或长椭圆形，光滑，无色，[6.5~8(10.2)]μm×[3.5~4(5)]μm。孢子印白色。无囊体。

夏末秋初在林中地上群生或往往丛生。该菌菌体较大，肉肥厚，柄粗壮，食味香甜可口，营养丰富，是一种世界性著名食用菌。据分析，100g 干品中含蛋白质 20.2g，碳水化合物 64.2g，能量 1415kJ，灰分 4.0g，Ca 23mg，P 500mg，Fe 50mg，核黄素 3.68mg。该菌具有清热解烦、养血和中、追风散寒、舒筋活血、补虚提神等功效，又是妇科良药，可治妇女白带症及不孕症。

(2) 粉紫香蘑 (*Lepista personata*)

子实体中等至较大。菌盖直径 5~10(20)cm，半球形至近平展，藕粉色或淡紫粉色，较快褪至污白色或蛋壳色，幼时边缘具絮状物。菌肉白色带紫色，较厚，具明显的淀粉气味。菌褶淡粉紫色，密，弯生，不等长。菌柄柱形，长 4~7cm，有时达 15cm，粗 0.5~3cm，菌柄紫色或淡青紫色，具纵条纹，上部色淡，具白色絮状鳞片，内实质松软，基部稍膨大。孢子印淡肉粉色。孢子无色，椭圆形，具小麻点，(7.5~8.2)μm×(4.2~5.0)μm。

夏秋季在林中地上群生或生长成一条带或蘑菇圈，尤其在内蒙古草原上可形成直径达 20~40m 的蘑菇圈。该菌肉厚，具香气，味鲜美，很好吃，是一种优良食用菌。据记载，与云杉、松、栎形成外生菌根。

(3) 美味牛肝菌 (*Boletus edulis*)

子实体中等至较大。菌盖直径 4~15cm，扁半球形或座状稍平展，黄褐色、土褐色或赤褐色，不黏，光滑，边缘钝。菌肉白色，受伤不变色。初期白色，后呈淡黄色，直生或近弯生，或在菌柄之周围凹陷，管口圆形，每毫米 2~3 个。菌柄长 5~12cm，粗 2~3cm，近圆柱形或基部稍膨大，淡褐色或淡黄褐色，内实，全部有网纹或网纹占菌柄长的 2/3。孢子淡黄色，平滑，近纺锤形或长椭圆形。管侧囊体无色，顶端圆钝或稍尖细。夏秋季于林中地上单生或散生，分布广泛，可食用。属优良野生食用菌，其菌肉厚而细软，味道鲜美。可药用，治腰腿疼痛、手足麻木、筋骨不舒、四肢抽搐。子实体的提取物有肽类或蛋白质，对小白鼠肉瘤 S-180 及艾氏癌的抑制率分别为 100% 和 90%。

5.3.3 典型药用菌

(1) 猪苓 (*Grifola umbellata*)

菌核体呈块状或不规则形状，表面为棕黑色或黑褐色，有许多凸凹不平的瘤状突起及皱纹。内面近白色或淡黄色，干燥后变硬，整个菌核体由多数白色菌交织而成，菌丝中空，直径约 3mm，极细而短。子实体生于菌核上，伞形或伞状半圆形，常多数合生，半木质化，直径 5~15cm 或更大，表面深褐色，有细小鳞片，中部凹陷，有细纹，呈放射状。孔口微细，近圆形；担孢子广卵圆形至卵圆形。主要成分：粗蛋白 7.89%、醚溶性浸出物 0.24%、粗纤维 46.06%；还含有 2-羟基二十四烷酸、麦角甾醇、生物素、糖类、蛋白质等。

猪苓在我国应用历史悠久。早在《庄子》一书中名为"豕零"；《神农本草经》中将其列为中品。《本草经集注》记有："枫树苓，其皮去黑作块似猪尿，故以名之。肉白而实者佳，用之削去黑皮。"《本草衍义》载："猪苓，行水之功灵，久服必损肾气，昏人目。"《本草求真》载："猪苓，凡四苓、五苓等方，并皆用此，性虽有类泽泻，同人膀胱肾经，解热除湿，行窍利水，然水消则脾必燥，水尽则气必走。"

(2) 血红铆钉菇 (*Chroogomphis rutilus*)

东北地区俗称红蘑、松树伞、松蘑等。子实体一般较小，初期钟形或近圆锥形，后平展，中部凸起，浅咖啡色，光滑，湿时黏，干时有光泽。菌肉带红色，干后被紫红色，近菌柄基部带黄色。菌褶延生，稀，青黄包交至紫褐色，不等长。菌柄长 6~10(18)cm，粗 1.5~2.5cm，圆柱形且向下渐细，稍黏。与菌盖色相近基部带黄色，实心，上部往往有易消失的菌环。

血红铆钉菇中含有多元醇，可医治糖尿病；血红铆钉菇内的多糖物质还可抗肉痛。因此，它在健胃、防病、抗癌、治疗糖尿病方面有辅助治疗作用，还有防止过早衰老的功效。血红铆钉菇有很好的抗核辐射作用，据俄罗斯研究发现，血红铆钉菇能在遭受过核污染的地区很好地生长，而其他生物的生存则不那么乐观。经常食用血红柳钉菇，有美颜健肤的功效。中医认为血红铆钉菇有益肠健胃、止痛理气、强身健体等功效。据化学分析，该菌蛋白质、脂肪、各种人体必需的氨基酸都很丰富，还有丰富的维生素 B_1、B_2、C 及 PP。血红铆钉菇具有强身、益肠胃、止痛、理气化痰之功效。

(3) 云芝 (*Coriolus versicolor*)

又名彩云革盖菌、瓦苗、彩纹云芝等。革质至半纤维质，侧生无柄，常覆瓦状叠生，往往左右相连，生于伐桩断面上或倒木上的子实体围成莲座状。菌盖半圆形至贝壳形，(1~6)cm×(1~10)cm，厚 1~3mm；盖面幼时白色，渐变为深色，有密生的细绒毛，长短不等，呈灰、白、褐、蓝、紫、黑等多种颜色，并构成云状的同心环纹；盖缘薄而锐，管口面初期白色，渐变为黄褐色、灰褐色至淡灰黑色。管口圆形至多角形，每毫米间 3~5 个，后期开裂。菌管单层，长 1~2mm。菌肉白色，纤维质，干后纤维质至近革质。孢子圆筒状，稍弯曲，平滑，无色，$(1.5~2)\mu m×(2~5)\mu m$。

子实体内含有抗癌物质。该菌可药用，用于去湿、化痰、疗肺疾。对慢性支气管炎、慢性肝炎等有疗效。云芝可作为肝癌免疫治疗的药物。菌丝体提取的多糖和从发酵液中提取的多糖均具有强烈的抑癌性。对小白鼠肉瘤 S-180 和艾氏瘤的抑制率分别为 80% 和 100%。

5.3.4 典型毒菌

(1) 变黑蜡伞 (*Hygrocybe conica*)

子实体较小。受伤处易变黑色。菌盖初期圆锥形，直径可达 2~6cm，橙红、橙黄或鲜红色,从顶部向四面分散出许多深色条纹,边缘常开裂。菌褶浅黄色。菌柄长 4~12cm,粗 0.5~1.2cm,表面带橙色并有纵条纹。内部变空心。孢子印白色。孢子光滑,稍圆形,带黄色,(10~12)μm×(7.5~8.7)μm。夏秋季在针叶林或阔叶林中地上成群或分散生长。多记载有毒,中毒后潜伏期较长。发病后剧烈吐泻,类似霍乱,甚至因脱水而休克死亡。

(2)毒鹅膏菌(*Amanita phalloides*)

子实体中等大小。菌盖表面光滑,边缘无条纹,菌盖在初期近卵圆形至钟形,开伞后近平展,表面灰褐绿色、烟灰褐色至暗绿灰色,往往有效射状内生条纹。菌肉白色。菌褶白色,离生,稍密,不等长。菌柄白色,细长,D柱形,长 5~18cm,粗 0.6~2cm,表面光滑或稍有纤毛状鳞片及花纹,基部膨大成球形,内部松软至空心。菌托较大而厚,呈苞状,白色。菌环白色,生于菌柄上部。夏秋季在阔叶林中地上单生或群生。该菌有剧毒,其中菌体幼小的毒性更大。该菌含有毒肽和毒伞陆两大类毒素。中毒后潜伏期长达 24h 左右。中毒死亡率高达 50%以上,甚至 100%。该毒菌中毒后必须及时采取以解毒保肝为主的治疗措施。

(3)大毒滑锈伞(*Hebeloma crustuliniforme*)

菌肉白色,厚。菌褶初期白色,后变土黄至褐色,密,弯生,不等长。菌柄圆柱形,近白色,长 5~10cm,粗 0.5~2cm,基部稍膨大,无菌环,菌柄上部有白色粉末,内部松软至空心。孢子印淡锈色。孢子椭圆形,具小麻点或近光滑,内含一油滴,(10.7~12.7)μm×(5.6~7.5)μm。无褶侧囊状体。褶缘囊体圆柱形,无色,(3.2~50)μm×(8~9.2)μm。

秋季在混交林地上成群生长。据记载,含有毒蝇碱及胃肠道刺激物等毒素。中毒后主要产生胃肠炎等症状。食后约半小时发病,处于沉睡,随后因腹痛、腹泻而苏醒,一两天内恢复正常。

第 6 章　旅游资源

河北大海陀国家级自然保护区生态旅游资源丰富，集自然风光、人文景观、革命圣地为一体，保护区以山地地貌为主，主峰大海陀山海拔 2241m。区域内山清水秀，群峰峻峭，气候凉爽，自然景观资源丰富，交通便利。四季景色不同，春季山花烂漫，鸟语花香，蝶飞蜂舞；夏季绿意盎然，云舒雾卷，恍若仙境；秋天硕果累累，秋高气爽，姹紫嫣红，层林尽染；冬季银装素裹，林海雪原，美不胜收。这里是人类回归自然、返璞归真、沐浴自然的场所。大海陀自然保护区生态景观多姿多彩，山林、飞瀑、峡谷等形态各异，可为游人带来多方面的旅游体验。抗日战争时期，大海陀自然保护区以其可攻可守的地理优势成为开辟平北抗日根据地的重要依托。作为平北抗日根据地的大本营，大海陀山区也是爱国主义教育基地。

6.1　自然旅游资源

6.1.1　地文资源

海陀山形成于中生代燕山运动时期，山脉呈西南—东北走向，成为北京与河北的自然分界，海拔 870~2241m，主峰大海陀山海拔 2241m。此外，还有小海陀、三海陀等较高山峰 5 座，区内较大的沟有大东沟、大西沟、打草沟、大对角沟、长春沟、黑龙潭沟、大南沟、水旱洞沟 8 条。

(1) 海陀山主峰：海陀山顶是一个长近 10km、宽 500m、最窄处不过百米的草甸平绥山顶。主峰大海陀位于东经 115°49′14″，北纬 40°34′29″；小海陀在大海陀南侧，海拔 2198m；三海陀在小海陀南侧，海拔 1854m。海陀山群山起伏，林荫茂密，远山绿，近坡翠，百鸟朝凤，浓淡交错，色彩正浓，景色迷人，是野外宿营、观日出、云海的佳地。

(2) 烟熏嵯：烟熏嵯位于龙潭沟的悬崖峭壁上，远望有一片天然的酷似烟熏火燎的痕迹。传说，当年康熙到此私访，在深山老林中迷了路，危难时分，遇到黑龙王指点。这是他们下棋时秉烛照明、烛烟所熏的痕迹。

(3) 九骨咀：沿黑龙潭登山而上，沿途森林景观较为原始，最终可达一个顶峰——九骨咀，这里有约 20hm² 的原始华北落叶松次生林。

6.1.2　水文资源

(1) 娘娘泉：娘娘泉位于大海陀山入口二里半管理站东侧的山崖下，传说是水母娘娘的乳汁所变，水质优良，甘甜清冽，四季长流。经检验，水中含有多种对人体有益的微量元素。

(2) 溪流湿地景观：在自然保护区的打草沟道路西侧形成了一条小溪，溪水旁湿生植物生长茂盛，营造出一派湿地景观，同时这一区域生长有大片的榆树林。另外，从石头堡村水库沿路上山，路旁水声叮咚，视野开阔处经常可见泉水跌落而下，令人倍感舒畅。

（3）水库景观：水库位于自然保护区内的石头堡村村南，周围森林茂密，群山环绕，水中绿树倒影，构成一幅美丽的山水画。

（4）黑龙潭瀑布：黑龙潭位于海陀山东侧，潭水顺山势而下，于山势陡峭的潭池处形成飞瀑，潭水从缺口溢出，流向下一个山坎，岩壁跌宕，飞瀑重现，最终形成黑龙潭三叠飞瀑。

6.1.3 生物资源

保护区海拔高差较大，植被垂直分布明显，形成了本区特有的植物景观。植被的垂直带谱也比较完整，从山顶到山麓依次为亚高山草甸、针叶林、针阔混交林和落叶阔叶林。亚高山草甸分布于海拔2000m以上，主要由多年生杂草构成，包括薹草属、早熟禾属、风毛菊属、马先蒿属、银莲花属、金莲花属，梅花草属等。针叶林分布于海拔1800~2000m地带，主要树种为华北落叶松。针阔混交林分布于海拔1500~1800m，主要由华北落叶松、白桦、红桦、棘皮桦等构成。落叶阔叶林分布于海拔1000~1500m，在海拔1400~1500m地带发育良好，主要由白桦林、山杨林构成，以及少量蒙古栎林、油松林。在1000m以下沟谷地带，还分布有较大面积的榆树林。

保护区共有野生脊椎动物206种，分属哺乳纲、鸟纲、两栖纲、爬行纲和鱼纲25目65科。其中，两栖纲有1目2科2种；爬行纲2目5科16种；鸟纲16目44科150种；哺乳纲5目12科28种；鱼纲1目2科10种。其中，蕨类14科19属27种，裸子植物3科7属10种，被子植物94科423属923种，分别占河北省维管束植物总科数、属数、种数的64.5%、52.2%和35.5%。主要有万亩松林、白桦林、草甸等景观。形成了以天然次生林、山地草甸和针叶林为主的自然生态景观。山杏、山桃、秋子梨、锦带花、暴马丁香、山荆子、稠李、毛丁香、拳蓼、地榆、金莲花等多种有花观赏植物遍布山间，每年从4月开始，各种野生植物便开始浓妆淡抹、争奇斗艳。

保护区共有陆生野生脊椎动物196种，分属哺乳纲、鸟纲、两栖纲和爬行纲23目63科。其中，两栖纲有1目2科2种；爬行纲2目5科16种；鸟纲15目44科150种；哺乳纲5目12科28种。自然保护区分布有国家一级保护野生动物5种，其中，兽类1种，为金钱豹；鸟类4种，即黑鹳、金雕、白肩雕和秃鹫。自然保护区分布有国家二级重点保护野生动物25种，其中，兽类6种，为狼、貉、豹猫、猞猁、狐和斑羚；鸟类19种，包括黑鸢、苍鹰、雀鹰、松雀鹰、白尾鹞、鸳鸯、普通鵟、红隼、红脚隼、燕隼、灰背隼、雕鸮、红角鸮、领角鸮、长耳鸮、纵纹腹小鸮、勺鸡、云雀、北朱雀。昆虫资源丰富。

6.1.4 天文气象景观资源

（1）云雾：大海陀的一大奇观。大海陀海拔高，植被繁茂，区域湿度大，很容易造成水气凝聚，形成云海弥漫山谷，山峦间银浪涛涌，浩瀚无际，瞬息万变，气象万千。云海中山峰浮动，犹如碧海中孤岛，时隐时现，宛如蓬莱仙境。由于大海陀地形复杂多变，秀峰叠峙，危崖突兀，幽壑纵横，云海的变化多姿多彩，云雾在山峦间穿行，上游下跌，环流活跃，漫天的云雾和积雨云随风飘逸，时而上升，时而下坠，时而回旋，时而舒展，构成了一幅幅千变万化奇特的云海大观。登临山顶，人在天上走，云在脚下行，飞云漫铺，群峰浴海，给人以飘飘欲仙之感，令人陶醉。

(2) 雪景/雨景：海陀山每年10月至次年6月，因山前盆地潮湿空气被抬升，山顶气压、气温均低，清晨山顶常出现银白色"雪帽"现象。在水城、延庆、怀柔地区均可远眺"海陀戴雪"奇观。夏季时有骤雨如飞，古称"海陀飞雨"，也是重要景观之一。

(3) 日出/夕阳：凌晨，遥望东方，天空像抹上几笔白色的油彩，继而天边渐红，曙光妆露，丹霞辉映；渐渐地，烟云悄悄隐退，山形树影，时隐时现，天边已是火红一片，彩霞万象，有的像奔驰的骏马，有的像仙女飘荡，有的像玉树琼宫……千姿百态，令人遐想无穷。忽然间，从海天相接处跃出一个红点，继而变成弧形光盘，在冉冉升起中变为半圆。霎时，金光四射，一轮红日喷薄而出，霞光瑞气，照彻天际，山峦、万树沐浴着朝阳的金辉，闪烁异彩，令人眼花缭乱。

6.2 人文旅游资源

6.2.1 历史古迹

(1) 长春沟庙塔群：长春沟分南长春沟和北长春沟两条沟，现存的8座基塔基本完好。北长春沟有宝山寺，如今殿宇已毁，墓塔、碑刻、古松还在，宝山寺未重修。南长春沟有胜海寺，皆始建于明正德年间，直到清末香火未断，胜海寺现已重修。

(2) 黑龙潭庙：位于黑龙潭池外不远的北山脚下，这里古木参天，花草芬芳，清静幽雅。每逢农历五月十三龙王祭祀之日，周围各村百姓都来拜神祈雨，还愿谢恩。1941年5月，该庙宇被日军烧毁。现已重修，取名龙王庙。

(3) 石门寨："大海陀"纪念石以东的山顶上，建有石门寨。背靠群山，面向大道，居高临下，目击四方。相传，寨主为一位有勇有谋、文武双全的巾帼英雄，劫富济贫，称雄一方，深得百姓的爱戴。如今山寨的原貌难以看到，但石寨墙和嵯顶上的台基及柱础、石孔留存了下来，可供后人想象。

(4) 浑元洞：位于石头堡东山之巅，洞深2.5m、宽1.8m、高2m。据传，洞内曾依山凿剔出石佛一尊，佛像神态肃穆，若有所思。明清之际香客如云，佛道昌盛。如今洞外古建已荡然无存，石洞犹在。洞内留存的那个方形石座仿佛在等待着佛主的归来。

6.2.2 红色文化

平北抗日根据地纪念地是为纪念以海陀山区为中心的平北抗日根据地而建的，1989年聂荣臻题"平北抗日根据地纪念地"，段苏权题"大海陀"镌刻于大海陀村东天然巨石上，被赤城县列为爱国主义教育基地。1993年7月，平北抗日根据地纪念地被河北省人民政府公布为省级文物保护单位，是晋察冀边区的一个重要组成部分。

(1) 蔡平洞：这是龙延怀联合县县长蔡平抗战时期的办公之地，1941—1943年蔡县长经常在山洞里睡石板炕，在膝盖上写讲话材料，开会布置工作，一切亲力亲为。蔡县长在开辟平北抗日根据地的战斗中,树立了不朽的业绩,在平北人民心中也享有很高的威望。蔡县长对游击战术的掌握和运用非常娴熟巧妙,经常使用声东击西、调虎离山、将计就计等战术。其中,奇袭双树子、奇袭敌岗楼皆为以少胜多、以弱胜强的成功范例。

(2)平北抗日根据地纪念馆:抗日战争时期,聂荣臻创建了敌后第一个抗日根据地——晋察冀抗日根据地。1945年,聂司令员在张家口指挥了许多重大战役。次年,为粉碎国民党反动派的进攻,他果断决定向大海陀等山区转移。在大海陀村入口处大海陀二里半管理站对面,为了纪念抗日战争时期的革命烈士及人民群众,于2011年4月动工兴建,2012年9月告竣,历时一年零五个月,修建了平北抗日根据地纪念馆,是爱国主义教育基地。

(3)战地医院旧址:海陀山北麓龙潭沟内,原有龙潭庙,抗日战争时期,蔡平同志带领30多名伤员来到黑龙潭庙隐蔽治疗,为战地医院旧址,后来八路军修械所、被服所也都设于此地,因此,黑龙潭庙成为夺取抗日战争胜利的大本营。

6.3 旅游现状及对环境的影响

6.3.1 旅游现状

保护区前身为大海陀国有林场,鉴于该地区自然环境复杂,森林生态系统保存较为完好,1999年7月,经河北省人民政府批准,成立了河北省大海陀省级自然保护区。2003年6月国务院国办发〔2003〕54号文件正式批准晋升为国家级自然保护区。近几年,各级政府也高度重视辖区生态环境的改善,充分认识到大海陀自然保护区森林资源在改善与维护区域生态安全的作用,形成了以发挥大海陀区域森林资源生态作用为主的理念,加强保护区建设管理是区域森林等自然资源生态效益得以发挥的首选。

6.3.2 旅游对自然环境影响

由于区域旅游尚处于开发初期且游客生态环境保护意识较强,加之当地政府注重区域的生态环境建设,使区域的旅游事业对区域内生态环境及动植物栖息地未产生负面影响,未对保护区的自然生态环境造成破坏。

6.3.3 资源管理

今后,要加强对区内生态旅游资源的管理,以科技为支撑,强化资源管理,做到"严格保护,适度开发,科学管理,资源永续利用",使保护区生态旅游走向可持续发展的道路,成为保护自然生态的天然宣教馆。高度重视区域的自然生态价值保护,充分利用区域旅游资源的开发来保护区域的生态环境资源。

第7章 自然保护区及周边社会经济状况

7.1 自然保护区社会经济状况

7.1.1 保护区范围及保护区功能区划

大海陀国家级自然保护区位于河北省张家口市赤城县西南部海陀山的西北麓,距县城50km,南与北京市延庆区为邻,并以海陀山山脊线为界与北京松山国家级自然保护区相接;西邻怀来县;西北与赤城县大海陀乡、北与雕鹗镇、东与后城镇相连。保护区总面积12749.35hm^2,保护区涉及大海陀乡的施家村、大海陀、姜庄子、闫家坪和雕鹗镇的三间房、石头堡、大庙子和纪宁堡村共8个行政村。

7.1.2 保护区功能区划

2013年7月,环境保护部正式发函(环函〔2013〕161号)公布了河北大海陀国家级自然保护区范围,东经115°42′57″~115°57′00″,北纬40°32′14″~40°41′40″,总面积12634hm^2。经2020年6月,国务院办公厅关于调整河北大海陀国家级自然保护区的通知(国办函〔2020〕41号),总面积12749.4hm^2,其中,核心区面积4427.48hm^2,占保护区总面积的34.73%;缓冲区面积3264.58hm^2,占保护区总面积的25.61%;实验区面积5057.34hm^2,占保护区总面积的39.66%。大海陀自然保护区属于森林生态系统和野生动植物类型自然保护区,保护区南与北京市延庆区为邻,并以海陀山山脊线为界,与北京松山国家级自然保护区相接。

根据保护区动植物生态群落及生物资源空间分布,区域珍稀重点保护物种的分布与保护类型,按照有利于保持自然生态系统的完整性、稳定性、自然性及面积适宜性原则,分区分级保护区域物种遗传基因及生物群落类型多样性,为珍稀濒危物种创造良好的栖息与繁衍环境。

7.1.3 自然保护区人口数量与民族组成

保护区所辖8个行政村现有392户803人。区内主要是汉族,也有满族等少数民族。

7.1.4 自然保护区内经济状况

大海陀保护区从1974年开始人工造林,至今已累计造林560hm^2,现有活立木蓄积量98915立方米,森林覆盖率达到93%以上。

保护区内所辖8个行政村,均属革命老区和贫困山区。区内经济不发达,以农业、牧业和种植果树为主,家中青壮年多外出打工。主要农作物是谷子、马铃薯,其次是玉米,经济作物较少。主要收入来自采集药材、野果(如榛子、杏仁等)等,人均年收入 4000 元以上。

7.1.5 交通、通信和电力

保护区内交通条件较差,对外交通有 3 条长共 32.5km 的公路,其中,大海陀管理站至 112 国道长 12.5km,大海陀村至北京松山国家级自然保护区长 10km,石头堡管理站至 353 省道长 10km。保护区内的 8 个行政村主要以乡级道路相连。

大海陀自然保护区位于赤城县西南部,自然保护区管理处位于赤城县县城内,大海陀管理站和石头堡管理站分别距县城约 50km 和 40km,路况较好,交通通畅。位于自然保护区西部的实验区,连接赤城县县城和北京松山自然保护区。另有乡级道路,连接三间房村、石头堡村和纪宁堡村。

保护区内的通信、信息传递设施较完善,无线移动通信网络已覆盖自然保护区的大部分区域,日常通信畅通。

保护区的城乡电网改造工作已经完成,管理处、管理站有电力保障,为保护管理工作和旅游业的发展提供了方便。

7.2 赤城县社会经济概况

赤城县是国家扶贫开发重点县,位于河北省西北部、张家口市东部,东邻承德丰宁和北京怀柔,北靠坝上沽源,西与崇礼、宣化接壤,南与北京延庆和怀来山水相依,总面积 5273km^2,居张家口市第一位、河北省第四位,辖 9 乡 9 镇 440 个行政村 1318 个自然村。
2019 年年底,全县 272 个贫困村全部出列,代表河北省迎接国考并取得"好"的成绩;2020 年 2 月贫困县退出,2021 年获河北省脱贫攻坚先进集体。按照京津冀协同发展战略和"首都两区"功能定位,明确了"首都生态屏障示范带、环京协同发展示范县、国家级旅居康养度假区、京张体育文化旅游带重要服务节点"战略定位,着力建设北京北蔬菜园、后花园、科技园,打造"生态强县、美丽赤城"。

2020 年,全县地区生产总值 65.5 亿元,增长 3.6%;一般公共预算收入 7.5 亿元,增长 10.3%;固定资产投资 28.2 亿元,增长 11.5%;城镇和农村居民人均可支配收入分别达到 33648 元和 13069 元,增长 4.3% 和 9.1%。全县经济平稳向好、有序发展。

7.3 赤城县人口数量与民族组成

截至 2020 年年末,全县户籍总人口 29.3 万,常住人口 19.6 万,其中,城镇人口 10.1 万人、农村人口 9.5 万人。

居民以汉族为主,并有数量很少的蒙古族、回族等少数民族。自然保护区内包含大海陀乡、雕鹗镇等乡镇所辖的 8 个行政村,常住人口 803 人,以汉族人口居多,其中大部分属于农业人口,人口密度 6.3 人/km^2。

7.4 产业结构

赤城县位于燕山山脉西段,地形地貌以山地为主。赤城县农业、畜牧业和林业资源比较丰富。农产品有谷子、玉米、高粱、马铃薯等。山区林牧业较发达。矿产有煤、铁、石棉、铜等。工业有建材、采矿、机械、化肥等。名胜古迹有赤城温泉、重光塔、护国寺等,独石口为长城要隘。全县总面积5273km^2。根据第七次人口普查数据,截至2020年11月1日零时,赤城县常住人口为197919人。赤城县是河北省环首都绿色经济圈14个县(市)之一。赤城县城为河北省省级园林县城。2018年9月25日,获得商务部"2018年电子商务进农村综合示范县"荣誉称号。2020年2月29日,退出贫困县序列,正式脱贫"摘帽"。2021年,获河北省脱贫攻坚先进集体。突出特点是"首都水源地、山水林泉城"。2020年,完成地区生产总值65.5亿元,增长3.6%。2022年,获"省创森林城市"荣誉。全县深入统筹全县项目建设、园区建设、城市建设及新农村建设等工作,实现了全县经济实力逐步提升。

7.4.1 农业发展基础

全县在册耕地共54.49万亩,其中,基本农田48.9万亩,一般农田5.59万亩,另有退耕还林地23.85万亩。已建成高标准农田5.1万亩;设施农业1.8万亩,其中,全季种植日光温室1000亩,春秋大棚1.7万亩。蔬菜产业以生菜、彩椒、架豆等产品为主,发展形成百里露地蔬菜产业带、万亩设施蔬菜产业带,实现了设施蔬菜与露天蔬菜有机融合的良好布局。全县"两品一标"认证产品55个,其中,绿色认证产品30个,有机认证产品23个,国家地理标志产品2个;河北省区域公用品牌2个。2022年全县蔬菜总产量45万吨,总产值12.13亿元。畜牧业肉牛以西门塔尔、佛莱维赫杂交品种为主,良种率达75%;肉羊以小尾寒羊、湖羊杂交品种为主;肉猪良种率达95%以上,2022年生产总值达12.7267亿元。

7.4.2 农业产业发展

近年来,赤城县围绕农业产业现代化发展,实施了一大批项目,促进绿色转型和高质量发展,使全县产业总体向规模化、质量化、绿色化和科技化转型。

(1)建立智慧型农业技术服务平台。在国家数字种植业创新中心帮助下,打造科技扶贫物联网、AIGIS信息采集系统(赤城县农田地块管理系统)、园区设施自动化管理系统三大智慧农业平台,初步实现了技术服务零距离、示范带动零距离、产销对接零距离。

(2)建立1+7乡村振兴科研示范创新驿站。以全国农业科技现代化先行县建设为契机,与包联帮扶赤城县的国家部委机关单位、科研院校等七家单位共建赤城县乡村振兴科研示范创新驿站,共计聘请专家32名,助力支持赤城县乡村振兴,重点围绕县域特色主导产业、乡村治理、乡村建设、科技应用等工作开展科研活动和科技转化。

(3)创建"赤城架豆"区域公用品牌。2022年投入3700万元建设种植大棚架豆基地11个,实行统一标准化种植、统一分户种植模式、统一品牌化运营、统一本地化销售的"四统一"管理模式保障架豆质量，全县架豆种植突破 2.25 万亩，产量 5.56 万吨，产值 3.36 亿元。

(4) 打造以"赤城赤芍"为主的中药材标准化种植基地。以打造中国"赤芍之乡"为重点，与石家庄以岭药业集团有限公司签订战略合作协议，与中国农业科学院蔬菜花卉研究所联合建成赤芍研究所，2022 年投入 2400 万元，实施赤芍标准化种植基地建设项目，包括苗木购置，改建赤芍茶烘干房、鲜切花车间、恒温库等。目前，全县种植药用、观赏用芍药 5000 亩。

7.4.3 农业产业发展方向和措施

在京津冀协调发展规划中，赤城位于北京 1 小时生活经济圈，按照京津冀协同发展战略和首都"水源涵养功能区和生态环境支撑区"定位，赤城县坚持"绿色发展、生态强县"之路，大力发展"农业+"新业态，着力提升农业产业现代化水平，推动一、二、三产业融合发展，打造国家生态经济示范区。

(1) 以智慧农业为支撑点，提高农业现代化水平。充分发挥农业农村部、北京市科学技术委员会、相关高校、科研院所的科技人才资源优势，与农业龙头企业合作创建产业研究院、技术创新中心和企业重点实验室等农业科技创新平台。强化农业科技园区建设，按照新建一批、扩容一批、提升一批的思路，加快推进京赤科技扶贫示范园、赤城县现代农业科技示范园上规模、提档次、创特色、增效益，提高综合承载能力。2023 年，对科技扶贫物联网进行扩容升级，新纳入 7 个日光温室园区和 5 个大棚园区，扩大国家、省、市专家团队的线上指导范围，提升农业园区管理的自动化及智能化水平。实施京赤科技示范园区的改造升级项目，对玻璃温室、日光温室的老旧设备进行改造升级，持续发挥"一站一网一基地"的科技帮扶作用，提升赤城县农业科技现代化水平。

(2) 以精深加工为突破口，提升产业化经营水平。着眼补齐加工短板，引项目、强龙头、建集群、促联合，延伸产业链、提升价值链、拓宽增收链。积极开展农业大招商，按照"一业主导、多元发展"思路，围绕产业链条延伸，引进一批科技含量高、附加值高的好项目，落地一批龙头型、基地型的大项目。2023 年，谋划引进中央厨房项目，在净菜加工、鲜切菜供应上取得突破，充分利用北京市场打开销路，改变赤城多年来毛菜上市的局面，实现蔬菜增值销售。谋划建立新发地赤城县二级批发市场，积极与新发地批发市场联系，争取在赤城县建立集蔬菜交易、中药材交易、水果交易于一体，包含产品分拣、加工、仓储、冷链物流等多种功能的二级批发市场，并联合阿里巴巴等平台拓展线上农产品销售，实现一、二、三产业融合发展，提升农业产业化经营水平。

(3) 以农文旅一体化为切入点，激发乡村振兴潜力。按照"生态、休闲、健康"发展目标，充分发掘农业生态价值、休闲价值、文化价值，促进农业产业由提供物质产品功能向提供精神产品功能和生态功能拓展，构建生产、生活、生态有机结合的功能复合型农业产业。谋划以镇宁堡乡、样田乡为试点，重点发展民宿产业，在夯实基础农业的基础上，发展林下种植、鱼菜共生基地、葡萄种植、观光农业等项目；支持铭悦乡居、绿湍田园等民宿项目，拓展精酿啤酒生产、冰酒生产、葡萄酒生产、特色手作等服务，通过建设洲际滑雪度假胜地，举办马拉松赛事、骑行赛事、国际美食节等活动，探索农文旅一体化发展模式,激发乡村振兴潜力。

(4)以创建国家现代农业产业园为发力点,促进农民持续增收。依托弘基省级现代农业园区主体申报国家现代农业产业园,建立以县委、县政府主要领导负责牵头的国家现代农业产业园创建工作领导小组,加强组织保障,整合各类财政资金加大投入,撬动金融和社会资本积极参与。通过招商引资、扶持本地龙头企业和新型经营主体,培育一批产业关联度高、科技创新能力强、发展势头好的龙头企业,引导组建分工明确、优势互补、风险共担、利益共享的产业化示范联合体,实现抱团发展,形成市场、资本、信息、人才等现代生产要素高度聚集的农业产业园区。进一步完善联农带农惠农机制,通过土地流转、园区用工、合作制、股份制、订单制等多种利益联结模式,使农户能够更多分享二、三产业增值收益,促进农民持续增收。

7.5 赤城县文教、科技与卫生

7.5.1 教育

赤城县连续多年被评为市科技工作先进县,教育工作不断加强。据 2022 年统计数据,全县有公办学校 25 所,其中,高中、职中、特教学校各 1 所,九年一贯制学校 5 所,初中 2 所(二中和三中),县城小学 4 所,乡镇中心小学 13 所(教学点 33 个)。在校学生共计 24373 人,其中,高中 3516 人,职业高中 1215 人,初中 7096 人,小学 12546 人。全县共有教职工 2120 人。民办小学 1 所,在校学生 27 人。公办幼儿园 18 所,在园幼儿 1534 人;民办幼儿园 20 所,在园幼儿 2751 人。

7.5.2 科技

赤城县坚持以科研创新为抓手,以发展产业为根本,推进乡村振兴,通过积极探索"北京研发、赤城转化"模式,累计完成"三品一标"认证产品 37 个、1.36 万亩,赤城赤芍、马营西瓜入选国家地理标志产品,科技扶贫物联网实现园区作物种植全程可视化管理和要素精准化管控;"12396"农业科技服务热线实现"专家到地头"面对面服务;AIGIS 信息采集"赤城云农场"可实现"指尖一键采购"。2021 年 7 月,赤城县入选"全国农业科技现代化先行县"。

依托各部委机关单位、科研院校的技术支撑,结合赤城实际的"1+7"专家工作站互助共建,为赤城开辟了连接一批科研院所、支撑一批科研项目、建设一批科研示范基地、建立一批智慧农业试验区、建成一批技术服务平台、着力培养一批科技创新创业人才和高素质农民队伍、引进提升一批规模化核心龙头企业和新型经营主体、打造一批美丽宜居乡村"八个一批"的新机制、新模式、新路径。以科技赋能乡村振兴,为赤城创新绿色高质量发展按下提质增效"快进键"。

7.5.3 医疗卫生

近几年来,社区医疗卫生事业有了较大发展。卫生事业不断进步,全县有乡级以上医疗卫生机构28个,其中,县级医疗机构2个(县医院、中医院),卫生监督机构1个(县卫生监督所),疾病预防机构1个(县疾病预防控制中心),保健机构1个(县妇幼保健院),县卫生学校1个,中心卫生院7个,一般乡镇卫生院11个,其他卫生院4个。全县有村卫生室(所)375个,个体诊所70个。形成了县、乡、村医疗服务网络,城镇居民参加医疗保险,农村居民参加"新农合",基本上解决了看病难、看病贵问题。卫生防疫部门定期进行监测,各种免疫工作扎实到位。社区人民健康意识、保健意识越来越强,随着生活水平的提高,人民群众健康水平得以不断提高。

7.6 保护区土地资源与利用

大海陀国家级自然保护区土地总面积12749.4hm^2,自然保护区的土地和森林资源由国有和集体两部分组成,其中,国有面积4312.3hm^2,占总面积的33.63%;集体所有面积8437.1hm^2,占总面积的66.37%。集体所有制土地涉及大海陀乡的大海陀村、姜庄子村、施家村、闫家坪村;雕鹗镇的三间房、石头堡、大庙子和纪宁堡村共8个行政村的部分或全部土地,权属界线清楚,无纠纷。

第8章 自然保护区评价

保护区是保护、发展、合理利用和改造自然环境综合体及自然资源整体性的重要基地，建立自然保护区是保护生态环境和物种多样性、拯救和保护濒危物种的生物种源的重要措施。河北大海陀国家级自然保护区属于森林生态系统和野生动植物类型自然保护区。保护区南与北京市延庆区为邻，并以海陀山山脊线为界，与北京松山国家级自然保护区相接。

8.1 区域资源动态评价

根据《中华人民共和国自然保护区条例》和自然保护区评价指标，借鉴其他自然保护区的经验，选择多样性、典型性、脆弱性、稀有性、自然性、面积适宜性等指标对保护区进行评价。

8.1.1 生物多样性评价

生物多样性包括物种多样性、生物群落类型多样性和生境类型多样性等。生物多样性指标是自然保护区的重要属性之一，也是保护区保护的主要目标。生物多样性指标主要取决于立地条件的多样性以及植被发生的历史因素。自然保护区不仅具有生物物种多样性，更具有生物群落和生态类型多样性。

(1) 物种多样性

保护区有野生维管束植物111科449属960种（含种下等级，下同）。其中，蕨类14科19属27种，裸子植物3科7属10种，被子植物94科423属923种，分别占河北省维管束植物总科数、属数、种数的64.5%、52.2%和35.5%。保护区有资源植物543余种，这些野生植物，按其已知的经济用途可分为11个大类：用材树种60种，纤维植物89种，油脂植物84种，鞣料植物48种，淀粉植物23种，芳香油植物25种，野菜植物35种，野果植物37种，有毒植物94种，药用植物403种，蜜源植物23种。其中，有3种以上用途的植物达64种。根据2021年9月7日由国家林业和草原局和农业农村部共同组织制定、国务院批准公布的《国家重点保护野生植物名录》，保护区内有国家二级保护野生植物8种，其中包括黄檗、紫椴、野大豆、大花杓兰、紫点杓兰、山西杓兰、手参和软枣猕猴桃，另外还有脱皮榆、党参、柴胡、毛丁香、五味子、白头翁等具有一定保护价值的植物资源。

保护区共有野生脊椎动物206种，分属哺乳纲、鸟纲、两栖纲、爬行纲和鱼纲25目65科。其中，两栖纲有1目2科2种；爬行纲2目5科16种；鸟纲16目44科150种；哺乳纲5目12科28种；鱼纲1目2科10种。自然保护区分布有国家一级保护野生动物5种，其中，兽类1种，为金钱豹；鸟类4种，即黑鹳、金雕、白肩雕和秃鹫。自然保护区分布有国家二级保护野生动物25种，其中，兽类6种，为狼、貉、豹猫、猞猁、狐和斑羚；鸟类19种，包括黑鸢、苍鹰、雀鹰、松雀鹰、白尾鹞、鸳鸯、普通鵟、红隼、红脚隼、燕隼、灰背隼、雕鸮、红角鸮、领角鸮、长耳鸮、纵纹腹小鸮、勺鸡、云雀、北朱雀，占动物总种数的14.42%；属于河北省重点保护动物有40种，占总种数的19.23%。被列入《濒危野生动植物种国际公约》(CITES)附录Ⅱ中禁止贸易和限制贸易的野生动物有23种。分布在保护区的许多动物都具有药用价值、食用价值、观赏价值和工艺价值等经济价值和生态价值，对维护区域的生态平衡具有重要的意义。

(2) 植被类型多样性

植被类型多样性是生态系统多样性的基础和表现，河北大海陀国家级自然保护区的植被类型、区系成分比较复杂，植被类型多样。以海拔高差来看，保护区从上到下分布有亚高山草甸、灌草丛、灌丛、针叶林、落叶阔叶林等5个植被类型，包括27个群系，其中阔叶林、针阔混交林、针叶林、灌丛等北温带区域的地带性植被在本区具有典型的代表性，是燕山山地具有典型代表性的地段。

保护区的多样性的植被类型与植物群落形成了保护区稳定的复杂生态系统。

(3) 动物群落类型多样性

动物群落是生态系统的重要组成部分，它们通过捕食和被捕食的关系形成了各种食物链和食物网，将生态系统有机地组织起来，促进了生态系统代谢功能的正常进行。

保护区处于东部季风区耐湿动物群和蒙新高原区耐旱动物群的交界地带，以温带森林、森林草原、农田动物群和山地动物群为主。其生态地理群主要有华北温湿型(如花鼠、岩松鼠和黑线姬鼠等)、东北寒湿型(如刺猬等)、季风区广适型(如狼、金钱豹、豹猫、猪獾等)。由于海拔的影响，保护区动物群落类型又可划分为亚高山草甸动物类群、灌丛动物类群、山地森林动物类群(包括针叶林动物类群、针阔混交林动物群、落叶阔叶林动物类群)和农田动物类群。

(4) 生境类型多样性

自然保护区地貌多样，中山、低山、丘陵、峡谷、陡崖与河流阶地并存，森林、灌丛、草丛与草甸等多种生态系统交错分布，奠定了生态环境类型的多样性。

8.1.2 典型性评价

(1) 典型的冀北山地森林生态类型

保护区地处冀北燕山山地西段，由于区内人为活动较少，交通不发达，还保留有较为原始的森林生态系统。从山巅到山脚有着不同类型森林植被生态群落，其类型具有多样性、复杂性和典型代表性，成为燕山山地中段自然生态类型的典型代表。

(2) 典型的山地森林动物群落

保护区内多样的森林群落环境为野生动物的栖息与繁殖提供了良好的栖息地。啮齿类动物、食肉类动物、食草类动物、山地森林鸟类以及两栖爬行类动物一起构成了保护区的动物群落。随着海拔的变化从上到下依次分布有以小型鼠类、食草的狍子、斑羚和鸡、莺类等鸟类为主的亚高山草甸动物群、针叶林动物群、针阔混交林动物群、落叶阔叶林动物群以及农田动物群和灌丛动物群(主要有噪鹛等雀形目鸟类，花鼠和岩松鼠等鼠类以及狍子等偶蹄目动物），形成了本区较为完整的典型山地森林动物群落。

8.1.3 脆弱生态系统的保护价值

生态系统的脆弱性是生态环境抵御外界干扰能力的表现，它反映了生境、群落和物种对环境改变的敏感程度。保护区的自然生态系统具有多样性、典型性和独特性，同时也具有很大的脆弱性。

经过几十年来的保护、经营和管理，森林植被得到了一定的恢复，天然次生林生态系统已经基本形成，生态环境得到明显改善。保护区的自然地理条件和气候条件，对涵养潮白河流域上游水源，维持北京水源稳定供给具有十分重要的意义。丰富多样的生物群落自身修复能力差，区域生态系统自身调节能力低，稳定的生态系统一旦遭到破坏，将导致保护区生态环境失调，甚至对保护区周边生态环境造成极大的影响。

区域各种生物群落和生态环境等有机组合在一起，互相关联、互相影响形成了特有的生态系统。每一物种都起着不可替代的作用。森林的破坏，导致地表植被的减少和消失，加大了降雨对地表的侵蚀，形成水土流失，造成土壤肥力下降，存在荒漠化和石漠化的潜在危险；森林质量的退化将在很大程度上导致水源涵养能力的下降，容易威胁区域水源安全。同时，森林的破坏也使野生动物失去了赖以生存的栖息地，破坏了食物链和食物网，最终导致生态系统的失调。从自然和社会的角度看，保护区处于一个相对脆弱和敏感的生态区域，实施保护措施，对支撑区域生态、经济、社会可持续发展具有重要的战略意义。

8.1.4 稀有性和特有性评价

（1）生物物种的稀有性

保护区植物组成中属国家二级保护野生植物8种，其中包括黄檗、紫椴、野大豆、大花杓兰、紫点杓兰、山西杓兰、手参和软枣猕猴桃。分布于区域内的野生动物中有国家保护动物30种（其中，国家一级5种，国家二级25种），占保护区陆生脊椎动物的14.6%。国家保护的有重要生态、科学、社会价值的陆生野生动物有109种，占总种数的52.9%。

（2）特有性和分布的稀有性

自然保护区分布有植物111科449属960种，其中，属于中国特有分布的有9属9种，即蕨类植物中的中华卷柏和银粉背蕨，种子植物中的虎榛子、翼蓼、独根草、星毛芥、地构叶、蚂蚱腿子和知母，说明该地区有一定的特有植物，但数量不多。

保护区内零星分布有一定数量的古近纪和新近纪古热带植物区系的孑遗植物——黄檗，国家珍稀濒危重点保护植物——紫椴，使大海陀成为这些稀有植物的主要分布区，具有较高的保护价值。

8.1.5 面积适宜性评价

保护区总面积12749.4 hm^2，有维管束植物960种，其中，蕨类植物有27种，种子植物有933种；野生脊椎动物206种，包括兽类28种，鸟类150种，爬行类16种，两栖类2种，鱼类10种；另有昆虫440种。保护区面积满足了物种特别是对于有活动领域要求的猫科及犬科兽类栖息与生存繁衍所需的最小面积，体现了保护面积适宜性。

此外，面积适宜性还表现在以下几个方面。

（1）保护区包含了燕山西段大部分森林、灌丛和草甸等植被群系及不同生态类型的自然综合体；同时，保护了区域内具有重要保护价值的野生动植物资源及栖息地。

（2）保护区包含了区域内具有重要保护价值的人文景观和自然景观。

（3）包含了区域内赤城河水系的重要支流，能够起到保持水土流失、涵养水源的作用，是赤城县的重要补水区。

（4）能够充分反映区域自然环境与生态系统的特点，有效地保护区域内自然生态环境，维持区域生态系统平衡。

（5）土地为国有和集体所有，不涉及当地群众的利益，便于保护管理。

8.1.6 历史文化价值

保护区历史古迹有黑龙潭庙、长春沟庙塔群、石门寨、浑元洞，具有较高的考古研究价值。平北抗日根据地纪念馆、蔡平洞、战地医院旧址等是体现红色文化的很好素材，平北抗日根据地纪念地被河北省人民政府公布为省级文化保护单位。

8.1.7 生态效益和科研价值

保护区的实验区是受人为活动影响较多的区域。目前，通过人为措施和半自然演替使其逐步恢复昔日的生态景观，为当地生态安全奠定基础。保护区位于燕山西段，对京津森林起到涵养水源、防风固沙、保持水土的作用，对周边城市的发展起到绿色生态屏障的作用，因此，保护区具有重大的保护价值。近年对区域的森林资源加强管护，在保护区的努力和各级林业部门的支持下，使得区域内的生态环境、生物资源及自然资源得到很好的保护，为保护区的建立保存了丰富的本底资源，提高了保护区的保护价值。

丰富的动植物资源为研究区域生态群落演替变化和人为活动对自然生态环境的影响提供了科研素材；保护区处于陆地生物多样性关键区域之一的冀北山地的范围内，该地区是研究温带暖温带落叶阔叶林地带，是进行自然保护科研的重要基地，具有多学科、综合性的研究价值。

第9章 自然保护区管理

9.1 机构设置

9.1.1 管理机构设置

河北大海陀国家级自然保护区管理处是保护区的管理机构，为独立法人单位，隶属于张家口市林业和草原局，正处级的事业单位，经费形式为财政性资金基本保证，为公益一类事业单位，编制41名。管理处内设7个机构，其中，正科级科室5个，分别为资源管理科、发展经营科、计划财务科、环境监测科和办公室；副科级管理站2个，分别为大海陀管理站和石头堡管理站。比较完善的管理机构，构成了有效的保护管理体系，各职能部门在管理处的统一领导下，协调一致、密切配合，满足保护区保护、建设、科研等工作的需要。

9.1.2 自然保护区历史沿革

海陀山区域自古以来以森林茂密而著称，逐渐演化成以华北落叶松为主的天然次生林区。新中国成立后，1952年始在此建立林场，称大海陀林管会，1954年改为大海陀森林经营所，1958年改称大海陀国有林场，隶属于坝下林管局，1981—1998年划归赤城县人民政府代管，业务属县林业局主管。1999年7月，河北省人民政府批准成立了大海陀省级自然保护区，2003年6月由国务院正式批准建立国家级自然保护区，由赤城县人民政府管辖。自建立国家级自然保护区以来，当地政府部门首先组建了自然保护区管理机构，加大了对保护区的自然资源和生态资源的保护和管理力度，同时加强了保护区的基础设施建设，在自然保护区资源和生态保护方面取得了较大的成绩。2008年2月，河北省人民政府对保护区的组织机构和隶属关系进行了进一步明确，确认保护区管理处由副处级升为正处级，现隶属张家口市林业和草原局管理。

今后，大海陀保护区将不断加大管护力度，加强森林防火工作，加强造林和营林工作，为全县的防风固沙、水源涵养和生态环境保护发挥应有的作用，为张家口市生态文明建设而继续努力。

9.1.3 管理队伍

目前，管理处现有在职工作人员38人，其中，书记1人，主任1人，副主任2人，其他管理人员8人，管理岗位人员共计12人；高级职称4人，中级职称6人，助工3人，专职人员共计13人；技师2人，其他11人，工勤人员共计13人。管理处负责保护、管理、宣教、科研等各项工作。其主要任务是贯彻执行国家和地方有关保护区的法律法规及方针政策，加强对保护区内的自然环境和自然资源的保护管理，大力恢复植被，加强对保护区群众的宣传科普教育，维护自然生态系统的协调和稳定，确保生态环境的安全，保护、恢复和繁育珍稀野生动植物，探索自然演替规律和可持续发展途径。

9.2 保护管理

9.2.1 保护管理原则

（1）全面保护原则

对保护区内整个自然环境资源、生物资源实行全面的封育保护。保护区内一切工程设施均不能破坏自然景观和保护对象的生长栖息地，进入保护区从事一切活动，均要遵循自然保护区的有关规定。

（2）分区实施原则

核心区作为绝对保护区，均保持其自然状态，禁止一切人为干扰。缓冲区可在适当区域开展定位监测等研究和保护活动；实验区根据自然条件，有组织、有目的地开展科学实验、教学实习、参观考察活动，但必须以不破坏自然景观、不影响资源保护为前提。

（3）专群结合原则

自然保护区内部必须设置专门的机构、专业的保护队伍进行保护，建立广泛的群众基础。建立联防组织，处理和协调有关保护事宜，充分调动群众参与保护的积极性。

9.2.2 保护管理目标

最大限度地保护森林生态环境的安全，使森林生态系统和保护区内动植物资源不再遭到新的破坏，保护生物物种的遗传多样性，保证野生动物资源的持续发展、永续利用。探索合理利用自然资源和自然环境途径，促进生物圈进入良性循环与自然演替，达到人与自然的共生、和谐。

9.2.3 保护管理措施

对自然保护区的保护管理是一项综合性的系统工程，保护措施采用法律、行政、技术、工程相结合的办法，使保护区走向综合化、系统化、科学化、法治化的管理轨道，建立管理处—管理站—管护点3级管理体制，并设置检查站、监测站、瞭望塔、防火指挥中心、治安派出所等，形成多层次、全方位、完整的保护管理体系。

（1）完善保护制度，健全保护机构

保护区根据有关法律法规制定符合实际情况的制度、办法、规定等，建立完善的保护管理制度，实行目标管理，落实保护管理责任制，实现资源保护。

（2）组织保护队伍，加强现场保护管理工作

保护区下设2个管理站，管理站每站配2~3名专职管理人员。对于保护区的重点区域，在关键部位设置检查站，每站配备2~3名管理人员，依法对出入保护区的人员施行严格检查，严禁携带枪支、易燃品及其他危险品进入保护区，保障区内野生动植物资源的

安全。加强保护区现场巡查,严格落实好巡护制度,充分运用远程监控技术和现场巡查相结合的方式,提高发现和解决问题的应急反应能力。

(3)巩固完善合作机制,加强联防联动

进一步巩固完善合作机制,密切与北京市松山国家级自然保护区及周边乡(镇)政府、公安等执法部门的沟通联系,齐抓共管,联合打击保护区内的违法违规活动。

(4)制定保护区管理措施,加强分区管理

按不同功能区制定各自的保护管理、科学研究和开发利用的具体办法,落实以责任制为中心的各项管理制度。

(5)加强护林防火基础工作

高度重视森林防火,按照防火工作预案积极开展工作,并且在重要防火期,全员24小时始终坚守在保护区现场一线,确保保护区绝对安全。积极开展春季和秋冬季节森林防火宣传活动,严格落实各项森林草原火灾防控措施。利用野外防火视频监控系统,提高森林草原火灾应急处置能力。加强专业消防队建设,强化备勤、学习、训练,提升实战能力,加强森林防灭火基础设施建设。

9.3 科研监测

保护区丰富的物种资源和完整的生态系统使其成为自然博物馆、物种基因库、天然实验室;另外,相对脆弱的生态环境,分布不均的植被盖度,岌岌可危的生态安全使其成为科研和科研成果转化的生产活动场所。要把这些有利条件和不利因素作为重点进行研究和监测,以保护野生动植物资源为宗旨,挽救濒临灭绝的物种,监测人为活动对自然环境的影响,研究保持人类生存环境的条件和本身的自然演替规律。保持自然生态系统的动态平衡与良性循环,促进物种与资源的持续发展和永续利用,探索保护管理和合理利用各类资源的科学方法。在保护好原有生物基因的基础上遵循自然规律,通过科学实验,不断繁衍扩大珍稀生物种群,并紧紧围绕保护和发展展开科研监测工作,突出实用和实效,使自然保护和经济发展相协调,实现可持续发展。

9.3.1 科研监测原则

自然保护是一项综合性工作,它不仅需要进行自然科学系统内的多学科研究,而且要求自然科学与社会科学专家、学者、教授和有较强科研实力的科研单位人员与保护区紧密结合,共同进行研究。

(1)积极谋求合作

依靠大中专院校和科研单位,采用独立、合作、聘请专家顾问做学术指导或利用国内外民间组织或国际性援助项目等多种形式,加强学术交流,进行科研项目攻关合作,实现优势互补,成果共享,共同开展科学研究。

(2)提高科研水平

以提高科研能力为重点,改善科研条件,充实科研队伍提高科研人员素质,促进科研水平提高。

(3) 确定科研课题

紧紧围绕保护与发展的需要，有针对性地对重点课题进行深入研究，及时总结、推广、应用科研成果，为管理、保护、开发和资源持续利用服务。主要科研项目如下。

①森林生态系统发展变化研究：采取固定监测样地定位观测，研究森林系统在无人为干扰下的自然变化规律。

②植物群落的变化研究：采用固定观测，研究植物群在无人为干扰情况下的自然演替规律。

③贫瘠山地、植被恢复的研究：采用 TM 卫星影像图与全球定位系统（GPS）等手段，结合地面调查从宏观上研究植被变化规律。

④森林和野生动植物的动态变化研究。

⑤生物多样性保护研究、人类干扰活动对植被结构变化的影响研究。

⑥经济状况动态发展和可持续发展的研究：包括野生动物的种群数量；野生动物生境研究；野生动物的管理模式；遥感技术在野生动物数量调查中的应用技术。

(4) 确定不同阶段的科研重点

科研以近期为主，重点研究野生动植物保护、繁育等方面亟待解决的问题；监测以中长期为主，重点放在气象、物候、水文、森林生态系统等长期的动态变化研究上。

9.3.2 科研监测内容

(1) 资源本底调查

资源本底调查是保护区开展保护管理的基础，只有摸清本底资源才能因地制宜采取保护管理对策。因此，保护区将组织各方面的专家、学者再进行一次全面的自然资源、生态环境、社会经济等常规和专项的本底调查，为科学、合理、有效地保护管理保护区各类自然资源奠定良好的基础。考察完成后，编辑出版自然保护区科学考察集，以扩大影响，加大宣传，加强交流。

(2) 生态环境监测

采用遥感资料判读和设置样地调查相结合的方法对森林生态系统的结构、功能、空间分布、优势树种等的数量与动态变化进行监测，通过监测掌握了解生物物种在自然状态下演替和繁衍的规律，掌握了解自然灾害、人为活动对生态环境的影响，评价保护措施的成效。

(3) 野生动物监测

监测野生保护动物是保护管理工作的重要内容。对野生动物的监测，运用样线法和野外巡护、红外线相机布设相结合的方法，每年对野生动物的分布、数量、种群结构进行数据收集，并进行分析。通过监测，可以了解保护区野生动物的分布及其变化规律，掌握重点保护野生动物的种群变化趋势，为科学、客观评价保护区生物资源保护成效提供量化指标，为制定保护管理措施提供科学依据。

(4) 珍稀植物监测

珍稀野生植物是保护区的重点保护对象，保护好这些植物是保护区的重要任务。对珍稀野生植物进行监测，运用样线调查法或样方调查法获得珍稀植物个体分布的相关资料。

通过监测,可以了解珍稀野生植物的分布、种群变化趋势以及人类活动对其产生的影响,评价保护管理工作是否有效地保护了这些珍稀野生植物。

(5)防火监测系统

推进林火立体监测,加强生态环境监测系统建设,推行防火防隔带建设以及持续加强联防联动工作等措施。全天候不间断监测火情,不定时对各管理区进行督导检查,及时排除火灾隐患。

(6)经营活动对环境影响监测

保护区的生产经营活动会对自然资源和自然环境产生影响,制定资源管理计划可以减轻对自然资源的压力,通过监测,评价工作成效。

9.3.3 科研队伍建设

(1)稳定科研队伍

保护区将采取派出去和请进来的方法,培训各类专业技术人才,在提高业务素质和科研水平的同时稳定现有科研队伍,减少科研人员的流动,引进有经验的中、高级科研人才,建立一支稳定的专业科研队伍。

(2)提高人员素质

保护区要在稳定科研队伍的前提下,下大力加强对科研人员的培训,提高政治业务素质,增强事业心与责任感;制定培训规划,培养骨干力量和学科带头人;采取激励机制,鼓励自学深造,树立优良学风,倡导刻苦钻研精神;加强科研横向联系,与专家、教授、学者和科研院所、大中专院校进行合作,主动与有关科研机构和个人建立广泛的协作关系。

9.3.4 存在的主要问题

(1)保护区地处偏远山区,地形复杂、覆盖面积大,资源监测、防火和安全保护任务重、管护压力大,需要提高保护区数字化建设,逐步实现保护区的信息化、智能化管理。

(2)森林防火基础设施薄弱,部分仪器设备陈旧,风险监测主要使用的仪器配置不足。

(3)防灭火队伍的装备、配备参差不齐。

(4)管理站人员编制相对不足,一线管护人员短缺,信息化专业人员不足。

参考文献

宋朝枢，蒋瑞海．河北大海陀自然保护区科学考察集[M]．北京：中国林业出版社，2002．

刘鹏．河北大海陀国家级自然保护区生态旅游开发研究[D]．石家庄：河北师范大学，2009．

余琦殷，于梦凡，宋超，等．河北大海陀自然保护区植物区系及其与相邻保护区的关系[J]．西北植物学报．2014，34(6)：1269-1275．

宋超．河北大海陀自然保护区山地草甸植被变化及影响因素研究[D]．北京：北京林业大学，2016．

武占军，宋超，林田苗，等．河北大海陀自然保护区大型真菌资源及生态分布[J]．中国食用菌．2017，36(4)：8-14．

宋超，余琦殷，邢韶华，等．近30年河北大海陀自然保护区山地草甸植被(NDVI)变化及其对气候的响应[J]．生态学报，2018，38(7)：2547-2556．

武占军，王楠．河北大海陀国家级自然保护区常见野生动植物图谱[M]．北京：中国林业出版社，2019．

武占军，王楠．河北大海陀自然保护区综合科学考察报告[M]．北京：中国林业出版社，2019．

吴跃峰，赵建成，刘宝忠．河北辽河源自然保护区综合科学考察与生物多样性研究[M]．北京：科学出版社，2007．

邢邵华，武占军，王楠．河北大海陀自然保护区综合科学考察报告[M]．北京：中国林业出版社，2017．

张国胜，杨丽．河北青龙都山省级自然保护区科学考察报告[M]．北京：中国林业出版社，2013．

附录1 河北大海陀国家级自然保护区野生维管束植物名录

序号	科名	属名	种名	生活型	生境	备注
1	卷柏科 Selaginellaceae	卷柏属 Selaginella	蔓出卷柏 Selaginella davidii Franch.	多年生草本	中生	
2			中华卷柏 Selaginella sinensis (Desv.) Spr.	多年生草本	中生	
3	木贼科 Equisetaceae	木贼属 Equisetum	节节草 Equisetum ramosissiniun Desf.	多年生草本	中生	
4			问荆 Equisetum aruense L.	多年生草本	旱中生	
5	碗蕨科 Dennstaedtiaceae	碗蕨属 Dennstaedtia	溪洞碗蕨 Dennstaedtia wilfordii (Moore) Christ	多年生草本	湿中生	
6	凤尾蕨科 Pteridaceae	蕨属 Pteridium	蕨 Pteridium aquilinum var. latiusculum (Desv.) Underw. ex Heller	一年生草本	中生	
7	中国蕨科 Sinopteridaceae	粉背蕨属 Aleuritopteris	银粉背蕨 Aleuritopteris argentea (Gmel.) Fee	一年生草本	旱生	
8	裸子蕨科 Hemiontidaceae	金毛裸蕨属 Gymnopteris	耳叶金毛裸蕨 Gymnopteris bipinnata Christ var. auriculata (Franch.) Ching	一年生草本	中生	
9	蹄盖蕨科 Athyriaceae	冷蕨属 Cyslopteris	冷蕨 Cyslopteris fragilis (L.) Bemh.	多年生草本	湿中生	资料
10		蹄盖蕨属 Athyrium	多齿蹄盖蕨 Athyrium multidentatum (Doll.) Ching	多年生草本	中生	资料
11			麦秆蹄盖蕨 Athyriun fallaciosum Milde	多年生草本	中生	
12			中华蹄盖蕨 Athyrium sinense Rupr.	多年生草本	中生	
13		羽节蕨属 Gyinnocarpium	羽节蕨 Gyinnocarpium disjunctum (Rupr.) Ching	多年生草本	湿中生	资料
14	金星蕨科 Thelypteridaceae	沼泽蕨属 Thelypteris	沼泽蕨 Thelypleris palustris (Salisb.) Schott	多年生草本	湿中生	资料
15	铁角蕨科 Aspleniaceae	过山蕨属 Camptosorus	过山蕨 Camptosorus sibiricus Rupr.	多年生草本	湿中生	资料
16		铁角蕨属 Asplenium	北京铁角蕨 Asplenium pekinense Hance	多年生草本	旱中生	资料
17			华中铁角蕨 Asplenium sarelii Hook.	多年生草本	旱中生	
18	球子蕨科 Onocleaceae	荚果蕨属 Matteuccia	荚果蕨 Matteuccia struthiopteis (L.) Todaro	一年生草本	湿中生	
19	岩蕨科 Woodsiaceae	岩蕨属 Woodsia	耳羽岩蕨 Woodsia polystichoides Eaton	一年生草本	旱中生	
20			密毛岩蕨 Woodsia rosthornii Diels.	多年生草本	湿中生	资料
21			岩蕨 Woodsia ilvensis (L.) R. Br.	多年生草本	湿中生	资料
22	鳞毛蕨科 Dryopleridaceae	耳蕨属 Polystichum	鞭叶耳蕨 Polystichum craspedosorum (Maxim.) Diels	多年生草本	湿中生	
23		鳞蕨属 Dryopleris	华北鳞毛蕨 Dryopteria laeta (Kom.) C. Chr.	多年生草本	中生	

(续)

序号	科名	属名	种名	生活型	生境	备注
24	水龙骨科 Polypodiaceae	石韦属 *Pyrrosia*	北京石韦 *Pyrrosia davidii* (Gies.) Ching.	多年生草本	中生	
25			有柄石韦 *Pyrrosia petiolosa* (Christ) Ching.	一年生草本	旱中生	
26		瓦韦属 *Lepisorus*	乌苏里瓦韦 *Lepisorus ussuriensis* (Reg.et Maack) Ching	多年生草本	旱生	
27	苹科 Marsileaceae	苹属 *Marsilea*	苹 *Marsilea quadrifolia* L.	多年生草本	水生	
28	松科 Pinaceae	落叶松属 *Larix*	华北落叶松 *Larix principis-rupprechil* Mayr.	乔木	湿中生	栽*
29		松属 *Pinus*	油松 *Pinus tabulaeformis* Carr.	乔木	中生	栽*
30		云杉属 *Picea*	青杆 *Picea wihonii* Mast.	常绿乔木	中生	栽
31			白杆 *Picea meyeri* Relid. et Wils.	常绿乔木	中生	栽
32			红皮云杉 *Picea koraiensis* Nakai	常绿乔木	中生	栽
33	柏科 Cupressaceae	侧柏属 *Platycladus*	侧柏 *Platycladus orientalis* (L.) Franco	乔木	旱生	栽*
34		圆柏属 *Sabina*	圆柏 *Sabina chinensis* (L.) Ant.	常绿乔木	中生	栽
35		刺柏属 *Juniperus*	杜松 *Junipers rigida* Sieb. et Zucc.	常绿乔木	旱生	栽
36	麻黄科 Ephedraceae	麻黄属 *Ephedra*	草麻黄 *Ephedra sinica* Stapf.	草本状灌木	旱生	资料
37			木贼麻黄 *Ephedra equisetina* Bge.	直立灌木	旱生	资料
38	金粟兰科 Chloranthaceae	金粟兰属 *Chloranthus*	银线草 *Chloranthus japonicus* Sieb.	多年生草本	湿中生	
39	杨柳科 Salicaceae	柳属 *Salix*	蒿柳 *Salix viminalis* L.	乔木	湿生	
40			黄花柳 *Salix caprea* L.	乔木	中生	
41			中国黄花柳 *Salix sinica* L. var. *sineca* Hao	乔木	中生	
42			棉花柳 *Salix linearistipularis* (Franch.) Hao	灌木或小乔木	湿中生	资料
43			沙柳 *Salix cheilophila* Schneid.	灌木或小乔木	中生	资料
44			山柳 *Salix phylicifolia* L.	灌木或小乔木	中生	
45			皂柳 *Salix wallichiana* Anders.	乔木	中生	资料
46			旱柳 *Salix matsudana* Koidz	乔木	旱湿生	
47		杨属 *Populus*	青杨 *Populus cathayana* Rehd.	乔木	中生	
48			小青杨 *Populus pseudo-simonii* Kitag.	乔木	中生	资料
49			山杨 *Populus davidiana* Dode.	乔木	中生	
50			小叶杨 *Populus simonii* Carr.	乔木	湿中生	
51	胡桃科 Juglandaceae	胡桃属 *Juglans*	胡桃楸 *Juglans mandshurica* Maxim.	乔木	中生	
52			野核桃 *Juglans cathayensis* Dode.	乔木	中生	

(续)

序号	科名	属名	种名	生活型	生境	备注
53	桦木科 Betulaceae	鹅耳枥属 Carpinus	鹅耳枥 Caqyinus turczaninowii Hance	乔木	中生	
54		虎榛子属 Ostryopsis	虎榛子 Ostryopsis davidiana Decne.	灌木	中生	
55		桦木属 Betula	白桦 Betula platyphylla Suk.	乔木	中生	
56			黑桦 Betula dahurica Pall.	乔木	中生	
57			红桦 Betula albo-sinensis Burk.	乔木	中生	
58			坚桦 Betula chinensis Maxim.	小乔木	中生	资料
59			硕桦 Betula costata Trautv.	大乔木	中生	
60		榛属 Betula	毛榛 Corylus mandshurica Maxim	灌木	中生	
61			榛 Corylus heterophylla Fisch ex Bess	灌木	旱中生	
62	壳斗科 Fagaceae	栎属 Quercus	槲树 Quercus dentata Thunb.	乔木	旱中生	
63			蒙古栎 Querciis mongolica Fisch ex Turcz.	乔木	旱中生	
64			槲栎 Quercus aliena Bl.	乔木	中生	木材
65	榆科 Ulmaceae	刺榆属 Hemiptelea	刺榆 Hemiptelea davidii（Hance）Planch.	小乔木	中生	
66		朴属 Celtis	大叶朴 Celtis koraiensis Nakai	乔木	中生	资料
67			小叶朴 Celtis bungeana Bl.	乔木	中生	
68		榆属 Ulmus	春榆 Ulmus japonica（Rehd.）Sarg.	乔木	中生	
69			大果榆 Uimus macrocarpa Hance.	灌木	中生	
70			黑榆 Ulmus davidiana Planch.	乔木	中生	资料
71			裂叶榆 Ulmus laciniata（Trautv.）Mayr.	乔木	湿中生	
72			脱皮榆 Ulmus lamellosa T. Wang et S. L. Chang	乔木	中生	资料
73			榆 Ulmus pumila L.	乔木	中生	栽*
74	桑科 Moraceae	大麻属 Cannabis	大麻 Cannabis saliva L.	一年生草本	中生	栽*
75		葎草属 Humulus	葎草 Humulus scandens（Lour.）Merr.	一年生草本	中生	
76		桑属 Morns	蒙桑 Morns mongolica（Bur.）Schneid.	灌木	旱中生	
77			山桑 Morus mongolica Schneid. var. diabolica Koidz.	灌木	中生	资料
78			鸡桑 Morus australis Poir.	灌木	旱中生	
79	荨麻科 Urticaceae	冷水花属 Pilea	山冷水花 Pilea japonica（Maxim.）Hand.-Mazz.	一年生草本	湿中生	资料
80			透茎冷水花 Pilea mongolica Wedd.	一年生草本	湿生	
81		荨麻属 Urtica	宽叶荨麻 Urtica laetevirens Maxim.	多年生草本	湿中生	
82			麻叶荨麻 Urtica cannabina L.	多年生草本	湿中生	
83			狭叶荨麻 Urtica angustifolia Fisch ex Hornem.	多年生草本	湿中生	
84		墙草属 Parielaria	墙草 Parietaria micrantha Ledeb.	一年生草本	湿中生	
85		蝎子草属 Girardinia	蝎子草 Girardinia cuspidata Wedd.	一年生草本	湿中生	

(续)

序号	科名	属名	种名	生活型	生境	备注
86	荨麻科 Urticaceae	苎麻属 Boehmeria	赤麻 Boehmeria silvestris (Pamp.) W. T. Wang	多年生草本	中生	
87			细穗苎麻 Boehmeria gracilis C. H. Wright	多年生草本	旱中生	
88	檀香科 Santalaceae	百蕊草属 Thesium	百蕊草 Thesium chinensis Turcz.	多年生草本	旱中生	
89			反折百蕊草 Thesium refractum C.A.Mey.	多年生草本	旱中生	
90	桑寄生科 Loranthaceae	桑寄生属 Loranthus	北桑寄生 Loranthus tanakae Franch. et Sav.	灌木	中生	
91	马兜铃科 Aristolochiaceae	马兜铃属 Aristolochia	北马兜铃 Aristolochia contorta Bge.	草质藤本	中生	
92	蓼科 Polygonaceae	蓼属 Polygonum	萹蓄 Polygonum aviculare L.	一年生草本	中生	
93			叉分蓼 Polygonum divaricatum L.	多年生草本	湿中生	
94			长鬃蓼 Polygonum longisetum De Br.	一年生草本	湿生	
95			齿翅蓼 Polygonum dentato-alatum Fr. Schm. ex Maxim	一年生草本	中生	
96			戟叶蓼 Polygonum thunbergii Sieb. et Zucc.	一年生草本	湿生	
97			卷茎蓼 Polygonum convolvulus L.	一年生草本	湿中生	
98			尼泊尔蓼 Polygonum nepalense Meisn.	一年生草本	湿生	
99			拳蓼 Polygonum bistorta L.	多年生草本	中生	
100			酸模叶蓼 Polygonum lapathifolium L.	一年生草本	湿中生	
101			习见蓼 Polygonum plebeium R.	一年生草本	湿生	资料
102			小箭叶蓼 Polygonum sieboldii Meisn.	一年生草本	湿生	资料
103			支柱蓼 Polygonum siiffultum Maxim.	多年生草本	中生	
104			刺蓼 Polygonum senticosum (Meisn.) Franch. et Sav.	一年生草本	湿中生	
105			柳叶刺蓼 Polygonum bungeanum Turcz.	一年生草本	湿生	
106			高山蓼 Polygonum alpinum All.	半灌木	中生	
107			红蓼 Polygonum orientale Linn.	一年生草本	湿中生	
108			箭头蓼 Polygonum sagittatum Linn.	一年生草本	湿生	
109			水蓼 Polygonum hydropiper	一年生草本	湿生	
110		荞麦属 Fagopyrum	荞麦 Fagopyrum esculentum Moench.	一年生草本	中生	
111		酸模属 Rumex	巴天酸模 Rumex Patientia L.	多年生草本	湿中生	
112			酸模 Rumex acetosa L.	多年生草本	湿中生	
113			皱叶酸模 Rumex crispus L.	多年生草本	湿生	
114		翼蓼属 Pteroxygonum	翼蓼 Pteroxygonum giraldii Damm et Diels	多年生草本	湿中生	
115		地肤属 Kochia	地肤 Kochia scoparia (L.) Schrad.	一年生草本	中生	

(续)

序号	科名	属名	种名	生活型	生境	备注
116	藜科 Chenopodiaceae	藜属 Chenopodium	灰绿藜 Chenopodium glaucum L.	一年生草本	中生	
117			尖头叶藜 Chenopodium acuminatum Willd.	一年生草本	湿中生	
118			藜 Chenopodium album L.	一年生草本	中生	
119			小藜 Chenopodium serotinum L.	一年生草本	中生	
120			杂配藜 Chenopodium hybridum L.	一年生草本	中生	
121		轴藜属 Axyis	轴藜 Axyris amaranthoides L.	一年生草本	中生	资料
123		猪毛菜属 Salsola	猪毛菜 Salsola collina Pall.	一年生草本	中生	
124	苋科 Amaranthaceae	苋属 Amaranthus	反枝苋 Amaranthus retroflexus L.	一年生草本	中生	
125			凹头苋 Amaranlhus lividus L.	一年生草本	中生	
126	马齿苋科 Portulacaceae	马齿苋属 Portulaca	马齿苋 Portulaca oleracea L.	一年生草本	湿中生	
127	石竹科 Caryophyllaceae	鹅肠菜属 Myosoton	鹅肠菜 Myosoton aquaticum (L.) Moench	多年生草本	湿生	
128		繁缕属 Stellaria	叉歧繁缕 Stellaria dichotoma L.	多年生草本	中生	
129			繁缕 Stellaria media (L.) Cyr.	一二年生草本	中生	
130			内曲繁缕 Stellaria infracta Maxim.	多年生草本	旱中生	
131			沼繁缕 Stellaria palustris Ehrli. ex Relz.	多年生草本	中生	
132			中国繁缕 Stellaria chinensi Regel.	多年生草本	湿中生	
133		假繁缕属 Pseudostellaria	蔓假繁缕 Pseudostellaria davidii (Franch.) Pax	多年生草本	湿中生	
134			毛假繁缕 Pseudostellaria japonica (Korsh.) Pax.	多年生草本	湿中生	
135			异花假繁缕 Pseudostellaria heterantha (Maxim.) Pax	多年生草本	湿中生	
136			孩儿参 Pseudostellaria heterophylla (Miq.) Pax	多年生草本	湿中生	
137		剪秋萝属 Lychnis	大花剪秋萝 Lychins fulgens Fisch.	多年生草本	中生	
138			浅裂剪秋萝 Lychnis cognata Maxim.	多年生草本	中生	
139		卷耳属 Cerastium	卷耳 Cerastium arvense L.	多年生草本	中生	
140		石竹属 Dianlhus	瞿麦 Dianthus superbus L.	多年生草本	中生	
141			石竹 Dianthus chinensis L.	多年生草本	中生	
142		蝇子草属 Silene	粗壮女娄菜 Silene firma Sieb. et Zucc.	一年生草本	中生	
143			旱麦瓶草 Silene jenisseensis Willd.	一年生草本	旱中生	
144			蔓茎蝇子草 Silene repens Pair.	多年生草本	中生	
145			女娄菜 Silene aprica Turcz. ex Fisch et Mey.	一二年生草本	湿中生	
146			石生蝇子草 Silene tatarinowii Regel.	多年生草本	中生	
147		蚤缀属 Arenaria	灯心草蚤缀 Arenaria juncea Bieb.	多年生草本	中生	
148		种阜草属 Moehringia	种阜草 Moehringia lateriflora (L.) Fenzl	多年生草本	中生	

(续)

序号	科名	属名	种名	生活型	生境	备注
149		白头翁属 Pulsatilla	白头翁 *Pulsatilla chinensis* (Bge.) Regel.	多年生草本	中生	
150			细叶白头翁 *Pulsatilla turczaninowii* Kiyl et. Serg.	多年生草本	中生	
151		翠雀属 Delphinium	翠雀 *Delphinium grandiflorum* L.	多年生草本	中生	
152			冀北翠雀花 *Delphinium siwanense* Franch.	多年生草本	中生	资料
153		金莲花属 Trollius	金莲花 *Trollius chinensis* Bge.	多年生草本	中生	
154		类叶升麻属 Actaea	类叶升麻 *Actaea asiatica* Hara.	多年生草本	中生	
155		耧斗菜属 Aquilegia	华北耧斗菜 *Aquilegia yabeana* Kitag.	多年生草本	中生	
156			耧斗菜 *Aquilegia viridiflora* Pall.	多年生草本	湿中生	
157			紫花耧斗菜 *Aquilegia viridiflora* f. *atropurpurea* (Willd.) Kitag.	多年生草本	湿中生	
158		毛茛属 Ranunculus	石龙芮 *Ranunculus sceleratus* L.	一年生草本	湿生	
159			毛茛 *Ranunculus japonicus* Thunb.	多年生草本	湿生	
160		芍药属 Paeonia	草芍药 *Paeonia obovata* Maxim.	多年生草本	中生	
161	毛茛科 Ranunculaceae	升麻属 Cimicifuga	单穗升麻 *Cimicifuga simplex* Wonnsk.	多年生草本	中生	
162			升麻 *Cimicifuga dahurica* (Turcz.) Maxim.	多年生草本	中生	
163		水毛茛属 Batrachiiun	长叶水毛茛 *Batrachium kauffmanii* (Clerc.) Ovcz.	沉水草本	湿生	
164			水毛茛 *Balrachium bungei* (Steud.) L.Liou	多年生草本	水生	
165		唐松草属 Thalictrum	瓣蕊唐松草 *Thalictrum petaloideum* L.	多年生草本	中生	
166			贝加尔唐松草 *Thalictrum baicalense* Turcz.	多年生草本	中生	
167			东亚唐松草 *Thalictrum minus* var.*hypoleucum* (Sieb. et Zucc.) Miq.	多年生草本	中生	
168			箭头唐松草 *Thalictrum simplex* L. var. *brevipes* Hara.	多年生草本	中生	
169			唐松草 *Thalictrum aquilegifolium* L. var. *sibiricum* Regel et Tiling	多年生草本	中生	资料
170			散花唐松草 *Thalictrum sparsiflorum* Turcz. ex Fisch et Mey	多年生草本	中生	
171			狭裂瓣蕊唐松草 *Thalictrum petaloideum* L. var. *supradeconipositum* (Nakai) Kitag.	多年生草本	旱生	资料
172			展枝唐松草 *Thalictrum squarrosum* Steph.ex Wilkl.	多年生草本	中生	资料
173		铁线莲属 Clematis	半钟铁线莲 *Clematis ochotensis* (Pall.) Poir.	木质藤本	中生	
174			长瓣铁线莲 *Clematis macropetala* Ledeb.	木质藤本	中生	
175			大叶铁线莲 *Clematis heracleifolia* DC.	多年生草本	中生	
176			短尾铁线莲 *Clematis brevicaudata* DC.	草质藤本	中生	

(续)

序号	科名	属名	种名	生活型	生境	备注
177	毛茛科 Ranunculaceae	铁线莲属 Clematis	黄花铁线莲 Clematis intricata Bge.	草质藤本	中生	
178			棉团铁线莲 Clemalis hexapetala Pall.	多年生草本	旱中生	
179			芹叶铁线莲 Clematis aethusifolia Turcz.	草质藤本	中生	
180		乌头属 Aconitum	草乌 Aconitum kusnezoffii Reichb.	多年生草本	中生	
181			高乌头 Aconitum sinomontanum Nakai	多年生草本	中生	
182			两色乌头 Aconitum alboviolaceiun Kom.	多年生草本	中生	资料
183			牛扁 Aconitum barbatum Pers. var. puberulum Ledeb.	多年生草本	中生	
184		银莲花属 Anemone	长毛银莲花 Anemone narcissiflora var. crinita (Juz.) Tamura	多年生草本	中生	资料
185			大花银莲花 Anemone silvestris L.	多年生草本	湿中生	
186			小花草玉梅 Anemone rivularis Buch.-Ham.ex DC. var. flore-minore Maxim.	多年生草本	湿中生	
187			钝裂银莲花 Anemone geum H. Lév.	多年生草本	中生	
188			疏齿银莲花 Anemone calhayensis Kitag.	多年生草本	中生	
189	小檗科 Berberidaceae	类叶牡丹属 Caulophyllum	类叶牡丹 Caulophyllum robustum Maxim.	多年生草本	湿中生	资料
190		小檗属 Berbens	大叶小檗 Berberis amurensis Rupr.	灌木	中生	
191			细叶小檗 Berberis poiretii Schneid.	灌木	中生	
192	防己科 Menispermaceae	蝙蝠葛属 Menispermum	蝙蝠葛 Menispermum dauricum DC.	草质藤本	中生	
193	木兰科 Magnoliaceae	五味子属 Schisandra	五味子 Schisandra chinensis (Turcz.) Baill	木质藤本	中生	
194	罂粟科 Papaveraceae	白屈菜属 Chelidonium	白屈菜 Chelidonium majus L.	多年生草本	湿中生	
195		罂粟属 Papaver	野罂粟 Papaver nudicaule L. var. chinense (Regel) Fedde.	多年生草本	中生	
196		角茴香属 Hypecoum	角茴香 Hypecoum erectum L.	一年生草本	旱生	
197			节裂角茴香 Hypecoum leptocarpum Hook.f.et Thoms.	一年生草本	中生	
198		紫堇属 Corydalis	地丁草 Corydalis bungeana Turcz.	多年生草本	中生	
199			河北黄堇 Corydalis pallida (Thunb.) Pers.var. chanetii	二年生草本	中生	
200			蛇果黄堇 Corydalis ophiocarpa Hook.f. et Thoms.	多年生草本	中生	
201			小黄紫堇 Corydalis ochotensis Turcz. var. raddeana (Regel) Nakai.	一年生草本	中生	
202			珠果黄堇 Corydalis speciosa Maxim.	多年生草本	湿中生	

(续)

序号	科名	属名	种名	生活型	生境	备注
203		大蒜芥属 Sisymbrium	垂果大蒜芥 Sisymbrium heteromallum C. A. Mey.	一二年生草本	旱中生	
204			黄花大蒜芥 Sisymbrium luteum (Maxim.) O. E. Schulz.	多年生草本	中生	
205		豆瓣菜属 Nasturtium	豆瓣菜 Nasturtium officinale R.	多年生草本	水生	
206		独行菜属 Lepidium	独行菜 Lepidium apetalum Willd.	一二年生草本	中生	
207			密花独行菜 Lepidium densiflonim Schrad.	一二年生草本	中生	
208		遏蓝菜属 Thlaspi	遏蓝菜 Thlaspi arvense L.	一年生草本	中生	资料
209		蔊菜属 Rorippa	风花菜 Rorippa globosa (Turcz.) Thell.	一年生草本	湿中生	
210			沼生蔊菜 Rorippa islandica (Oeder) Borbas	多年生草本	湿生	
211		花旗竿属 Dontostemon	花旗竿 Dontostemon dentalus (Bge.) Ledeb.	二年生草本	中生	
212			小花花旗竿 Dontostemon micranthus C. A. Mey.	一二年生草本	旱中生	
213		南芥属 Arabis	垂果南芥 Arabis pendula L.	多年生草本	中生	
214	十字花科 Cruciferae		毛南芥 Arabis hirsuta (L.) Scop.	一年生草本	中生	
215		荠属 Capsella	荠菜 Capsella bursa-pasloris (L.) Medic.	一二年生草本	中生	
216		碎米荠属 Cardamine	白花碎米荠 Cardamine leucantha (Tausch.) O. E. Schulz.	多年生草本	湿中生	
217			裸茎碎米荠 Cardamine scaposa Franch.	多年生草本	湿中生	
218			紫花碎米荠 Cardamine tangutorum O. E. Schulz.	多年生草本	中生	
219			水田碎米荠 Cardamine lyrata Bge.	多年生草本	湿生	
220		糖芥属 Erysimum	糖芥 Erysimum bungei (Kitag.) Kitag.	多年生草本	中生	
221			小花糖芥 Erysimum cheiranthoides L.	一年生草本	中生	
222		葶苈属 Draba	葶苈 Draba nemorosa L.	一年生草本	中生	
223			光果葶苈 Draba nemorosa var. leiocarpa Lindl.	一年生草本	中生	资料
224		香花芥属 Hesperis	香花芥 Hesperis trichosepala Turcz.	二年生草本	中生	
225		星毛芥属 Berteroella	星毛芥 Berterodla maximowiczii (Palib.) O. E. Schulz.	一二年生草本	中生	资料
226		诸葛菜属 Orychophragmus	诸葛菜 Orychophragmus violaceus (L.) O. E. Schulz	一二年生草本	中生	
227		红景天属 Rhodiola	狭叶红景天 Rhodiola kirilowii (Regel) Regel. ex Maxim.	多年生草本	旱中生	
228			小丛红景天 Rhodiola dumulosa (Franch.) S. H. Fu.	多年生草本	旱中生	
229	景天科 Crassulaceae	景天属 Sedum	白景天 Sedum pallescens Freyn.	多年生草本	中生	
230			北景天 Sedum kamtchaticum Fisch.	多年生草本	旱中生	资料
231			繁缕景天 Sedum stellariaefolium Franch.	一二年生草本	中生	
232			华北景天 Sedum tatarinowii Maxim.	多年生草本	中生	
233			景天三七 Sedum aizoon L.	多年生草本	湿中生	

(续)

序号	科名	属名	种名	生活型	生境	备注
234	景天科 Crassulaceae	瓦松属 Orostachys	钝叶瓦松 Orostachys malacophyllus（Pall.）Fisch.	二年生草本	旱中生	
235			瓦松 Orostachys fimbriatus（Turcz.）Berger	多年生草本	旱生	
236			狼爪瓦松 Orostachys cartilogineus A.	二年生或多年生草本	旱中生	资料
237		八宝属 Hylotelephium	华北八宝 Hylotelephium tatarinowii（Maxim.）H. Ohba	多年生草	旱中生	
238	虎耳草科 Saxifragaceae	茶藨子属 Ribes	刺梨 Ribes burejense Fr. Schmidt.	灌木	湿中生	
239			东北茶藨子 Ribes mandshuricum（Maxim.）Kom.	灌木	湿中生	
240			小叶茶藨子 Ribes pulchellum Turcz.	灌木	中生	
241		独根草属 Oresitrophe	独根草 Oresitrophe rupifraga Bge.	多年生草本	旱生	
242		红升麻属 Astilbe	红升麻 Astilbe chinensis（Maxim.）Franch.et Sav.	多年生草本	湿中生	
243		虎耳草属 Saxifraga	球茎虎耳草 Saxifraga sibirica L.	多年生草本	湿生	
244			虎耳草 Saxifraga stolonifera Meerb.	多年生常绿草本	中生	
245		金腰属 Chrysosplenium	蔓金腰 Chrysosplenium flagelliferum Fr. Schmidt.	多年生草本	湿生	
246			毛金腰 Chrysosplenium pilosum Maxim var. valdepilosum Ohwi	多年生草本	湿生	
247		梅花草属 Parnassia	梅花草 Parnassia palustris L.	多年生草本	湿生	
248		山梅花属 Philadelphus	太平花 Philadelphus pekinensis Rupr.	灌木	中生	
249		溲疏属 Deutzia	大花溲疏 Deutzia grandiflora Bge.	灌木	旱中生	
250			小花溲疏 Deulzia parviflora Bge.	灌木	旱中生	
251		绣球属 Hydrangea	东陵绣球 Hydrangea bretschneideri Dipp.	灌木	湿中生	
252	蔷薇科 Rosaceae	地蔷薇属 Chamaerhodos	地蔷薇 Chamaerhodos canescens J. Krau.	一二年生草本	旱生	
253			直立地蔷薇 Chamaerhodos erecta（L.）Bge.	二年生草本	旱中生	
254		地榆属 Sanguisorba	地榆 Sanguisorba officinalis L.	多年生草本	旱中生	
255		花楸属 Sorbus	北京花楸 Sorbus discolor（Maxim.）Maxim.	乔木	中生	
256			花楸树 Sorbus pauhuashanensis（Hance）Hedl.	乔木	中生	
257			水榆花楸 Sorbus alnifolia（Sieb.et Zucc.）Koch.	乔木	中生	
258		蚊子草属 Eilipendula	蚊子草 Eilipendula palmala（Pall.）Maxim.	多年生草本	湿中生	
259		梨属 Pyrus	杜梨 Pyrus betulifolia Bge.	乔木	中生	
260			秋子梨 Pyrus ussuriensis Maxim.	乔木	中生	

(续)

序号	科名	属名	种名	生活型	生境	备注
261		稠李属 *Padus*	稠李 *Padus racemosa* (Lam.) Gilib.	乔木	湿中生	
262			毛叶稠李 *Padus racemosa* (Lam.) Gilib. var. *pubescens* (Regel et Tiling) Schneid.	乔木	中生	资料
263			欧李 *Prunus humilis* (Bge.) Sok.	灌木	旱生	
264		桃属 *Amygdalus*	山桃 *Amygdalus davidiana* (Carriere) de Vos ex Henry	乔木	中生	
265			山杏 *Armeniaca sibirica* (L.) Lam.	灌木	旱中生	
266			榆叶梅 *Amygdalus triloba* (Lindl.) Ricker	灌木	旱中生	
267		龙牙草属 *Agrimonia*	龙牙草 *Agrimonia pilosa* Ledeb.	多年生草本	湿中生	
268		苹果属 *Malus*	山荆子 *Malus baccata* (L.) Borkh.	乔木	湿中生	
269			毛山荆子 *Malus mandshurica* Kom.	乔木	中生	
270		蔷薇属 *Rosa*	刺玫蔷薇 *Rosa dahurica* Pall.	灌木	中生	
271			美蔷薇 *Rosa bella* Rehd. et Wils.	灌木	中生	
272			刺蔷薇 *Rosa acicularis* Lindl.	灌木	中生	
273			黄刺玫 *Rosa xanthina* Lindl.	灌木	中生	
274	蔷薇科 Rosaceae	山楂属 *Crataegus*	甘肃山楂 *Crataegus kansuensis* Wils.	乔木	中生	
275			山楂 *Crataegus pinnatifida* Bge.	乔木	中生	
276		蛇莓属 *Duchesnea*	蛇莓 *Duchesnea indica* (Andr.) Focke	多年生草本	湿中生	
277		珍珠梅属 *Sorbaria*	珍珠梅 *Sorbaria kirilowii* (Regel) Maxim.	灌木	中生	
278		委陵菜属 *Ptentilla*	朝天委陵菜 *Potentilla supina* L.	一二年生草本	中生	
279			大萼委陵菜 *Potentilla cqferla* Bge.	多年生草本	中生	
280			多茎委陵菜 *Potentilla multicaulis* Bge.	一年生草本	中生	
281			等齿委陵菜 *Potentilla simulatrix* Wolf	多年生草本	中生	资料
282			轮叶委陵菜 *Potentilla verticillaris* Steph ex Willd.	多年生草本	旱生	
283			鹅绒委陵菜 *Potentilla anserina* L.	多年生草本	湿生	
284			二裂委陵菜 *Potentilla bifurca* L.	多年生草本	中生	
285			翻白草 *Potentilla discolor* Bge.	多年生草本	湿中生	
286			匍枝委陵菜 *Potentilla flagellaris* Willd. ex Schlecht.	多年生草本	中生	
287			金露梅 *Potenlilla Jruticosa* L.	灌木	中生	
288			菊叶委陵菜 *Potentilla tanacetifolia* Willd.	多年生草本	中生	资料
289			绢毛匍匐委陵菜 *Potentilla replans* L. var. *sericophylla* Franch.	多年生草本	中生	
290			莓叶委陵菜 *Potentilla fragarioides* L.	多年生草本	湿中生	
291			三叶委陵菜 *Potentilla freyniana* Bornm.	多年生草本	湿中生	

(续)

序号	科名	属名	种名	生活型	生境	备注
292		委陵菜属 Potentilla	钩叶委陵菜 Potentilla ancistrifolia Bge.	多年生草本	中生	资料
293			疏毛钩叶委陵菜 Potentilla ancislrifolia Bge. var. dickinsii (Franch. et Sav.) Koidz.	多年生草本	中生	
294			委陵菜 Potenlilla chinensis Ser.	多年生草本	旱中生	
295			细裂委陵菜 Potenlilla multijida L.	多年生草本	中生	
296			腺毛委陵菜 Potentilla longifolia Willd. ex Schlecht.	多年生草本	旱中生	
297			银露梅 Potentilla glabra Lodd.	灌木	中生	
298	蔷薇科 Rosaceae		西山委陵菜 Potentilla sischanensis Bge. ex Lehm.	多年生草本	中生	
299		绣线菊属 Spiraea	毛花绣线菊 Spiraea dasyantha Bge.	灌木	旱中生	资料
300			三裂绣线菊 Spiraea trilobata L.	灌木	旱中生	
301			华北绣线菊 Spiraea fritschiana Schneid.	灌木	中生	
302			土庄绣线菊 Spiraea pubescens Turcz.	灌木	旱中生	
303			绣球绣线菊 Spiraea blumei G. Don	灌木	旱中生	资料
304		悬钩子属 Rubus	华北覆盆子 Rubus idaeus L. var. borealisinensis Yu et Lu	灌木	中生	
305			牛迭肚 Rubus crataegifolius Bge.	灌木	中生	
306			库页悬钩子 Rubiis sachalinensis Levi.	灌木	中生	
307			石生悬钩子 Rubus saxatilis L.	多年生草本	中生	
308		栒子属 Cotoneaster	灰栒子 Cotoneaster acutifolius Turcz.	灌木	中生	
309			水栒子 Cotoneaster multiflorus Bge.	灌木	中生	
310	豆科 Leguminosa	扁蓿豆属 Melissitus	扁蓿豆 Melissitus nithenica (L.) C. W. Chang	多年生草本	旱中生	
311		草木樨属 Melilotus	白香草木樨 Melilotus albus Medic ex Desr.	一二年生草本	中生	
312			黄香草木樨 Melilotus officinalis (L) Desr.	一二年生草本	中生	
313			细齿草木樨 Melilotus denlalus (Wald et Kit.) Pers	二年生草本	中生	资料
314		大豆属 Glycine	野大豆 Glycine soja Sieb. et Zucc.	一年生草本	湿生	资料
315		葛属 Pueraria	葛 Pueraria lobata (Willcl.) Ohwi.	多年生藤本	中生	
316		杭子梢属 Campylotropis	杭子梢 Campylotropis macrocarpa (Bge.) Rehd.	灌木	中生	
317		胡枝子属 Lespedeza	白指甲花 Lespedeza inschanica (Maxim.) SchindL	灌木	中生	资料
318			长叶铁扫帚 Lespedeza caraganae Bge.	草本状灌木	中生	
319			尖叶铁扫帚 Lespedeza juncea Pers.	灌木	中生	
320			达呼里胡枝子 Lespedeza davurica (Laxm.) Schindl.	灌木	旱中生	
321			多花胡枝子 Lespedeza floribunda Bge.	灌木	旱生	
322			胡枝子 Lespedeza bicolor Turcz.	灌木	中生	
323			山豆花 Lespedeza tomentosa (Thunb.) Sieb. M Exim.	灌木	中生	

(续)

序号	科名	属名	种名	生活型	生境	备注
324		槐属 Sophora	苦参 Sophora flavescens Alt.	亚灌木	中生	
325			扁茎黄耆 Astragalus complanatus R. Br.	多年生草本	旱中生	
326			糙叶黄耆 Astragalus scaberrimus Bge.	多年生草本	旱中生	
327			草木樨状黄耆 Astragalus melilotoides Pall.	多年生草本	中生	
328		黄耆属 ragalus	达乌里黄耆 Astragalus dahuricus (Pall.) DC.	一二年生草本	旱中生	
329			毛细柄黄耆 Astragalus capillipes Fisch ex Bge.	多年生草本	旱中生	
330			灰叶黄耆 Astragalus discolor Bge. ex Maxim.	多年生草本	中生	
331			直立黄耆 Astragalus adsurgens Pall.	多年生草本	旱中生	
332		岩黄耆属 Hedysarum	短翼岩黄耆 Hedysarum brachyplenim Bge.	多年生草本	中生	资料
333		鸡眼草属 Kummerowia	长萼鸡眼草 Kummerowia stipulacea (Maxim.) Makino	一年生草本	中生	
334			鸡眼草 Kummerowia striata (Thunb.) Schindl.	一年生草本	中生	
335			二色棘豆 Oxytropis bicolor Bge.	多年生草本	旱中生	
336		棘豆属 Oxytropis	蓝花棘豆 Oxytropis coemlea (Pall.) DC. subsp. Subfalcata (Hance) Cheng f. ex. H. C. Fu	多年生草本	旱中生	
337			硬毛棘豆 Oxylropis hirta Bge.	多年生草本	旱中生	
338	豆科 Leguminosa		鬼箭锦鸡儿 Caragana jubata (Pall.) Poir.	灌木	中生	
339			红花锦鸡儿 Caragana rosea Turcz.	灌木	中生	
340		锦鸡儿属 Caragana	锦鸡儿 Caragana sinica (Buchoz.) Rehd.	丛生灌木	中生	
341			树锦鸡儿 Caragana arborescens Lam.	灌木	中生	
342			小叶锦鸡儿 Caragana microphylla Lam.	灌木	中生	
343		两型豆属 Amphicaqiaea	三籽两型豆 Amphicarpaea trisperma (Miq.) Baker ex Kitag.	一年生草本	湿生	
344		米口袋属 Gueldenstaedtia	米口袋 Gueldenstaedtia multiflora Bge.	多年生草本	旱中生	
345			少花米口袋 Gueldenstaedtia verna (Georgi) Boriss	多年生草本	旱中生	
346		木蓝属 Indigofera	花木蓝 Indigofera kirilowii Maxim ex Palibin	灌木	旱中生	
347			铁扫帚 Indigofera bungeana Walp.	直立灌木	中生	
348		苜蓿属 Medicago	天蓝苜蓿 Medicago lupulina L.	一二年生草本	湿生	
349			花苜蓿 Medicago ruthenica (L.) Trautv.	多年生草本	旱中生	
350			茳芒香豌豆 Lathyrus davidii Hance.	多年生草本	湿中生	
351		香豌豆属 Lathyrus	五脉山黧豆 Lathyrus quinquenervius (Miq.) Litv. ex Kom.et Alis	多年生草本	中生	资料
352		野豌豆属 Vicia	歪头菜 Vicia unijuga A.	多年生草本	中生	
353			白花歪头菜 Vicia unijuga f. albiflora Kitag.	多年生草本	中生	

(续)

序号	科名	属名	种名	生活型	生境	备注
354	豆科 Leguminosa	野豌豆属 Vicia	北野豌豆 Vicia ramuliflora (Maxim.) Ohwi.	多年生草本	中生	
355			大野豌豆 Vicia gigantea Bge.	多年生草本	中生	
356			广布野豌豆 Vicia cracca L.	多年生草本	中生	
357			假香野豌豆 Vicia pseudo-orobus Fisch. et Mey.	多年生草本	中生	
358			柳叶野豌豆 Vicia venosa (Wild.) Maxim.	多年生草本	中生	资料
359			三齿萼野豌豆 Vicia bungei Ohwi	一二年生攀缘草本	中生	
360			山野豌豆 Vicia amoena Fisch	多年生草本	湿中生	资料
361			救荒野豌豆 Vicia sativa Linn.	一二年生攀缘草本	中生	
362	牻牛儿苗科 Geraniaceae	老鹳草属 Geranium	粗根老鹳草 Geranium dahuricum DC.	多年生草本	中生	
363			老鹳草 Geranium wilfordii Maxim.	多年生草本	中生	
364			毛蕊老鹳草 Geranium eriostemon Fisch. ex DC.	多年生草本	湿中生	
365			灰背老鹳草 Geranium wlassowianum Fisch. ex Link	多年生草本	中生	
366			鼠掌老鹳草 Geranium sibiricum L.	多年生草本	中生	
367		牻牛儿苗属 Erodium	牻牛儿苗 Erodium stephanianum Willd.	一二年生草本	中生	
368	亚麻科 Linaceae	亚麻属 Linum	野亚麻 Linum stelleroides Planch.	一年生草本	旱中生	
369	蒺藜科 Zygophyllaceae	蒺藜属 Tribulus	蒺藜 Tribulus terrestris L.	一年生草本	中生	
370	芸香科 Rutaceae	白鲜属 Didamnus	白鲜 Didamnus dasycarpus Turcz.	多年生草本	中生	
371		黄檗属 Phellodendron	黄檗 Phellodendron amurense Rupr.	乔木	湿中生	
372		吴茱萸属 Evodia	臭檀 Evodia daniellii (Benn.) Hemsl.	乔木	中生	资料
373	苦木科 Simaroubaceae	苦木属 Picrasma	苦木 Picrasma quassioides (D.Don) Benn.	乔木	中生	资料
374	远志科 Polygalaceae	远志属 Polygala	瓜子金 Polygala japonica Houtt.	多年生草本	中生	
375			西伯利亚远志 Polygala sibirica L.	多年生草本	旱中生	
376			小扁豆 Polygala latarinowii Regel.	一年生草本	中生	资料
377			远志 Polygala tenuifolia Willd.	多年生草本	旱中生	
378	大戟科 Euphorbiaceae	大戟属 Euphorbia	地锦草 Euphorbia humifiisa Willd.	一年生草本	中生	
379			猫眼草 Euphorbia lunulala Bge.	多年生草本	中生	
380			乳浆大戟 Euphorbia esula L.	多年生草本	旱中生	资料
381		地构叶属 Speranskia	地构叶 Speranskia tuberculata (Bge.) Baill.	多年生草本	旱生	资料
382		雀儿舌头属 Leplopus	雀儿舌头 Leptopiis chinensis (Bge.) Pojark.	灌木	中生	
383		铁苋菜属 Acalypha	铁苋菜 Acalypha australis L.	一年生草本	中生	
384		白饭树属 Flueggea	一叶萩 Flueggea siiffruticosa (Pall.) Baill.	灌木	旱中生	

(续)

序号	科名	属名	种名	生活型	生境	备注
385	漆树科 Anacardiaceae	漆属 *Toxicodendron*	漆树 *Toxicodendron verniciflum* (Stokes) F. A. Barkley	乔木	中生	资料
386	卫矛科 Celastraceae	南蛇藤属 *Celastnis*	刺苞南蛇藤 *Celastnis flagellaris* Rupr.	木质藤本	湿中生	
387			南蛇藤 *Celastnis orbiculatus* Thunb.	木质藤本	湿中生	
388		卫予属 *Euonpnus*	卫矛 *Elionymus alatus* (Thunb.) Sieb.	灌木	中生	
389	槭树科 Aceraceae	槭属 *Acer*	青榨槭 *Acer davidii* Franch.	乔木	中生	
390			色木槭 *Acer mono* Maxim.	乔木	中生	
391			茶条槭 *Acer ginnala* Maxim.	乔木	中生	
392			五角枫 *Acer elegantulum* Fang et P. L. Chiu	乔木	中生	
393	无患子科 Sapindaceae	栾树属 *Koelreuteria*	栾树 *Koelreuteria paniculla* Laxm.	乔木	中生	
394	凤仙花科 Balsaminaceae	凤仙花属 *Impatiens*	水金凤 *Impatiens noli-tangere* L.	一年生草本	湿生	
395	鼠李科 Rhamnaceae	鼠李属 *Rhamnus*	东北鼠李 *Rhamnus schneideri* Levi. et Vent. var. *mandshurica* (Nakai) Nakai	灌木	中生	
396			冻绿 *Rhamnus utilis* Decne	灌木	中生	
397			锐齿鼠李 *Rhamnus argula* Maxim.	灌木	旱中生	
398			鼠李 *Rhamnus davurica* Pall.	灌木	中生	
399			卵叶鼠李 *Rhamnus bungeana* J. Vass.	灌木	中生	
400			小叶鼠李 *Rhamnus parvifolia* Bge.	灌木	旱中生	
401			圆叶鼠李 *Rhamnus globosa* Bge.	灌木	中生	
402			长梗鼠李 *Rhamnus yoshinoi* Makino	灌木	旱中生	
403		枣属 *Ziziphus*	酸枣 *Ziziphus jujuba* Mill. var. *spinosa* Hu et H. F. Chow	灌木	旱中生	
404	葡萄科 Vitaceae	葡萄属 *Vitis*	华北葡萄 *Vitis bryoniifolia* Bge.	木质藤本	中生	
405			山葡萄 *Vilk amurensis* Rupr.	木质藤本	中生	
406		蛇葡萄属 *Ampelopsis*	葎叶蛇葡萄 *Ampelopsis humulifolia* Bge.	木质藤本	旱中生	
407			乌头叶蛇葡萄 *Ampelopsis aconitifolia* Bge.	木质藤本	中生	
408			掌裂草葡萄 *Ampelopsis aconitifolia* Bge. var. *glabra* Diels	木质藤本	中生	
409	椴树科 Tiliaceae	椴树属 *Tilia*	糠椴 *Tilia mandshurica* Rupr. et Maxim.	乔木	湿中生	
410			蒙椴 *Tilia mongolica* Maxim.	乔木	中生	
411			紫椴 *Tilia amurensis* Rupr.	乔木	湿中生	
412		扁担杆属 *Greivia*	孩儿拳头 *Grewia biloba* Don var. *parviflora* Hand.	灌木	中生	资料

(续)

序号	科名	属名	种名	生活型	生境	备注
413	锦葵科 Malvaceae	木槿属 Hibiscus	野西瓜苗 Hibiscus trionum L.	一年生草本	湿中生	
414		苘麻属 Abutilon	苘麻 Abutilon theophrasti Medic.	一年生草本	中生	
415		锦葵属 Malva	野葵 Malva verticillata Linn.	二年生草本	湿生	
416	猕猴桃科 Actinidiaceae	猕猴桃属 Actinidia	软枣猕猴桃 Actinidia argula (Sieb. et Zucc.) Planch. ex Miq.	藤本	中生	
417	藤黄科 Guttiferae	金丝桃属 Hypericum	红旱莲 Hypericum ascyron L.	多年生草本	湿中生	
418			野金丝桃 Hypericum attenuatum Choisy	多年生草本	中生	
419	柽柳科 Tamaricaceae	水柏枝属 Myricaria	宽苞水柏枝 Myricaria bracteata Royle	灌木	中生	资料
420		柽柳属 Tamarix	柽柳 Tamarix chinensis Lour.	灌木	中生	资料
421	堇菜科 Violaceae	堇菜属 Viola	斑叶堇菜 Viola variegata Fisch. ex Link.	多年生草本	中生	
422			北京堇菜 Viola pekinensis (Regel.) W. Beck.	多年生草本	中生	
423			河北堇菜 Viola hopeiensis J. W. Wang et T. G. Ma	多年生草本	中生	资料
424			鸡腿堇菜 Viola acuminata Ledeb.	多年生草本	湿中生	
425			裂叶堇菜 Viola dissecta Ledeb.	多年生草本	中生	
426			球果堇菜 Viola collina Bess.	多年生草本	中生	
427			深山堇菜 Viola selkirkii Pureh. ex Golde.	多年生草本	中生	
428			双花黄堇菜 Viola biflora L.	多年生草本	湿中生	
429			阴地堇菜 Viola yezoensis Maxim.	多年生草本	中生	
430			早开堇菜 Viola prionantha Bge.	多年生草本	湿中生	
431			紫花地丁 Viola yedoensis Makino	多年生草本	中生	
432	秋海棠科 Begoniaceae	秋海棠属 Begonia	中华秋海棠 Begonia sinensis DC.	多年生草本	湿生	
433	瑞香科 Thymelaeaceae	草瑞香属 Diarthron	粟麻 Diarthron linifoliium Turcz.	一年生草本	中生	
434		狼毒属 Stellera	狼毒 Stellera chamaejasme L.	多年生草本	旱中生	
435		荛花属 Wiksroemia	河朔荛花 Wiksroemia chamaedaphne (Bge.) Meisn.	灌木	中生	
436	胡颓子科 Elaeagnaceae	沙棘属 Hippophae	沙棘 Hippophae rhamnoides Linn.	灌木	湿生	
437	千屈菜科 Lythraceae	千屈菜属 Lythrun	千屈菜 Lythum salicaria L.	多年生草本	湿生	
438	柳叶菜科 Onagraceae	柳兰属 Chamaenerion	柳兰 Chamaenerion angustifolium (L.) Scop.	多年生草本	湿生	
439		柳叶菜属 Onagraceae	光滑柳叶菜 Epilobium cephalostigma Haussk.	多年生草本	湿中生	资料
440			柳叶菜 Epilobium hirsutum L.	多年生草本	湿生	
441			沼生柳叶菜 Epilobium palusire L.	多年生草本	湿生	资料
442			高山露珠草 Circaea alpina L.	多年生草本	中生	

(续)

序号	科名	属名	种名	生活型	生境	备注
443	柳叶菜科 Onagraceae	露珠草属 Circaea	露珠草 Circaea quadrisulcata Franch. et Sav.	多年生草本	湿生	
444			牛泷草 Circaea cordata Royle.	多年生草本	中生	
445	小二仙草科 Haloragidaceae	狐尾藻属 Myriophylliun	狐尾藻 Myriophyllum spicalum L.	多年生草本	水生	
446	五加科 Araliaceae	五加属 Acanthopanax	刺五加 Acanthopanax senticosus (Rupr. et Maxim.) Harms	灌木	中生	
447			无梗五加 Acanthopanax sessiliflorus (Rupr. Maxim.) Seem.	灌木	中生	
448		变豆菜属 Sanicula	变豆菜 Sanicula chinensis Bge.	多年生草本	湿中生	资料
449		柴胡属 Bupleurum	北柴胡 Bupleurum chinense DC.	多年生草本	中生	
450			北京柴胡 Bupleurum chinense DC. f. pekinense (Franch.) Shan et Y.Li	多年生草本	中生	资料
451			黑柴胡 Bupleurum smithii Wolff	多年生草本	中生	
452			红柴胡 Bupleurum scorzonerifolium Willd.	多年生草本	中生	
453			雾灵柴胡 Bupleurum sibiricum Vest. var. jeholense (Nakai) Chu	多年生草本	中生	
454		当归属 Angelica	白芷 Angelica dahurica (Fisch.) Benth. et Hook. ex Franch. et Sav.	多年生草本	湿中生	
455			拐芹当归 Angelica polymorpha Maxim.	多年生草本	湿生	
456	伞形科 Umbelliferae	毒芹属 Cicuta	毒芹 Cicuta virosa L.	多年生草本	湿生	资料
457		独活属 Heracleum	短毛独活 Heracleum inoellendorffii Hance	多年生草本	湿中生	
458		岩风属 Libanolis	密花岩风 Libanolis condensata (Linn.) Crantz.	多年生草本	中生	资料
459		防风属 Saposhnikovia	防风 Saposhnikovia divaricata (Turcz.) Schiscjik.	多年生草本	中生	
460		藁本属 Liguslicum	藁本 Liguslicum jeholense (Nakai et Ki tag.) Nakai et Kilag.	多年生草本	中生	
461			丝叶藁本 Ugusticum filiseclum (Nakai et Kilag.) Hiroe	多年生草本	中生	
462			细叶藁本 Ugusticum Tachiroei (Franch. et Sav.) Hiroe et Const.	多年生草本	中生	
463		葛缕子属 Carum	田葛缕子 Carum burialicum Turcz.	二年生草本	中生	
464		迷果芹属 Sphallerocarpus	迷果芹 Sphallerocarpus gracilis (Bess.) K.-Pol.	多年生草本	中生	
465		前胡属 Peiicedaiuim	石防风 Peucedanum terebinthaceum (Fisch.) Fisch. ex Turcz.	多年生草本	中生	
466		窃衣属 Torilis	窃衣 Torilis japonica (Houtl.) DC.	一年生草本	中生	资料
467		山芹属 Ostericum	大齿山芹 Ostericum grosseserratum (Maxim.) Kitag.	多年生草本	湿中生	

(续)

序号	科名	属名	种名	生活型	生境	备注
468	伞形科 Umbelliferae	山芹属 Ostericum	山芹 Ostericum sieboldii (Miq.) Nakai	多年生草本	湿中生	
469		蛇床属 Cnidium	蛇床 Cnidium monnieri (L.) Cuss.	一年生草本	湿中生	
470		水芹属 Oenanlhe	水芹 Oenanlhe decumbens (Thunb) K.-Pol.	多年生草本	湿生	
471		峨参属 Anthriscus	峨参 Anthriscus sylvestris (L.) Hoffm. Gen.	二年生或多年生草本	湿中生	
472	山茱萸科 Cornaceae	山茱萸属 Comus	沙梾 Cornus brelschneideri L.	灌木	中生	
473		梾木属 Swida	红瑞木 Swida alba Opiz	灌木	中生	
474	鹿蹄草科 Pyrolaceae	鹿蹄草属 Pyrola	鹿蹄草 Pyrola callianlha H. Andr	多年生草本	中生	
475		水晶兰属 Monotropa	水晶兰 Monotropa uniflora Linn.	多年生草本	中生	资料
476	杜鹃花科 Ericaceae	杜鹃属 Rhododendron	迎红杜鹃 Rhododendron mucronatum Turcz.	灌木	旱中生	
477			照山白 Rhododendron micranthum Turcz.	常绿灌木	旱中生	
478	报春花科 Piimulaceae	报春花属 Primula	胭脂花 Primula maximoiviczii Regel	多年生草本	中生	
479			粉报春 Primula farinosa L.	多年生草本	湿中生	
480		点地梅属 Androsace	点地梅 Androsace umbellala (Lour.) Merr.	一二年生草本	中生	
481		假报春属 Cortusa	北京假报春 Cortusa matthioli subsp. pekinensis (Al.Riehl.) Kitag.	多年生草本	中生	
482		珍珠菜属 Lysimachia	狼尾花 Lysimachia baryslachys Bge.	多年生草本	旱中生	
483			狭叶珍珠菜 Lysimachia penlapetala Bge.	一年生草本	湿中生	
484	白花丹科 Plumbaginaceae	补血草属 Limonium	二色补血草 Limonium bicolor (Bge.) O. Kuntze	多年生草本	中生	
485	木犀科 Oleaceae	梣属 Fraxinus	白蜡树 Fraxinus chinensis Roxb.	乔木	中生	
486			大叶白蜡 Fraxinus rhynchophylla Hance.	乔木	中生	
487			小叶白蜡 Fraxinus bungeana DC.	灌木	中生	
488		丁香属 Syringa	暴马丁香 Syringa reticulata (Blume) Hara var. amurensis (Rupr.) Pringle	灌木	湿中生	
489			北京丁香 Syringa pekinensis Rupr.	小乔木	中生	
490			红丁香 Syringa villosa Vahl.	灌木	中生	
491			毛叶丁香 Syringa pubescens Turcz.	灌木	中生	
492	龙胆科 Gentianaceae	扁蕾属 Gentianopsis	中国扁蕾 Gentianopsis barbata var. sinensis	二年或多年生草本	中生	资料
493			扁蕾 Gentianopsis barbata (Froel.) Ma.	一年生草本	中生	资料
494		肋柱花属 Lomatogonium	肋柱花 Lomalogonium carinthiaca A. Br.	一年生草本	中生	资料
495		花锚属 Halenia	花锚 Halenia sibirica Borkli	一年生草本	中生	

(续)

序号	科名	属名	种名	生活型	生境	备注
496			笔龙胆 *Gentiana zollingeri* Fawcett	二年生草本	中生	
497			达乌里龙胆 *Gentiana dahurica* Fisch.	多年生草本	中生	资料
498		龙胆属	大叶龙胆 *Gentiana macrophylla* Pall.	多年生草本	中生	
499		*Genliaiid*	小龙胆 *Genliana squarrosa* Ledeb.	一年生草本	中生	
500			假水生龙胆 *Gentiana pseudoaquatica* Kusnez.	一年生草本	湿生	
501	龙胆科		秦艽 *Gentiana crassicaulis* Duthie ex Burk.	多年生草本	中生	
502	Gentianaceae		纤茎秦艽 *Gentiana tenuicaulis* Ling	多年生草本	中生	
503		翼萼蔓属 *Pterygocalyx*	翼萼蔓 *Pterygocalyx volubilis* Maxim.	一年生缠绕草本	中生	资料
504			当药 *Swertia diluta* (Turcz.) Benth	一年生草本	中生	资料
505		獐牙菜属 *Swertia*	瘤毛獐牙菜 *Swertia pseudochinensis* Hara	一年生草本	中生	资料
506			红直当药 *Swertia er^hrostica* Maxim.	多年生草本	中生	资料
507			白首乌 *Cynanchum bungei* Decne.	多年生藤本	中生	
508			白薇 *Cynanchum atratitum* Bge.	多年生草本	中生	
509			地梢瓜 *Cynanchum lhesioides* (Freyn.) K. Schum.	多年生草本	中生	
510			鹅绒藤 *Cynanchum chinensis* R. Br.	多年生草本	中生	
511		鹅绒藤属 *Cynanchum*	华北白前 *Cynanchum hancockianum* (Maxim.) Al.Iljinski	多年生草本	中生	
512	萝藦科 Asclepiadaceae		牛皮消 *Cynanchum auriculalum* Royle ex Wight.	多年生草质藤本	中生	
513			徐长卿 *Cynanchum paniculalmn* (Bge.) Kitag.	多年生草本	中生	
514			紫花杯冠藤 *Cynanchum purpureum* (Pall.) K. Schum	多年生草本	中生	资料
515			竹灵消 *Cynanchum inamoenum* (Maxim.) Loes.	多年生草本	中生	
516		杠柳属 *Periploca*	杠柳 *Periploca sepium* Bge.	木质藤本	旱中生	
517		萝藦属 *Metaplexis*	萝藦 *Metaplexis japonica* (Thunb.) Makino	草质藤本	中生	
518			打碗花 *Calystegia hederacea* Wall. ex Roxb.	一年生草本	中生	
519		打碗花属 *Calystegia*	宽叶打碗花 *Calystegia dahurica* (Herb.) Clioisy	多年生草本	湿中生	
520			旋花 *Calystegia sepium* (Linn.) R.Br.	多年生草本	中生	
521		牵牛花属	牵牛 *Pharbitis nil* (L.) Choisy	一年生草本	中生	
522	旋花科	*Pharbilis*	圆叶牵牛 *Pharbitis puqjurea* (L.) Viogt.	一年生草本	中生	
523	Convolvulaceae	菟丝子属	日本菟丝子 *Cuscuta japonica* Choixy.	一年生寄生草本	中生	
524		*Cuscuta*	菟丝子 *Cuscuta chinensis* Lam.	一年生寄生草本	中生	
525		旋花属 *Convolvulus*	田旋花 *Convolvulus arvensis* L.	多年生草本	旱中生	
526		鱼黄草属 *Merreinia*	北鱼黄草 *Merremia sibirica* (L.) Hall.	一年生缠绕草本	中生	

(续)

序号	科名	属名	种名	生活型	生境	备注
527	花荵科 Polemoniaceae	花荵属 Polemonium	花荵 Polemonium coeruleum L.	多年生草本	湿中生	
528		斑种草属 Bolhriospennum	斑种草 Bothriospermum chinense Bge.	一二年生草本	中生	
529			多苞斑种草 Bothriospermum secundum Maxim.	一年生草本	中生	资料
530			狭苞斑种草 Bothrivspermum kusnetzowii Bge.	多年生草本	中生	资料
531		齿缘草属 Erilrichium	北齿缘草 Eritirichium borealisinense Kitag.	多年生草本	中生	资料
532			反折假鹤虱 Eritrichium deflexum	一二年生草本	中生	
533		附地菜属 Trigonotis	钝萼附地菜 Trigonotis amblyosepala Nakai et Kitag.	一年生草本	中生	资料
534			附地菜 Trigonotis peduncularis（Trev.）Bentli. ex Baker et Moore	一年生草本	中生	
535	紫草科 Boraginaceae	鹤虱属 Lappula	鹤虱 Lappula myosotis V. Wolf.	一年生草本	旱中生	
536		琉璃草属 Cynoglossum	大果琉璃草 Cynoglossum divaricatum Steph.	二年生草本	旱中生	资料
537		砂引草属 Messerschmidia	砂引草 Messerschmidia sibirica L. subsp. angustior（DC.）Kitag.	多年生草本	湿中生	资料
538		勿忘草属 Myosolis	湿地勿忘草 Myosolis caespitosa Schultz.	一二年生草本	湿中生	资料
539			勿忘草 Myosotis sylvatica（Ehrh.）Hoffm.	一二年生草本	中生	资料
540		紫草属 Lithospermum	紫草 Lithospennum erythrorhizon Sieb. et Zucc.	多年生草本	中生	资料
541		紫筒草属 Stenosolenium	紫筒草 Stenosolenium saxatile（Pall.）Turcz.	多年生草本	中生	资料
542	马鞭草科 Verbenaceae	牡荆属 Vitex	荆条 Vitex negundo var. heterophylla（Franth.）Rehd.	灌木	旱中生	
543			白花荆条 Vilex negnudo var. heterophylla（Franlh.）Rehd. f. albiflora Jen. et Y. J. Chang	灌木	旱中生	
544		百里香属 Thymus	百里香 Thymus mongolicus Ronn.	亚灌木	中生	
545			地椒 Thymus quinquecoslatus Celak.	亚灌木	中生	资料
546		薄荷属 Mentha	薄荷 Mentha haplocalyx Briq.	多年生草本	湿中生	
547		糙苏属 Phlomis	糙苏 Phlomis umbrosa Turcz.	多年生草本	中生	
548	唇形科 Labiatae		大叶糙苏 Phlomis maximowiczii Regel	多年生草本	中生	资料
549		地笋属 Lycopus	地笋 Lycopus lucidus Turcz.	多年生草本	湿中生	
550			欧地笋 Lycopus europaeus L.	多年生草本	湿中生	
551		风轮菜属 Clinopodium	风车草 Clinopodium chinensis O. Kuntze var. grandiflorum（Maxim.）Hara	多年生草本	中生	
552			风轮菜 Clinopodium chinensis O. Klze.	多年生草本	中生	资料
553			麻叶风轮菜 Clinopodium urticifolium（Hance）C. Y. Wu et Hsuan ex H. W. Li.	多年生草本	中生	

(续)

序号	科名	属名	种名	生活型	生境	备注
554		荆芥属 Nepeta	康藏荆芥 *Nepeta prattii* Levi.	多年生草本	湿中生	资料
555			多裂叶荆芥 *Nepeta multifida* L.	一年生草本	中生	资料
556			白花黄芩 *Scutellaria baicalensis* f. *albiflora*	多年生草本	中生	资料
557			北京黄芩 *Scutellaria pekinensis* Maxim.	一年生草本	中生	
558		黄芩属 *Scutellaria*	并头黄芩 *Scutellaria scordifolia* Fisch. ex Schrank.	多年生草本	中生	
559			黄芩 *Scutellaria baicalensis* Georgi.	多年生草本	旱中生	
560			粘毛黄芩 *Scutellaria viscidula* Bge.	多年生草本	中生	资料
561		筋骨草属 *Ajuga*	白苞筋骨草 *Ajuga lupulina* Maxim.	多年生草本	中生	
562			筋骨草 *Ajuga ciliata* Bge.	多年生草本	湿中生	资料
563		香科科属 *Teucrium*	黑龙江香科科 *Teucrium ussuriense* Kom.	多年生草本	中生	资料
564		裂叶荆芥属 *Schizonepeta*	裂叶荆芥 *Schizonepeta tenuifolia* (Benlh.) Briq.	一年生草本	中生	
565			光萼青兰 *Dracocephalum argunense* Fisch. ex Link	多年生草本	中生	资料
566		青兰属 *Dracocephaluni*	香青兰 *Dracocephalum moldavica* L.	一年生草本	中生	
567			岩青兰 *Dracocephalum rupestre* Hance.	多年生草本	中生	
568	唇形科 Labiatae		丹参 *Salvia miltiorrhiza* Bge.	多年生草本	中生	
569		鼠尾草属 *Salvia*	雪见草 *Salvia plebeia* R. Br.	二年生草本	中生	资料
570			荫生鼠尾草 *Salvia umbratica* Hance.	多年生草本	中生	
571		水棘针属 *Amelhystea*	水棘针 *Amethystea caerulea* L.	一年生草本	湿中生	
572		水苏 *Stachys*	甘露子 *Stachys sieboldii* Miq.	多年生草本	湿中生	资料
573		夏至草属 *Lagopsis*	夏至草 *Lagopsis supinci* (Steph) IK-Gal. ex Knorr.	多年生草本	中生	
574		香茶菜属 *Rabdosia*	蓝萼香茶菜 *Rabdosia japonica* var. *glaucocalyx* (Maxim.) Hara	多年生草本	中生	
575			内折香茶菜 *Rabdosia inflexa* (Thunb.) Hara	多年生草本	中生	
576			白花木本香薷 *Elsholtzia stauntoni* f. *albiflora*	亚灌木	中生	资料
577			海州香薷 *Elsholtzia splendens* Nakai ex F. Maekawa	一年生草本	中生	资料
578		香薷属 *Elsholtzia*	密花香薷 *Elsholtzia densa* Benth.	一年生草本	中生	
579			木本香薷 *Elsholtzia slaunloni* Benth.	半灌木	旱中生	
580			香薷 *Elsholtzia ciliata* (Thunb.) Hyland.	一年生草本	中生	
581		藿香属 *Agastache*	藿香 *Agastache rugosa* Fisch. et Mey. O. Ktze	多年生草本	中生	
582			大花益母草 *Leonurus macranthus* Maxim.	多年生草本	中生	资料
583		益母草属 *Leonurus*	细叶益母草 *Leonurus sibiricus* L.	一二年生草本	旱生	
584			益母草 *Leonurus japonicus* Hoult.	一二年生草本	中生	

(续)

序号	科名	属名	种名	生活型	生境	备注
585	唇形科 Labiatae	益母草属 Leonurus	錾菜 Leonurus pseudomacranthus Kitag.	多年生草本	中生	资料
586		曼陀罗属 Datura	曼陀罗 Datura slramonium L.	一年生草本	中生	
587		泡囊草属 Physochlaina	泡囊草 Physochlaina physaloides (L.) G.	多年生草本	中生	资料
588		茄属 Solanum	龙葵 Solanum nigrum L.	一年生草本	中生	
589	茄科 Solanaceae		野海茄 Solanum japonense Nakai	多年生草质藤本	中生	资料
590		散血丹属 Physaliaslrum	日本散血丹 Physaliastrum japonicum (Franch. et Sav.) Honda	多年生草本	中生	
591		酸浆属 Physalis	酸浆 Physalis alkekengi Linn. var. francheli (Mast.) Makino	多年生草本	湿中生	
592		天仙子属 Hyoscyamus	天仙子 Hyoscyamus niger L.	一二年生草本	中生	
593		地黄属 Rehmannia	地黄 Rehmannia glutinosa (Gaetn.) Libosch.ex Fisch. et Mey.	多年生草本	旱中生	
594		腹水草属 Veronicastnim	草本威灵仙 Veronicastnim sibiricum (L.) pennell.	多年生草本	中生	
595		沟酸浆属 Minuilus	沟酸浆 Mimulus lenellus Bge.	多年生草本	湿中生	资料
596		疗齿草属 Odontites	疗齿草 Odontites serolina (Lam.) Duni.	一年生草本	湿生	资料
597		柳穿鱼属 Linaria	柳穿鱼 Linaria vulgaris Mill. subsp. sinensis (Bebeaux) Hong	多年生草本	旱中生	
598			短茎马先蒿 Pedicularis arlselaeri Maxim.	多年生草本	中生	
599			返顾马先蒿 Pedicularis resupinata L.	多年生草本	中生	
600		马先蒿属 Pedicularis	红纹马先蒿 Pedicularis striata Pall.	多年生草本	中生	
601	玄参科 Scrophulariaceae		华北马先蒿 Pedicularis talarinowii Maxim.	一年生草本	中生	
602			穗花马先蒿 Pedicularis spicata Pall.	一年生草本	中生	
603			中国马先蒿 Pedicularis resupinata L.	一年生草本	中生	
604			北水苦荬 Veronica anagalis-aquatica L.	多年生草本	湿生	
605		婆婆纳属 Veronica	细叶婆婆纳 Veronica linariifolia Pall.ex Link	多年生草本	中生	
606			水蔓菁 Veronica linariifolia Pall.ex Link subsp. dilatata (Nakai el Kitagawa) Hong	多年生草本	中生	
607		山萝花属 Melainpyrumtum	山萝花 Melampyrum roseum Maxim.	一年生草本	中生	
608		大黄花属 Cymbaria	大黄花 Cymbaria dahurica Linn.	多年生草本	中生	资料
609		松蒿属 Phlheirospennum	松蒿 Phtheirospermum japonicum (Thunb.) Kanitz	一年生草本	中生	

（续）

序号	科名	属名	种名	生活型	生境	备注
610		小米草属 *Euphrasia*	小米草 *Euphrasia pectinala* Ten.	一年生草本	中生	资料
611	玄参科 Scrophulariaceae	玄参属 *Scrophularia*	华北玄参 *Scrophularia moellendorffii* Maxim.	多年生草本	湿中生	资料
612		阴行草属 *Siphonostegia*	阴行草 *Siphonostegia chinensis* Bentli.	一年生草本	中生	
613	紫葳科 Bignoniaceae	角蒿属 *Incarvillea*	角蒿 *Incarvillea sinensis* Lam.	一年生草本	旱中生	
614	列当科 Orobanchaceae	列当属 *Orobanche*	黄花列当 *Orobanche pycnostchya* Hance.	多年生寄生	旱生	
615			列当 *Orobanche coerulescens*	多年生草本	旱生	资料
616	苦苣苔科 Gesneriaceae	牛耳草属 *Boea*	牛耳草 *Boea hygrometrica* (Bge.) R.Br.	多年生草本	湿中生	
617	透骨草科 Phiymaceae	透骨草属 *Phryma*	透骨草 *Phryma leploslachya* L. subsp. *asialica* (Hara) Kitamura	多年生草本	湿中生	
618	车前科 Planlaginaceae	车前属 *Plantago*	车前 *Plantago asialica* L.	多年生草本	湿中生	
619			大车前 *Plantago major* L.	多年生草本	湿中生	
620			平车前 *Plantago depressa* Willd.	多年生草本	中生	
621	茜草科 Rubiaceae	茜草属 *Rubia*	茜草 *Rubia cordifolia* L.	多年生草本	中生	
622		猪殃殃属 *Galium*	光果猪殃殃 *Galium spurium* L.	一年生草本	中生	
623			蓬子菜 *Galium veriun* L.	多年生草本	中生	
624			少花猪殃殃 *Galium pauciflorum* Bge.	多年生草本	中生	
625			四叶葎 *Galium bungei* Steud.	多年生草本	湿生	
626			线叶猪殃殃 *Galium linearifolium* Turcz.	多年生草本	中生	
627			猪殃殃 *Galium aparine* L.	一年生草本	中生	
628			砧草 *Galium boreale* L.	多年生草本	湿中生	
629			异叶轮草 *Galium maximowiczii* (Kom.) Pobed.	多年生草本	湿生	
630			喀喇套拉拉藤 *Galium karataviense* (Pavlov) Pobed.	多年生草本	湿中生	
631		野丁香属 *Leptodermis*	薄皮木 *Leptodennis oblonga* Bge.	灌木	中生	
632		水团花属 *Adina*	水杨梅 *Adina rubella* Hance	多年生草本	湿中生	
633	忍冬科 Caprifoliaceae	荚蒾属 *Viburnum*	鸡树条荚蒾 *Viburnum sargeniii* Koehne	灌木	中生	
634			蒙古荚蒾 *Viburnum mongolicum* (Pall.) Rehd.	灌木	中生	
635		接骨木属 *Sambucus*	接骨木 *Sambucus williamsii* Hance	灌木	中生	
636			无梗接骨木 *Sambucus sieboldiana* Bl. ex Miq.	灌木	中生	资料
637		锦带花属 *Weigela*	锦带花 *Weigela florida* (Bge.) A. DC.	灌木	旱中生	

(续)

序号	科名	属名	种名	生活型	生境	备注
638	忍冬科 Caprifoliaceae	六道木属 Abelia	六道木 Abella biflora Turcz.	灌木	旱中生	
639		忍冬属 Lonicera	北京忍冬 Lonicera pekinensis Rehd.	灌木	中生	
640			金花忍冬 Lonicera chrysaiuha Turcz.	灌木	中生	
641			刚毛忍冬 Lonicera hispida Pall. ex Roem. et Schult.	灌木	中生	
642			华北忍冬 Lonicera tatarinoivii Maxim.	灌木	中生	
643	五福花科 Adoxaceae	五福花属 Adoxa	五福花 Adoxa moschatellina L.	多年生草本	中生	
644	败酱科 Valerianaceae	败酱属 Patrinia	糙叶败酱 Patrinia scabra Bge.	多年生草本	旱中生	
645			黄花龙芽 Patrinia scabiosaefolia Fisch. ex Link.	多年生草本	中生	
646			岩败酱 Patrinia rupestris (Pall.) Dufr.	多年生草本	旱中生	资料
647			异叶败酱 Patrinia heterophylla Bge.	多年生草本	旱中生	
648		缬草属 Valeriana	缬草 Valeriana officinalis L.	多年生草本	湿中生	
649	川续断科 Dipsacaceae	蓝盆花属 Scabiosa	华北蓝盆花 Scabiosa tschiliensis Gnm.	多年生草本	中生	
650		续断属 Dipsacus	日本续断 Dipsacus japonicus Miq.	多年生草本	湿中生	
651	葫芦科 Cucurbitaceae	赤瓟属 Thladiantha	赤瓟 Thladiantha dubia Bge.	多年生藤本	中生	资料
	桔梗科 Campanulaceae	党参属 Codonopsis	党参 Codonopsis pilosula (Fr.) Namif.	多年生藤本	中生	
			羊乳 Codonopsis lanceolata (Sieb. et Zucc.) Trautv.	多年生草本	中生	
		半边莲属 Lobelia	山梗菜 Lobelia sessilifolia Lamb.	多年生草本	湿中生	资料
		风铃草属 Campanula	紫斑风铃草 Campanula punctata Lam.	多年生草本	中生	
		桔梗属 Platycodon	桔梗 Platycodon grandiflorus (Jacq.) A.DC.	多年生草本	中生	
		沙参属 Adenophora	北方沙参 Adenophora borealis Hong et Zhao Ye-zhi	多年生草本	中生	资料
			紫沙参 Adenophora paniculala Nannf.	多年生草本	中生	
			多歧沙参 Adenophora wawreana Zahlbr.	多年生草本	旱中生	
			轮叶沙参 Adenophora telraphylla (Thunb.) Fisch.	多年生草本	湿中生	
			荠苨 Adenophora trachelioides Maxim	多年生草本	中生	
			沙参 Adenophora elata Nakai.	多年生草本	中生	
			石沙参 Adenophora polyantha Nakai	多年生草本	旱中生	
			展枝沙参 Adenophora divaricata Franch. et Sav.	多年生草本	中生	
			狭叶沙参 Adenophora gmelinii (Spreng.) Fisch.	多年生草本	中生	资料
			长柱沙参 Adenophora stenanthina (Ledeb.) Kitagawa	多年生草本	中生	
667	菊科 Compositae	飞蓬属 Erigeron	飞蓬 Erigeron acer L.	多年生草本	中生	资料

(续)

序号	科名	属名	种名	生活型	生境	备注
668		苍耳属 *Xanlhium*	苍耳 *Xanthium sibiricum* Patrin ex Wield.	一年生草本	中生	
669		苍术属 *Atractylodes*	苍术 *Atractylodes lancea* (Thunb.) DC.	多年生草本	中生	
670			北苍术 *Atractylodes.chinensis* (DC.) Koidz	多年生草本	旱生	
671		翠菊属 *Callistephus*	翠菊 *Callistephus chinensis* (L.) Nees.	一年生草本	中生	
672		大丁草属 *Gerbera*	大丁草 *Gerbera anandria* (L.) Nakai	多年生草本	中生	
673		东风菜属 *Doellingeria*	东风菜 *Doellingeria scaber* (Thunb.) Nees.	多年生草本	中生	
674		飞廉属 *Carduus*	飞廉 *Carduus crispus* L.	二年生草本	中生	
675			节毛飞廉 *Cardnus acanthoides* L.	二年生或多年生草本	中生	
676		风毛菊属 *Saussurea*	篦苞风毛菊 *Saussurea pectinata* Bge.	多年生草本	中生	
677			草地风毛菊 *Saussurea amara* (L.) DC.	多年生草本	中生	
678			风毛菊 *Saussurea japonica* (Thunb.) DC.	二年生草本	中生	
679			华北风毛菊 *Saussurea mogolica* (Fr.) Franch.	多年生草本	中生	
680			乌苏里风毛菊 *Saussurea ussuriensis* Maxim.	多年生草本	中生	
681			银背风毛菊 *Saussurea nivea* Turcz.	多年生草本	中生	
682	菊科 *Compositae*		齿叶风毛菊 *Saussurea ncoserrata* Nakai	多年生草本	中生	
683			紫苞风毛菊 *Saussurea iodostegia* Hance.	多年生草本	中生	
684			卷苞风毛菊 *Saussurea sclerolepis* Nakai et Kitag.	多年生草本	中生	
685		狗娃花属 *Heteropappus*	阿尔泰狗娃花 *Heteropappus altaicus* (Willd.) Novopokr.	多年生草本	中生	资料
686			狗娃花 *Heteropappus hispidus* (Thunb.) Less.	二年生草本	中生	资料
687		鬼针草属 *Bidens*	鬼针草 *Bidens bipinnatap* L.	一年生草本	湿中生	
688			狼杷草 *Bidens tripartita* L.	一年生草本	湿中生	
689			小花鬼针草 *Bidens parviflora* Willd.	一年生草本	中生	
690		蒿属 *Artemisia*	黄花蒿 *Artemisia annua* L.	一二年生草本	中生	
691			青蒿 *Artemisia aopiacea* Hance	多年生草本	中生	
692			艾蒿 *Artemisia argyi* Levi. et Vant.	多年生草本	中生	
693			山蒿 *Artemisia brachyloba* Franch.	半灌木	中生	
694			茵陈蒿 *Artemisia capillaris* Thunb.	多年生草本	旱中生	
695			狭叶青蒿 *Artemisia dracuncuhis* Linn.	多年生草本	中生	
696			南牡蒿 *Artemisia eriopoda* Bge.	多年生草本	中生	
697			吉蒿 *Artemisia giraldii* Pamp.	多年生草本	中生	
698			白莲蒿 *Artemisia gmelinii* Web. ex Slechm.	多年生草本	旱中生	

(续)

序号	科名	属名	种名	生活型	生境	备注
699			歧茎蒿 *Artemisia igniaria* Maxim	多年生草本	中生	
700			柳叶蒿 *Artemisia inlegrifolia* L.	多年生草本	中生	
701			牡蒿 *Artemisia japonica* Thunb.	多年生草本	旱中生	
702			野艾蒿 *Artemisia lavandulaefolia* DC.	多年生草本	中生	
703			蒙古蒿 *Artemisia mongolica* Fisch.	多年生草本	中生	
704			猪毛蒿 *Artemisia scoparia* Wald. et Kit.	一二年生草本	中生	
705		蒿属 *Artemisia*	大籽蒿 *Artemisia sieversiana* Willd	二年生草本	旱中生	
706			牛尾蒿 *Artemisia subdigitata* Mattf.	多年生草本	中生	
707			细裂叶蒿 *Artemisia tanacetifolia* L.	多年生草本	中生	
708			毛莲蒿 *Artemisia vestita* Wall.	多年生草本	旱中生	
709			红足蒿 *Artemisia rubripes* Nakai	多年生草本	旱中生	
710			无毛牛尾蒿 *Artemisia dubia* var. *subdigitata* (Mattf.) Y. R. Ling	多年生草本	旱中生	
711		和尚菜属 *Adenocauloti*	和尚菜 *Adenocaulon himalaicum* Edgew.	多年生草本	中生	
712		火绒草属 *Leontopodium*	火绒草 *Leontopodium konlopodioides* (Willd.) Beauv.	多年生草本	旱中生	
713			绢茸火绒草 *Leontopodium smithianum* Hand.-Mazz.	多年生草本	中生	
714	菊科 Compositae		刺儿菜 *Cirsium setosum* (Willd.) Bieb.	多年生草本	中生	
715			魁蓟 *Cirsium leo* Nakai et Kitag.	多年生草本	中生	
716		蓟属 *Cirsium*	绒背蓟 *Cirsium vlassovianum* Fisch.	多年生草本	中生	资料
717			烟管蓟 *Cirsium penhdulum* Fisch.	多年生草本	中生	
718			野蓟 *Cirsium maackii* Maxim.	多年生草本	中生	
719			块蓟 *Cirsium salicifolium* (Kitag.) Shih	多年生草本	中生	
720		牛膝菊属 *Galinsoga*	牛膝菊 *Galinsoga parviflora* Cav. Ic. et Descr	一年生草本	中生	药用
721			小红菊 *Dendranthema chanetii* (Levi.) Shih	多年生草本	中生	
722		菊属 *Dendranthema*	紫花野菊 *Dendranthema zaivadskii* (Herb.) Tzvel.	二多年生草本	中生	
723			甘菊 *Dendranthema lavandulifolium* (Fisch. ex Trautv.) Ling et Shih	多年生草本		资料
724		苦苣菜属 *Sonchus*	苣荬菜 *Sonchus brachyatus* DC.	多年生草本	中生	
725			苦苣菜 *Sonchus oleraceus* L.	一年生草本	旱中生	
726		苦荬菜属 *Ixeris*	苦菜 *Ixeris chinensis* (Thunb.) Nakai	多年生草本	旱中生	
727			抱茎苦荬菜 *Ixeris sonchifolium* (Maxim.) Shih	多年生草本	中生	
728			秋苦荬菜 *Ixeris denticulata* (Houtt.) Stebb.	多年生草本	中生	
729		款冬属 *Tussilago*	款冬 *Tussilago farfara* L.	多年生草本	湿中生	资料

(续)

序号	科名	属名	种名	生活型	生境	备注
730		蓝刺头属 Echinops	蓝刺头 Echinops latifolius Tausch.	多年生草本	中生	
731			砂蓝刺头 Echinops gmelini Turcz.	一年生草本	旱中生	资料
732		鳢肠属 Eclipta	鳢肠 Eclipta prostrata (L.) L. mant.	一年生草本	湿生	
733		麻花头属 Serratula	多头麻花头 Serratula polycephala Iljin	多年生草本	中生	
734			麻花头 Serratula centauroides L.	多年生草本	旱中生	
735		马兰属 Kalimeris	北方马兰 Kalimeris mongolic (Franch.) Kitam.	多年生草本	中生	
736			裂叶马兰 Kalimeris incisa (Fisch.) DC.	多年生草本	中生	
737		蚂蚱腿子属 Myripnois	蚂蚱腿子 Myripnois dioica Bge.	灌木	中生	
738		猫儿菊属 Hypochaeris	猫儿菊 Hypochaeris ciliata (Thunb.) Makino	多年生草本	中生	
739		毛连菜属 Pieris	毛连菜 Pieris japonica Thunb.	二年生草本	中生	
740		泥胡菜属 Hemistepta	泥胡菜 Hemistepta lyrata Bge.	二年生草本	中生	
741		牛蒡属 Arctium	牛蒡 Arctium lappa L.	二年生草本	中生	
742	菊科 Compositae	盘果菊属 Prenanlhes	大叶盘果菊 Prenanlhes macrophylla Francli.	多年生草本	中生	
743			盘果菊 Prenanlhes talarinowii Maxim.	多年生草本	中生	
744		蒲公英属 Taraxacum	白花蒲公英 Taraxacum pseudo-albidu Kitag.	多年生草本	中生	资料
745			白缘蒲公英 Taraxacum platypecidum Diels.	多年生草本	中生	
746			红梗蒲公英 Taraxacum erythropodium Kitag	多年生草本	中生	资料
747			芥叶蒲公英 Taraxacum brassicaefolimn Kitag.	多年生草本	中生	资料
748			蒲公英 Taraxacum mongolicum Hand.-Mazz	多年生草本	中生	
749			异鳞蒲公英 Taraxacum heterolepis	多年生草本	中生	资料
750		祁州漏芦属 Rhaponticmn	祁州漏芦 Rhaponticum imiflontm (L.) DC.	多年生草本	中生	
751		千里光属 Senecio	狗舌草 Senecio kirilowii Turcz. ex DC.	多年生草本	中生	资料
752			林荫千里光 Senecio nemorensis L.	多年生草本	中生	
753			羽叶千里光 Senecio argunensis Turcz.	多年生草本	中生	资料
754		山柳菊属 Hieracium	山柳菊 Hieracium umbellatum L.	多年生草本	中生	资料
755		山牛蒡属 Synurus	山牛蒡 Synuriis deltoides (Ait.) Nakai	多年生草本	中生	
756		蓍属 Achillea	高山蓍 Achillea alpina L.	多年生草本	中生	
757		天名精属 Carpesium	烟管头草 Carpesium ceniuum L.	多年生草本	中生	
758		白酒草属 Conyza	小飞蓬 Conyza canadensis (L.) Cronq.	一年生草本	中生	资料
759		兔儿伞属 Syneilesis	兔儿伞 Syneilesis aconitifalia (Bge.) Maxim.	多年生草本	中生	

（续）

序号	科名	属名	种名	生活型	生境	备注
760	菊科 Compositae	橐吾属 Ligularia	全缘橐吾 Ligularia mongolica Thunb.	多年生草本	中生	
761			蹄叶橐吾 Ligularia jischeri (Ledeb.) Turcz.	多年生草本	中生	
762			狭苞橐吾 Ligularia intennedia Nakai	多年生草本	中生	
763		山莴苣属 Lagedium	山莴苣 Lagedium sibirica (L.) Sojak	一二年生草本	中生	资料
764		翅果菊属 Pterocypsela	翼柄翅果菊 Pterocypsela triangulata (Maxim.) Shih.	二年或多年生草本	中生	
765		豨莶属 Siegesbeckia	腺梗豨莶 Siegesbeckia pubescens Makino	一年生草本	中生	
766		线叶菊属 Filifolium	线叶菊 Filifolium sibiricum (L) Kitani.	多年生草本	旱中生	
767		女菀属 Turczaninowia	女菀 Turczaninowia fastigiala (Fisch.) DC.	多年生草本	湿中生	
768		香青属 Anaphalis	铃铃香青 Anaphalis hancockii Maxim.	多年生草本	中生	
769		碱菀属 Tripolium	碱菀 Tripolium vulgare Nees	一年生草本	湿中生	资料
770		蟹甲草属 Parasenecio	山尖子 Parasenecio haslata L.	多年生草本	中生	
771		旋覆花属 Inula	欧亚旋覆花 Inula britanica L.	多年生草本	湿中生	
772			旋覆花 Inula japonica Thunb.	多年生草本	湿中生	
773		鸦葱属 Scorzonera	桃叶鸦葱 Scorzonera sinensis Lipsch. et Krasch.	多年生草本	中生	
774			细叶鸦葱 Scorzonera albicaulis Bge.	多年生草本	中生	
775			鸦葱 Scorzonera ruprechtiana Lipsch. et Krasch.	多年生草本	中生	资料
776		泽兰属 Eupatorium	泽兰 Eupatorium lindleyanum DC.	多年生草本	湿中生	资料
777		紫菀属 Aster	三褶脉紫菀 Aster ageratoides Turcz	多年生草本	中生	
778			紫菀 Aster tataricus L.	多年生草本	中生	资料
779	香蒲科 Typhaceae	香蒲属 Typha	香蒲 Typha angustifolia L.	多年生草本	水生	资料
780	眼子菜科 Potamogetonaceae	眼子菜属 Polamogeton	穿叶眼子菜 Potamogeton malainus Miq.	多年生沉水	水生	资料
781			篦齿眼子菜 Potamogeton peclinatus Linn.	多年生沉水	水生	资料
782			菹草 Potamogeton crispus L.	多年生草本	湿生	资料
783	泽泻科	泽泻属 Alisma	东方泽泻 Alisma orientale (Samuel.) Juz.	多年生草本	湿生	
784	禾本科 Gramineae	白茅属 Imperata	白茅 Imperata cylindrica (L.) Beauv.	多年生草本	中生	资料
785		稗属 Echinochloa	稗 Echinochloa crusgalli (L.) Beauv.	一年生草本	中生	
786			西来稗 Echinochloa crusgallii var. zelayensis (H. B. K.) Hitch.	一年生草本	湿中生	
787			无芒稗 Echinochloa crusgallii var. mitis (Pursh) Peterm.	一年生草本	湿中生	资料

(续)

序号	科名	属名	种名	生活型	生境	备注
788		草沙蚕属 Tripogon	草沙蚕 Tripogon chinensis (Franch.) Hack.	多年生草本	中生	资料
789		臭草属 Melica	臭草 Melica scabrosa Trin	多年生草本	中生	
790			大臭草 Melica turczaninowiana Ohwi	多年生草本	中生	
791			华北臭草 Melica onoei Franch. et Sav.	多年生草本	湿中生	资料
792			细叶臭草 Melica radula Franch.	多年生草本	旱中生	资料
793			抱草 Melica virgata Turcz	多年生草本	旱中生	
794		大油芒属 Spodiopogon	大油芒 Spodiopogon sibiricus Trin.	多年生草本	中生	
795		鹅观草属 Roegneria	直穗鹅观草 Roegneria turczauinovi (Drob.) Nevski.	多年生草本	中生	资料
796			小株鹅观草 Roegneria minor Keng	多年生草本	中生	资料
797			鹅观草 Roegneria kamoji Ohwi	多年生草本	中生	
798			河北鹅观草 Roegneria hondai Kitag	多年生草本	中生	资料
799			毛盘鹅观草 Roegneria barbicalla Ohwi	多年生草本	中生	
800			缘毛鹅观草 Roegneria pendulina Nevski	多年生草本	中生	资料
801		拂子茅属 Calamagroslis	大拂子茅 Calamagroslis rnacrolepis Litv.	多年生草本	中生	资料
802	禾本科 Gramineae		拂子茅 Calamagroslis epigejos (L.) Roth.	多年生草本	中生	资料
803			假苇拂子茅 Calamagrostis pseudophragmites (Haller f.) Koeler	多年生草本	湿中生	
804		野青茅属 Deyeuxia	野青茅 Deyeuxia arundinacea (L.) Beauv.	多年生草本	湿中生	
805			大叶章 Deyeuxia langsdorffii (Link) Kunth	多年生草本	湿生	
806		狗尾草属 Setaria	狗尾草 Seiaria viridis (L.) Beauv.	一年生草本	中生	
807			紫穗狗尾草 Setaria viridis (L.) Beauv. var. puipurascens Maxim.	一年生草本	中生	资料
808			金狗尾草 Setaria glauca (L.) Beauv	一年生草本	中生	
809		寇芒草属 Enneapogon	冠芒草 Enneapogon borealis (Griseb.) Honda	一二年生草本	中生	资料
810		虎尾草属 Chloris	虎尾草 Chloris virgata Swartz.	一年生草本	中生	
811		画眉草属 Eragrostis	大画眉草 Eragrostis cilianeniss (ALL.) Link ex Vign-Lut.	一年生草本	中生	资料
812			画眉草 Eragrostis pilosa (L.) Beauv.	一年生草本	中生	资料
813			小画眉草 Eragrostis minor Host	一年生草本	中生	
814		芨芨草属 Achnatherum	京芒草 Achnatherum pelinense (Hee.) Ohwi	多年生草本	中生	资料
815			羽茅 Achnatherum sibiricum (L.) Keng	多年生草本	中生	资料
816			朝阳芨芨草 Achnatherum nakaii (Honda) Tateoka	多年生草本	中生	资料
817			远东芨芨草 Achnatherum extremiorientale (Hara) Keng ex P. C. Kuo	多年生草本	中生	

(续)

序号	科名	属名	种名	生活型	生境	备注
818		菅草属 *Themeda*	黄背草 *Themeda japonica*（Willd.）C. Tanaka	多年生草本	中生	
819		剪股颖属 *Agrosiis*	华北剪股颖 *Agrostis clavata* Trin.	多年生草本	湿中生	
820			小糠草 *Agrostis gigantea* Roth	多年生草本	中生	资料
821		荩草属 *Arthraxon*	荩草 *Arthraxon hispidus*（Thunb.）Maxino	一年生草本	湿中生	
822		细柄草属 *Capillipedium*	细柄草 *Capillipedium parviflorum*（R. Br.）Stapf.	多年生草本	中生	资料
823		孔颖草属 *Bothriochloa*	白羊草 *Bothriochloa ischaemum*（L.）Keng	多年生草本	中生	资料
824		赖草属 *Leymus*	赖草 *Leymus secalinum*（Georgi）Tzvel.	多年生草本	中生	资料
825			羊草 *Leymus chinensis*（Trin.）Tzvel.	多年生草本	旱中生	资料
826		狼尾草属 *Pennisetum*	狼尾草 *Pennisetum alopecuroides*（L.）Spreng.	多年生草本	旱中生	资料
827			白草 *Pennisetum centrasiaticum* Tzvel.	多年生草本		
828		芦苇属 *Phragmites*	芦苇 *Phragmites australis*（Cav.）Trin.ex Steud.	多年生草本	湿中生	
829		乱子草属 *Muhlenbergia*	乱子草 *Muhlenbergia hugelii* Trin.	多年生草本	湿中生	资料
830		马唐属 *Digitaria*	马唐 *Digitaria sanguinalis*（L.）Scop.	一年生草本	中生	
831			止血马唐 *Digitaria ischaemum*（Schreb.）Muhlenb.	一年生草本	湿中生	资料
832	禾本科 *Gramineae*	茅香属 *Hierochloe*	茅香 *Hierochloe odorata*（L.）Beauv.	多年生草本	湿中生	资料
833			肥披碱草 *Elymus excelsus* Turcz.	多年生草本	中生	资料
834		披碱草属 *Elymiis*	披碱草 *Elymus dahuricus*（Turcz.）Nevski	多年生草本	中生	资料
835			圆柱披碱草 *Elymus cylindricus*（Franch.）Honda	多年生草本	中生	资料
836			老芒麦 *Elymus sibiricus* Linn.	多年生草本	中生	
837		菭草属 *Koeleria*	菭草 *Koeleria cristata*（L.）Pers.	多年生草本	中生	资料
838			芒菭草 *Koeleria lilvinowii* Dom.	多年生草本	中生	资料
839		求米草属 *Oplismenus*	求米草 *Oplismenus undulalifolius*（Ard.）Roeni. et Schult.	一年生草本	中生	
840		三芒草属 *Aristida*	三芒草 *Aristida adscenionis* L.	一年生草本	旱中生	资料
841		三毛草属 *Trisetum*	西伯利亚三毛草 *Trisetum sibiricum* Rupr.	多年生草本	旱中生	资料
842		虱子草属 *Tragus*	虱子草 *Tragus berteronianus* Schult.Mant.	一年生草本	旱生	资料
843		双稃草属 *Diplachne*	双稃草 *Diplachne fiisca*（L.）Beauv.	一年生草本	湿中生	资料
844		茵草属 *Beckmannia*	茵草 *Beckmannia syzigachne*（Steud.）Fern.	一年生草本	湿中生	资料
845		蟋蟀草属 *Eleusine*	蟋蟀草 *Eleusine indica*（L.）Gaertn.	一年生草本	中生	
846		燕麦属 *Avena*	野燕麦 *Avena fatua* L.	一年生草本	中生	
847		羊茅属 *Festuca*	紫羊茅 *Festuca rubra* L.	多年生草本	旱中生	资料

(续)

序号	科名	属名	种名	生活型	生境	备注
848		野古草属 Arundinella	野古草 Arundinella hirta (Thub.) Tanaka	多年生草本	中生	
849		野黍属 Eriochloa	野黍 Eriochloa villosa (Thunb.) Kunth	一年生草本	中生	资料
850		异燕麦属 Helictotrichon	异燕麦 Helictotrichon schellianum (Hack.) Kitag	多年生草本	中生	资料
851		隐子草属 Cleistogenes	丛生隐子草 Cleistogenes caespitosa Keng	多年生草本	旱中生	
852			北京隐子草 Cleistogenes hancei Keng	多年生草本	旱中生	
853			中华隐子草 Cleistogenes chinensis (Maxim) Keng	多年生草本	旱中生	
854	禾本科 Gramineae	早熟禾属 Poa	恒山早熟禾 Poa hengshanica Keng.	多年生草本	中生	资料
855			林地早熟禾 Poa nenioralis L.	多年生草本	中生	资料
856			蔺状早熟禾 Poa schoenites Keng.	多年生草本	中生	资料
857			疏散早熟禾 Poa subfastigiata Trinius	多年生草本	中生	资料
858			西伯利亚早熟禾 Poa sibirica Rosev.	多年生草本	中生	资料
859			硬质早熟禾 Poa sphondylodes Trin.	多年生草本	中生	
860			早熟禾 Poa annua L.	一二年生草本	中生	资料
861			华灰早熟禾 Poa botryoides Trin. ex Roshev.	多年生草本	中生	资料
862			草地早熟禾 Poa pratensis L.	多年生草本	中生	
863		针茅属 Stipa	阿尔泰针茅 Stipa krylovii Roshev.	多年生草本	中生	资料
864			大针茅 Stipa grandis P.	多年生草本	中生	资料
865			长芒草 Stipa bungeana Trin.	多年生草本	中生	
866		直芒草属 Orthoraphium	大叶直芒草 Orthoraphium grandifolium (Keng) Keng	多年生草本	中生	资料
867		雀麦属 Bromus	无芒雀麦 Bromus inermis Leyss.	多年生草本	中生	
868		虉草属 Phalaris	虉草 Phalaris arundinacea Linn	多年生草本	中生	
869		碱茅属 Puccinellia	碱茅 Puccinellia distans (L.) Parl.	多年生草本	湿生	
870	莎草科 Cyperaceae	扁莎草属 Pycreus	红鳞扁莎 Pycreus sanguinolentus (Vahl) Nees	多年生草本	湿中生	资料
871		藨草属 Scirpus	扁秆藨草 Scirpus planiculmis Fr. Schidt	多年生草本	湿生	资料
872			藨草 Scirpus triqueter L.	多年生草本	湿生	资料
873			荆三棱 Scirpus yagara Ohwi.	多年生草本	中生	资料
874			水葱 Scirpus tabernaemontani Gmel.	多年生草本	湿生	资料
875		莎草属 Cyperus	扁穗莎草 Cyperus compressus Linn.	一年生草本	湿生	资料
876		薹草属 Carex	矮薹草 Carex humilis Leyss. var. nana (Levi. et Vanl.) Ohwi	多年生草本	湿生	
877			矮生薹草 Carex pumila Thunb.	多年生草本	中生	资料
878			百花山毛薹草 Carex capillaris var. pohuashanensis Y.	多年生草本	中生	资料

(续)

序号	科名	属名	种名	生活型	生境	备注
879			多花薹草 Carex karoi Freyn	多年生草本	中生	
880			华北薹草 Carex hancockiana Maxim.	多年生草本	湿中生	资料
881			尖嘴薹草 Carex leiorhyncha Carex A. Mey.	多年生草本	湿生	资料
882			宽叶薹草 Carex siderosticta Hance.	多年生草本	湿中生	
883			麻根薹草 Carex arnellii Christ	多年生草本	中生	
884			披针叶薹草 Carex lanceolata Booth	多年生草本	中生	
885			日本薹草 Carex japonica Thunb.	多年生草本	中生	资料
886		薹草属 Carex	细叶薹草 Carex rigescens（Fr.）V.Krecz.	多年生草本	旱中生	资料
887			鸭绿薹草 Carex jaluensis Kom.	多年生草本	湿中生	
888	莎草科		异鳞薹草 Carex heterolepis Bge.	多年生草本	湿中生	
889	Cyperaceae		翼果薹草 Carex neurocarpa Maxim.	多年生草本	湿生	资料
890			早春薹草 Carex subpediformis（KuK.）Suto et Suzuki	多年生草本	中生	
891			针叶薹草 Carex onoei Franch. et Sv.	多年生草本	中生	
892			溪水薹草 Carex forficula Franch. et Sav.	多年生草本	湿中生	
893			柄薹草 Carex pediformis C. A. Mey.	多年生草本	中生	资料
894			涝峪薹草 Carex giraldiana Kiik.	多年生草本	中生	
895		飘拂草属 Fimbristylis	单穗飘拂草 Fimbristylis subbispicata Nees et Mey.	多年生草本	湿中生	资料
896		荸荠属 Eleocharis	针蔺 Eleocharis valleculosa Ohwi. f.	多年生草本	水生	资料
897			具刚毛荸荠 Eleocharis valleculosa var. setosa Ohwi	多年生草本	水生	
898		水葱属 Rhynchospora	三棱水葱 Rhynchospora triqueter（L.）Palla	多年生草本	水生	
899		半夏属 Pineilia	半夏 Pineilia ternata（Thunb.）Breit.	多年生草本	湿中生	
900	天南星科	天南星属	东北南星 Arisaema amurense Maxim.	多年生草本	中生	
901	Araceae	Arisaema	异叶天南星 Arisaema heterophyllum Blume	多年生草本	中生	
902			一把伞南星 Arisaema erubescens（Wall.）Schott.	多年生草本	湿中生	
903	鸭跖草科	鸭跖草属 Commelina	鸭跖草 Commelina coinmunis L.	一年生草本	湿中生	
904	Commelinaceae	竹叶子属 Streptolirion	竹叶子 Streptolirion volubile Edgew.	一年生缠绕草本	中生	
905			细灯芯草 Juncus gracilicaulis A. Camus	多年生草本	湿中生	资料
906	灯心草科	灯心草属	小灯心草 Juncus bufonius L.	一年生草本	中生	资料
907	Juncaceae	Juncus	竹节灯心草 Juncus turczaninowii（Buch.）V. Krecz	多年生草本	湿中生	资料
908			扁茎灯心草 Juncus compressus Jacq.	多年生草本	湿中生	

(续)

序号	科名	属名	种名	生活型	生境	备注
909		菝葜属 Smilax	草菝葜 Smilax riparia A. DC.	多年生草质藤本	中生	资料
910		百合属 Lilium	卷丹 Lilium lancifblium Thunb.	多年生草本	中生	
911			山丹 Lilium pumilum DC.	多年生草本	中生	
912			有斑百合 Lilium concolor Salisb. var. pulchellum (Fisch.) Regel	多年生草本	中生	
913		葱属 Allium	长梗葱 Allium neriniflorum (Herb.) Baker.	多年生草本	旱中生	
914			茖葱 Allium victorialis L.	多年生草本	中生	
915			黄花葱 Allium condensatum Turcz.	多年生草本	中生	
916			小根蒜 Allium macroslemon Bunge	多年生草本	中生	
917			密花小根蒜 Allium macroslemon var. uratensete	多年生草本	中生	资料
918			球序韭 Allium thunbergii G. Don.	多年生草本	中生	
919			砂韭 Allium bidentalum Fisch. ex Prokh.	多年生草本	中生	资料
920			山韭 Allium senescens L.	多年生草本	中生	
921			细叶韭 Allium tenuissimum L.	多年生草本	中生	资料
922			天蓝韭 Allium cyaneum Regel	多年生草本	中生	资料
923			野韭 Allium ramosum L.	多年生草本	中生	
924	百合科 Liliaceae		雾灵韭 Allium plurifoliatum var.stenodon (Nakai et Kitag.) J. M. Xu	多年生草本	中生	
925		黄精属 Polygonatum	二苞黄精 Polygonatum invohicratum (Francli. et Sav.) Maxim.	多年生草本	湿中生	
926			黄精 Polygonatum sibiricum Delar. ex Red.	多年生草本	中生	
927			轮叶黄精 Polygonatum verticillatum (L.) Ail.	多年生草本	中生	资料
928			热河黄精 Polygonatum macropodium Turcz.	多年生草本	中生	
929			小玉竹 Polygonatum humile Fisch. ex Maxim.	多年生草本	中生	
930			玉竹 Polygonatum odoratum (Mill) Dmce.	多年生草本	湿中生	
931		藜芦属 Veratrum	藜芦 Veratrum nigrum L.	多年生草本	中生	
932		铃兰属 Convallaria	铃兰 Convallaria majalis L.	多年生草本	中生	
933		鹿药属 Smilacina	鹿药 Smilacina japonica A. Gray	多年生草本	湿中生	
934		顶冰花属 Gagea	小顶冰花 Gagea hiensis Pasch.	多年生草本	湿中生	
935		绵枣儿属 Scilla	绵枣儿 Scilla scilloides (Lindl.) Druce.	多年生草本	中生	资料
936		天门冬属 Asparagus	龙须菜 Asparagus schoberioides Kunth.	多年生草本	中生	
937			曲枝天门冬 Asparagus trichophyllus Bge.	多年生草本	中生	
938			兴安天门冬 Asparagus dauricus Fisch. ex Link.	多年生草本	旱中生	
939		舞鹤草属 Maianthemum	舞鹤草 Maianthemum bifolium (L.) F.	多年生草本	中生	

(续)

序号	科名	属名	种名	生活型	生境	备注
940	百合科 Liliaceae	萱草属 Hemerocallis	黄花菜 Hemerocallis citrina Baroni.	多年生草本	中生	资料
			小黄花菜 Hemerocallis minor Mill.	多年生草本	湿中生	
941		知母属 Anemarrhena	知母 Anemarrhena asphodeloides Bge.	多年生草本	中生	资料
942		重楼属 Paris	北重楼 Paris verlicillata M. Bieb.	多年生草本	中生	
943	薯蓣科 Dioscoreaceae	薯蓣属 Dioscorea	穿山龙 Dioscorea nipponica Makino.	多年生草本	中生	
944	鸢尾科 Iridaceae	鸢尾属 Iris	矮紫苞鸢尾 Iris ruthenica var. nana Maxim.	多年生草本	旱中生	
945			马蔺 Iris lactea Pall.var.chinensis (Fisch.) Koidz.	多年生草本	中生	
946			野鸢尾 Iris dichotoma Pall.	多年生草本	旱中生	
947	兰科 Orchidaceae	杓兰属 Cypripedium	大花杓兰 Cypripedium macronthum Sw.	多年生草本	中生	
948			紫点杓兰 Cypripedium guttatum Sw.	多年生草本	中生	
949			山西杓兰 Cypripedium shanxiense S. C. Chen	多年生草本	中生	
950		凹舌兰属 Coeloglossum	凹舌兰 Coeloglossum viride (Linn.) Hartm. var. bracleatum (Willd.) Richt.	多年生草本	中生	资料
951		角盘兰属 Herminium	角盘兰 Herminium monorchis R. Br.	多年生草本	中生	
952		蜻蜓兰属 Tulotis	小花蜻蜓兰 Tulotis üssuriensis (Regel et Maack.) Hara	多年生草本	中生	资料
953		舌唇兰属 Platanlhera	二叶舌唇兰 Platanlhera chlorantha Gust. ex Rchb.	多年生草本	中生	
954		手参属 Gymnadenia	手参 Gymnadenia conopsea (L.) R. Br.	多年生草本	中生	
955		对叶兰属 Listera	对叶兰 Lislera pubenda Maxim.	多年生草本	中生	
956		绶草属 Spiranlhes	绶草 Spiranthes sinensis (Pers.) Ames.	多年生草本	中生	
957		沼兰属 Malaxis	沼兰 Malaxis monophyllos (L.) Sw.	多年生草本	中生	
958		鸟巢兰属 Neottia	北方鸟巢兰 Neottia camlschatea (L.) Rchb.f.	多年生腐生草本	中生	
959			尖唇鸟巢兰 Neottia acuminata Schltr.	多年生草本	中生	
960		火烧兰属 Epipactis	火烧兰 Epipactis helleborine (L.) Crantz	多年生草本	中生	

注：备注中"资料"表示没有调查到，而是根据资料整理的物种名录；"栽"表示该种为人工栽培种；"栽 *"表示该物种既有栽培种也有野生种。

附录2 河北大海陀国家级自然保护区栽培植物、农作物名录

序号	科名	属名	种名	生活型	生境	备注
1	松科 Pinaceae	落叶松属 Larix	华北落叶松 Larix gmelinii var. principis-rupprechtii (Mayr) Pilger	乔木	湿中生	栽*
2		松属 Pinus	油松 Pinus tabulaeformis Carr.	乔木	中生	栽*
3		云杉属 Picea	青杄 Picea wihonii Mast.	常绿乔木	中生	栽
4			白杄 Picea meyeri Relid. et Wils.	常绿乔木	中生	栽
5			红皮云杉 Picea koraiensis Nakai	常绿乔木	中生	栽
6	柏科 Cupressaceae	圆柏属 Sabina	圆柏 Sabina chinensis (L.) Ant.	常绿乔木	中生	栽
7		刺柏属 Juniperus	杜松 Junipers rigida Sieb. et Zucc.	常绿乔木	中生	栽
8		侧柏属 Platycladus	侧柏 Platycladus orientalis (Linn.) Franco	乔木	旱生	栽*
9	杨柳科 Salicaceae	柳属 Salix	旱柳 Salix matsudana Koidz.	乔木	湿中生	栽
10		杨属 Populus	北京杨 Populus beijingensis W. Y. Hsu	乔木	中生	栽
11			加杨 Populus canadensis Moench.	乔木	中生	栽
12	胡桃科 Juglandaceae	胡桃属 Juglans	胡桃 Juglans regia Linn.	乔木	中生	栽
13	榆科 Ulmaceae	榆属 Ulmus	榆 Ulmus pumila L.	乔木	中生	栽*
14	桑科 Moraceaes	大麻属 Cannabis	大麻 Cannabis sativa L.	一年生草本	中生	栽*
15		桑属 Morns	桑 Morns alba Linn.	乔木	中生	栽
16	藜科 Chenopodiaceae	菠菜属 Spinacia	菠菜 Spinacia oleracea Linn.	一二年生草本	中生	农
17	紫茉莉科 Nyctaginaceae	紫茉莉属 Mirabilis	紫茉莉 Mirabilis jalapa Linn.	一年生草本	中生	栽
18	十字花科 Cruciferae	芸薹属 Brassica	擘蓝 Brassica caulorapa Pasq.	二年生草本	中生	农
19			芜菁 Brassica rapa Linn.	二年生草本	中生	农
20			白菜 Brassica pekinensis Rupr.	一二年生草本	中生	农
21			芥菜 Brassica juncea (L.) Czem. et Coss.	一年生草本	中生	农
22			卷心菜 Brassica oleracea L. var. capitata L.	一年生草本	中生	农
23			青菜 Brassica chinensis Linn.	一二年生草本	中生	农
24		萝卜属 Raphanus	萝卜 Raphanus sativus Linn.	一二年生草本	中生	农
25	蔷薇科 Rosaceae	梨属 Pyrus	西洋梨 Pytus communis Linn. var. sativa (DC.) DC.	乔木	中生	栽
26			白梨 Pyrus brelschneideri Rehd.	乔木	中生	栽
27			褐梨 Pytus phaeocarpa Rehd.	乔木	中生	栽

（续）

序号	科名	属名	种名	生活型	生境	备注
28	蔷薇科 Rosaceae	李属 Prunus	李 Prunus salicina Lindl.	乔木	中生	栽
29		樱属 Cerasus	毛樱桃 Cerasus tomentosa (Thunb.) Wall.	灌木	中生	栽
30			樱桃 Cerasus pseudocerasus (Lindl.) G. Don	乔木	中生	栽
31		桃属 Amygdalus	桃 Amygdalus persica L.	乔木	中生	栽
32		杏属 Armeniaca	杏 Armeniaca vulgaris Lam.	乔木	中生	栽
33		苹果属 Malus	苹果 Malus pumila Mill.	乔木	中生	栽
34		蔷薇属 Rosa	玫瑰 Rosa nigosa Thunb.	灌木	中生	栽
35		山楂属 Crataegus	山里红 Crataegus pinnalilida Bge. var. major N. E. Br.	乔木	中生	栽
36	豆科 Leguminosae	菜豆属 Phaseolus	菜豆 Phaseolus vulgaris Linn.	一年生缠绕草本	中生	农
37			红花菜豆 Phaseolus coccineus Linn.	一年生缠绕草本	中生	农
38			绿豆 Phaseolus radiatus Linn.	一年生草本	中生	农
39		大豆属 Glycine	大豆 Glycine max (Linn.) Merr.	一年生草本	中生	农
40		豇豆属 Vigna	豇豆 Vigna sinensis (Linn.) Endl.	一年生缠绕草本	中生	农
41		扁豆属 Lablab	扁豆 Lablab purpureus (Linn.) Sweet	一年生缠绕草本	中生	农
42		槐属 Sophora	槐 Sophora japonica Linn.	乔木	中生	栽
43		刺槐属 Robinia	刺槐 Robinia pseudoacacia Linn.	乔木	中生	栽
44		豌豆属 Pisum	豌豆 Pisum sativum Linn.	一二年生攀缘草本	中生	农
45		野豌豆属 Vicia	蚕豆 Vicia faba Linn.	一年生草本	中生	农
46	亚麻科 Linaceae	亚麻属 Linum	亚麻 Linum usitatissimum L.	一年生草本	旱中生	栽
47	芸香科 Rutaceae	花椒属 Zanthoxyhim	花椒 Zanthoxyhim bungeanum Maxim.	灌木	中生	栽
48	苦木科 Simaroubaceae	臭椿属 Ailanlhus	臭椿 Ailanlhus altissima (Mill.) Swingle	乔木	中生	栽
49	楝科 Meliaceae	香椿属 Toona	香椿 Toona sinensis (A. Juss.) Roem.	乔木	中生	栽
50	大戟科 Euphorbiaceae	蓖麻属 Ricinus	蓖麻 Ricinus communis Linn.	一年生草本	中生	农
51	卫矛科 Celastraceae	卫矛属 EuonYmus	明开夜合 Euonymus bungeanus Maxim.	乔木	中生	栽
52	凤仙花科 Balsaminaceae	凤仙花属 Impatiens	凤仙花 Impatiens balsamina Linn.	一年生草本	中生	栽
53	鼠李科 Rhamnaceae	枣属 Ziziphus	枣 Ziziphus jujuba Mill.	乔木	中生	栽
54	葡萄科 Vitaceae	葡萄属 Vitis	葡萄 Vitis vinifera Linn.	木质藤本	中生	栽

(续)

序号	科名	属名	种名	生活型	生境	备注
55	锦葵科 Malvaceae	锦葵属 Malva	冬寒菜 Malva crispa L.	二年生草本	中生	栽
56			锦葵 Malva sinensis Cav.	二多年生草本	中生	栽
57		蜀葵属 Althaea	蜀葵 Althaea rosea (Linn.) Cav.	多年生草本	中生	栽
58	伞形科 Umbelliferae	胡萝卜属 Daucus	胡萝卜 Daucus carota Linn. var. sativus Hoffm.	二年生草本	中生	农
59		芫荽属 Coriandrum	芫荽 Coriandrum sativum Linn.	一年生草本	中生	农
60		芹属 Apium	芹菜 Apium graveolens Linn.	一二年生草本	中生	农
61	唇形科 Labialae	紫苏属 Perilla	紫苏 Perilla Jhilescens (Linn.) Britt.	一年生草本	中生	栽
62		枸杞属 Lycium	枸杞 Lycium chinense Mill.	灌木	旱中生	栽
63		番茄属 Lycopersicon	番茄 Lycopersicon esculentum Mill.	一年生草本	中生	农
64	茄科 Solanaceae	茄属 Solanum	马铃薯 Solanum tuberosum Linn.	一年生草本	中生	农
65			茄 Solanum melongena Linn.	一年生草本	中生	农
66			红果龙葵 Solanum alatum Moench	多年生草本	中生	
67		辣椒属 Capsicum	辣椒 Capsicum annuum Linn.	一年生草本	中生	农
68		烟草属 Nicotiana	烟草 Nicotiana tabacum Linn.	一年生草本	中生	农
69	葫芦科 Cucurbitaceae	黄瓜属 Citcumis	黄瓜 Cucumis sativus Linn.	一年生草本	中生	农
70		西瓜属 Citrullus	西瓜 Citrullus lanalus (Thunb.) Mansfeld	一年生草本	中生	农
71		南瓜属 Cucurbita	南瓜 Cucurbita moschata (Duch.) Poir.	一年生草本	中生	农
72			西葫芦 Cucurbita pepo Linn.	一年生草本	中生	农
73	菊科 Composilae	菊属 Dendranthema	菊花 Dendranthema morifolium (Ramat.) TzveL	多年生草本	中生	栽
74		万寿菊属 Tagetes	红黄草 Tagetes patula Linn.	一年生草本	中生	栽
75		金盏花属 Calendula	金盏花 Calendula officinalis Linn.	一年生草本	中生	栽
76		向日葵属 Helianthus	向日葵 Helianthus annuus Linn.	一年生草本	中生	农
77			菊芋 Helianthus tuberosus Linn.	多年生草本	中生	栽
78		大丽花属 Dahlia	大丽花 Dahlia pinnata Cav.	多年生草本	中生	栽
79		秋英属 Cosmos	秋英 Cosmos biplinnatus Cav.	一年生草本	中生	栽
80	禾本科 Gramineae	小麦属 Triticum	小麦 Triticum aestivum Linn.	一年生草本	中生	农
81		狗尾草属 Setaria	粟 Setaria italica var. germanica (Mill.) Schred.	一年生草本	中生	农
82		高粱属 Sorghum	高粱 Sorghum vulgare Pers.	一年生草本	中生	农
83		大麦属 Hordeum	大麦 Hordeum vulgare Linn.	一年生草本	中生	农
84		黍属 Panicum	黍 Panicum miliaceum Linn.	一年生草本	中生	农

(续)

序号	科名	属名	种名	生活型	生境	备注
85	禾本科 Gramineae	小麦属 *Triticum*	小麦 *Triticum aestivum* Linn.	一年生草本	中生	农
86		燕麦属 *Avena*	燕麦 *Avena sativa* Linn.	一年生草本	中生	农
			裸燕麦 *Avena nuda* Linn.	一年生草本	中生	农
87		玉蜀黍属 *Zea*	玉蜀黍 *Zea mays* Linn.	一年生草本	旱中生	农
88	百合科 Liliaceae	葱属 *Allium*	韭菜 *Allium tuberosum* Rottl ex Spreng.	多年生草本	中生	农
89			葱 *Allium fistulosum* Linn.	多年生草本	中生	农
90			蒜 *Allium sativum* Linn.	多年生草本	中生	农
91		萱草属 *Hemerocallis*	萱草 *Hemerocallis fulva* (L.) L.	多年生草本	中生	栽
92	鸢尾科 Iridaceae	射干属 *Belamcanda*	射干 *Belamcanda chinensis* (Linn.) DC.	多年生草本	中生	栽
93		鸢尾属 *Iris*	鸢尾 *Iris tectorum* Maxim.	多年生草本	中生	栽

注：备注中"农"表示该种为农作物；"栽"表示该种为人工栽培种；"栽*"表示该种既有栽培种也有野生种。

附录3 河北大海陀国家级自然保护区陆生野生脊椎动物名录

鸟类名录

序号	目	科	种	保护级别
1	䴙䴘目 Podicipediformes	䴙䴘科 Podicipedidae	小䴙䴘 *Tachybapus ruficollis*	
2	鹳形目 Ciconiiformes	鹭科 Ardeidae	池鹭 *Ardeola bacchus*	H
3		鹳科 Ciconiidae	黑鹳 *Ciconia nigra*	一
4	鸻形目 Charadriiformes	鹬科 Scolopacidae	白腰草鹬 *Tringa ochropus*	
5			丘鹬 *Scolopax rusticola*	H
6	雁形目 Anseriformes	鸭科 Anatidae	鸳鸯 *Aix galericulata*	二
7			绿头鸭 *Anas plalyrhynchos*	
8	鹰形目 Accipitriformes	鹰科 Accipitridae	黑鸢 *Milvus migrans*	二
9			秃鹫 *Aegypius monachus*	一
10			金雕 *Aquila chrysaelos*	
11			白尾鹞 *Circus cyaneus*	二
12			日本松雀鹰 *Accipiter gularis*	二
13			雀鹰 *Accipiter nisus*	
14			苍鹰 *Accipiter gentilis*	二
15			普通鵟 *Buteo buteo*	二
16			白肩雕 *Aquila heliaca*	
17	隼形目 Falconifornies	隼科 Falconidae	红隼 *Falco tinnunculus*	二
18			红脚隼 *Falco amurensis*	
19			灰背隼 *Falco columbarius*	二
20			燕隼 *Falco subbuteo*	二
21	鸡形目 Gallifonnes	雉科 Phasianidae	日本鹌鹑 *Coturnix japonica*	
22			雉鸡 *Phasianus colchicus*	
23			勺鸡 *Pucrasia macrolopha*	二
24			斑翅山鹑 *Perdix dauuricae*	H
25			石鸡 *Alectoris chukar*	H
26	鸽形目 Columbiformes	鸠鸽科 Columbidae	岩鸽 *Columba rupestris*	
27			山斑鸠 *Streptopelia orientalis*	
28			珠颈斑鸠 *Streptopelia chinensis*	
29			火斑鸠 *Streptopelia tranquebarica*	
30			灰斑鸠 *Streptopelia decaocto*	

(续)

序号	目	科	种	保护级别
31	鹃形目 Cuculiformes	杜鹃科 Cuculidae	鹰鹃 *Hierococcyx sparverioides*	H
32			四声杜鹃 *Cuculus micropterus*	H
33			大杜鹃 *Cuculus canoris*	H
34			中杜鹃 *Cuculus saturatus*	H
35			小杜鹃 *Cuculus poliocephalus*	H
36	鸮形目 Strigiformes	鸱鸮科 Strigidae	红角鸮 *Otus sunia*	二
37			雕鸮 *Bubo bubo*	二
38			纵纹腹小鸮 *Athene noctua*	二
39			领角鸮 *Otus bakkamoena* Pennant	二
40			长耳鸮 *Asio otus*	二
41	夜鹰目 Caprimulgiformes	夜鹰科 Capriniulgidae	普通夜鹰 *Caprimulgus indicus*	H
42	雨燕目 Apodiformes	雨燕科 Apodidae	白腰雨燕 *Apus pacificus*	H
43			白喉针尾雨燕 *Hirundapus caudacutus*	H
44	佛法僧目 Coraciiformes	翠鸟科 Alcedinidae	普通翠鸟 *Alcedo atthis*	
45			冠鱼狗 *Megaceryle lugubris*	
46			蓝翡翠 *Halcyon pileata*	H
47	戴胜目 Upupiformes	戴胜科 Upupidae	戴胜 *Upupa epops*	
48	䴕形目 Picifonnes	啄木鸟科 Picidae	白背啄木鸟 *Dendrocopos leucotos*	H
49			大斑啄木鸟 *Dendrocopos major*	H
50			灰头绿啄木鸟 *Picus canus*	H
51			星头啄木鸟 *Dendrocopos canicapillus*	H
52			小星头啄木鸟 *Dendrocopos kizuki*	H
53			小斑啄木鸟 *Dendrocopos minor*	H
54			蚁䴕 *Jynxtorquilla Linnaeus*	H
55	雀形目 Passeriformes	百灵科 Alaudidae	云雀 *Alauda a mensis*	二
56			凤头百灵 *Galerida cristata*	H
57		燕科 Hiiundinidae	家燕 *Hirundo rustica*	
58			金腰燕 *Cecropis daurica*	
59			岩燕 *Ptyonoprogne rupestris*	
60		鹡鸰科 Motacillidae	白鹡鸰 *Motacilla alba*	
61			灰鹡鸰 *Motacilla cinerea*	
62			山鹡鸰 *Dendronanthus indicus*	
63			田鹨 *Anthus richardi*	
64			树鹨 *Anthus hodgsoni*	

(续)

序号	目	科	种	保护级别
65		山椒鸟科 Campephagidae	长尾山椒鸟 Pericrocotus elhologus	H
66		鹎科 Pycnonotidae	白头鹎 Pycnonotus sinensis	H
67		太平鸟科 Bombycillidae	大太平鸟 Bombycilla garrulous	H
68		伯劳科 Laniidae	红尾伯劳 Lanius cristatus	H
69			牛头伯劳 Lanius bucephalus	H
70		黄鹂科 Oriolidae	黑枕黄鹂 Oriolus chinensis	
71		卷尾科 Diciuiuclae	黑卷尾 Dicrurus macrocercus	H
72			发冠卷尾 Dicrurus hottentottus	
73		椋鸟科 Sturnidae	灰椋鸟 Sturnus cineraceus	
74			松鸦 Garnilus glandarius	
75			灰喜鹊 Cyanopica cyana	H
76			红嘴蓝鹊 Urocissa erythrorhyncha	H
77			喜鹊 Pica pica	H
78		鸦科 Corvidae	红嘴山鸦 Pyrrhocorax pyrrhocorax	
79			达乌里寒鸦 Corvus dauuricus	
80			寒鸦 Corvus monedula	
81	雀形目 Passeriformes		大嘴乌鸦 Corvus macrorhynchos	
82			小嘴乌鸦 Corvus corone	
83			星鸦 Nucifraga caryocatactes	
84		河乌科 Cinclidae	褐河乌 Cinclus pallasii	
85		鹪鹩科 Troglodytidae	鹪鹩 Troglodytes troglodytes	
86		岩鹨科 Prunellidea	棕眉山岩鹨 Prunella montanella	
87			斑鸫 Turdus naumanni	
88			白眉鸫 Turdus obscurus	
89			宝兴歌鸫 Turdus mupinensis	H
90			紫啸鸫 Myophonus caenileus	
91		鸫科 Turdidae	红胁蓝尾鸲 Tarsiger cyanurus	
92			北红尾鸲 Phoenicurus auroreus	
93			红尾水鸲 Rhyacornis fiiliginosus	
94			黑喉石䳭 Saxicola torquata	
95			赤颈鸫 Turdus ruficollis	
96			蓝矶鸫 Monticola solitarius	
97		鹟科 Muscicapidae	赭红尾鸲 Phoenicurus ochruros	

（续）

序号	目	科	种	保护级别
98			黄眉姬鹟 *Ficedula narcissina*	
99			白眉姬鹟 *Ficedula zanthopygia*	
100			红喉姬鹟 *Ficedula albicialla*	
101		鹟科 Muscicapidae	白腹姬鹟 *Ficedula cyanomelana*	
102			乌鹟 *Muscicapa sibirica*	
103			北灰鹟 *Muscicapa dauurica*	
104			寿带 *Terpsiphone paradisi*	H
105		戴菊科 Regulidae	戴菊 *Regulus regulus*	
106		画眉科 Timaliidae	山噪鹛 *Garmlax davidi*	H
107		鸦雀科 Paradoxornithidae	棕头鸦雀 *Paradoxornis webbianus*	
108		扇尾莺科 Cisticolidae	山鹛 *Rhopophilus pekinensis*	H
109			棕扇尾莺 *Cisticola juncidis*	
110			鳞头树莺 *Urosphena squameicepa*	
111			远东树莺 *Celtia canturians*	
112			黄腰柳莺 *Phylloscopus proregulu.*	
113			云南柳莺 *Phylloscopus yunnanensis*	
114	雀形目 Passeriformes		极北柳莺 *Phylloscopus borealis*	
115		莺科 Sylviidae	冕柳莺 *Phylloscopus coronatus*	
116			褐柳莺 *Phylloscopus fuscatus*	
117			巨嘴柳莺 *Phylloscopus schwarzi*	
118			淡眉柳莺 *Phylloscopus humei*	
119			冠纹柳莺 *Phylloscopus reguloides*	
120			黄眉柳莺 *Phylloscopus inornatus*	
121		长尾山雀科 Aegithalidae	银喉长尾山雀 *Aegithalos caudatus*	
122			沼泽山雀 *Parus palustris*	
123			北褐头山雀 *Purus montamis*	
124		山雀科 Paridae	黄腹山雀 *Parus venustulus*	H
125			大山雀 *Parus major*	
126			煤山雀 *Parus ater*	
127		䴓科 Sittidae	普通䴓 *Silla europaea*	
128			黑头䴓 *Sitta villosa*	H
129		雀科 Passeridae	（树）麻雀 *Passer montanus*	
130			山麻雀 *Passer rutilans*	

(续)

序号	目	科	种	保护级别
131		雀科 Passeridae	黑尾蜡嘴雀 *Eophona migratoria*	H
132		噪鹛科 Leiothrichidae	矛纹草鹛 *Babax lanceolatus*	
133			燕雀 *Fringilla monlifringilla*	
134			金翅雀 *Carduelis sinica*	
135			黄雀 *Carduelis spinus*	H
136			白腰朱顶雀 *Carduelis flammea*	
137		燕雀科 Fringillidae	普通朱雀 *Carpodacus erythrinus*	
138			北朱雀 *Carpodacus roseus*	二
139			红眉朱雀 *Carpodacus pulcherrimus*	
140	雀形目 Passeriformes		苍头燕雀 *Fringilla coelebs*	
141			长尾雀 *Carpodacus sibiricus*	
142			灰眉岩鹀 *Emberiza godlewskii*	
143			灰头鹀 *Emberiza spodocephala*	
144			三道眉草鹀 *Emberiza cioides*	
145		鹀科 Emberizidae	小鹀 *Emberiza pusilia*	
146			田鹀 *Emberiza rustica*	
147			黄喉鹀 *Emberiza elegans*	
148			白头鹀 *Emberiza leucocephalos*	
149			黄眉鹀 *Emberiza chrysophrys*	
150			栗鹀 *Emberiza rutila*	

注：一、二分别代表国家一、二级保护野生动物；H代表河北省重点保护野生动物。以下同。

兽类名录

序号	目	科	种	保护级别
1	食虫目 Insectivora	猬科 Erinaceidae	东北刺猬 *Erinaceus amurensis*	H
2	兔形目 Lagomoipha	兔科 Leporidae	托氏兔 *Lepus tolai*	
3			草兔 *Lepus capensis*	
4	啮齿目 Rodentia	松鼠科 Sciuridae	花鼠 *Eutamias sibiricus*	
5			岩松鼠 *Sciurrotainias dauidianus*	
6			灰鼠 *Sciurus vulgaris*	
7		鼠科 Muridae	褐家鼠 *Ruttus norvegicus*	
8			北社鼠 *Nivivenler confucianus*	
9			小家鼠 *Mus musculus*	
10			大林姬鼠 *Apodemus peninsulae*	
11			黑线姬鼠 *Apodemus agrarius*	
12			中华林姬鼠 *Apodemus draco*	
13		仓鼠科 Cricetidae	长尾仓鼠 *Cricetulus longicaudatus*	
14			大仓鼠 *Cricetulu striton*	
15	食肉目 Insectovora	犬科 Canidae	貉 *Nyctereutes procyonoides*	二
16			狼 *Canis lupus*	二
17			狐 *Vulpes vulpes*	二
18		鼬科 Mustelidae	黄鼬 *Mustela sibirica*	H
19			狗獾 *Meles meles*	H
20			猪獾 *Arctonys collaris*	H
21			艾鼬 *Mustela eversmanni*	H
22		猫科 Felidae	豹猫 *Felis bengalensis*	二
23			猞猁 *Lynx lynx*	二
24			金钱豹 *Panthera pardus*	一
25		灵猫科 Vivenidae	果子狸 *Paguma larvata*	H
26	偶蹄目 Artiodaxtyla	猪科 Suidae	野猪 *Sus scrofa*	
27		鹿科 Cervidae	狍 *Capreiolus capreolus*	H
28		牛科 Bovidae	斑羚 *Naemorhedus griseus*	二

爬行类名录

序号	目	科	种	保护级别
1	蜥蜴目 Lacertilia	壁虎科 Gekkonidae	无蹼壁虎 Gekko swinhonis	
2		蜥蜴科 Lacertidae	丽斑麻蜥 Eremias argus	
3			山地麻蜥 Eremias brenchleyi	
4		石龙子科 Scincidae	蓝尾石龙子 Eu-meces elegans	
5			黄纹石龙 Eumeces capito	
6			宁波滑蜥 Scincella modesta	
7	蛇目 Serpentes	游蛇科 Colubridae	白条锦蛇 Elaphe dione	
8			虎斑颈槽蛇 Rhabdophis tigriniis	
9			黄脊游蛇 Coluber spinalis	
10			乌梢蛇 Zaocys dhumnades	
11			赤链蛇 Dinodon rufozonatum	
12			红点锦蛇 Elaphe rufodorsata	
13			赤峰锦蛇 Elaphe anomala	
14			团花锦蛇 Elaphe davidi	
15			双斑锦蛇 Elaphe bimaculata	
16		蝰蛇科 Viperidae	中介蝮 Gloydius intermedins	

两栖类

序号	目	科	种	保护级别
1	无尾目 Anura	蟾蜍科 Bufonidae	中华蟾蜍 Bufo gargarizans	
2		蛙科 Ranidae	黑斑蛙 Rana nigromaculata	

附录4 河北大海陀国家级自然保护区鱼类名录

序号	目	科	种	保护级别
1	鲤形目 Cypriniformies	鲤科 Cyprinidae	鲤 *Cyprinus carpio*	
2			鲫 *Carassius auratus*	
3			棒花鱼 *Abbottina rivularis*	
4			草鱼 *Ctenopharyngodon idellus*	
5			洛氏鱥 *Phoxinus lagowskii*	
6			鲢 *Hypophthalmichthysmolitrix*	
7			鳙 *Arislichthys nobilis*	
8		鳅科 Cobitidae	北方条鳅 *Nemachilus nudus*	
9			北方花鳅 *Cobitis granoci*	
10			泥鳅 *Misgurnus anguillicaudatus*	

附录5 河北大海陀国家级自然保护区大型真菌名录

序号	科名	属名	种名	分布群落类型	攀附基质
1	白蘑科 Tricholomataceae	杯伞属 Clitocybe	棒柄杯伞 Clitocybe clavipes (Pers.) Fr.	核桃楸林	土坡
2			杯伞 Clitocybe infundibuliformis (Schaeff. ex Fr.) Qul.	五角枫林	土坡
3			芳香杯伞 Clitocybe fragrans Sowerby	平榛、毛榛灌丛	土坡
4			粉白霜杯伞 Clitocybe dealbata var. sudorifa Pk	大果榆林	土坡
5			粉肉色杯伞 Clitocybe leucodiatreta Bon.	东陵八仙花灌丛	土坡
6			黄白杯伞 Clitocybe gilva (Pers. ex Fr.) Kummer	土庄绣线菊灌丛	土坡
7			肉色杯伞 Clitocybe geotropa (Fr.) Quel.	落叶松林	
8			石楠杯伞 Clitocybe ericetorum Bull. ex Quel	油松林	
9			水粉伞菌 Clitocybe nebularis (Batsch.) Kummer	大果榆林	土坡
10			条缘灰杯伞 Clitocybe expallens (Pers. ex Fr.) Kummer.	五角枫林	土坡
11			小白杯伞 Clitocybe candicans (Pers. ex Fr) Kummer	平榛、毛榛灌丛	土坡
12		假杯伞属 Pseudoclitocybe	假灰杯伞 Pseudoclitocybe cyathiformis (Bull. ex Fr.) Sing.	平榛、毛榛灌丛	土坡
13		金钱菌属 Collybia	堆金钱菌 Collybia acervata (Fr.) Kummer		
14			褐黄金钱菌 Collybia luteifolia Gill.	小花溲疏灌丛	土坡
15			堇紫金钱菌 Collybia iocephala (Berk. et M. A. Curt.) Singer		
16			栎金钱菌 Collybia dryphila (Bull. ex Fr.) Quel	胡枝子灌丛	土坡
17			乳酪金钱菌 Collybia butyracea (Bull. ex Fr.) Quel.	白桦林	土坡
18			靴状金钱菌 Collybia perotiata (Bolt. ex Fr.) Kumm.	山杨林	土坡
19		口蘑属 Tricholoma	闪光口蘑 Tricholoma resplendens (Fr.) Karst	核桃楸林	土坡
20		蜡蘑属 Laccaria	酒色辣蘑 Laccaria vinaceoavellanea Kongo	黄桦林	土坡
21			条柄蜡蘑 Laccaria proxima (Boud.) Pat	草坡	土坡
22		离褶伞属 Lyophyllum	褐离褶伞 Lyophyllum fumosum (Pers. ex Fr.) P.D.Orton	大果榆林	土坡
23		蜜环菌属 Annillaria	白黄蜜环菌 Annillaria albolanaripes Aik.	草坡	土坡
24			蜜环菌 Annillaria mella (Vahl. ex Fr.) Karst.	五角枫林	土坡
25		铦囊菇属 Melanoleuca	灰褐铦囊蘑 Melanoleuca paedida (Fr.) Kuhn. et Mre.	白桦林	土坡
26			近条柄铦囊菇 Melanoleuca substrictipes Kuhn	胡核桃楸林	土坡
27			铦囊蘑 Melanoleca cognata (Fr.) Konr. et Maubul.	草坡	土坡

（续）

序号	科名	属名	种名	分布群落类型	攀附基质
28		微皮伞属 Marasmiellus	纯白微皮伞 Marasmiellus candidus (Bolt.) Sing	黄桦林	土坡
29		香蘑属 Lepista	粉紫香蘑 Lepista personata (Fr. ex Fr.) Sing	草坡	土坡
30			浓香蘑 Lepista gravelens (Peck) Murala	大果榆林	土坡
31		小奥德蘑属 Oudemansiella	长根菇 Oudemansiella radicata (Relh. ex Fr.) Sing.		
32			白弱小菇 Mycena osmundicola J. E. Large	草坡	土坡
33			粉色小菇 Mycena rosea (Bull.) Cramberg	黑桦林	
34			粉紫小菇 Mycena inclinata (Fr.) Quel	土庄绣线菊灌丛	土坡
35			沟纹小菇 Mycenaabramsii Murr	白桦林	
36		小菇属 Mycena	褐小菇 Mycena alcalina (Fr.) Quel	黄桦林	
37			灰褐小菇 Mycena amygdalia (Pers.) Singer	平榛、毛榛灌丛	土坡
38			铅灰色小菇 Mycena leptocephala (Pers. ex Fr.) Gillel	黄桦林	土坡
39			全紫小菇 Mycena holoporphyra (Berk.et M. A. Curtis) Singer	核桃楸林	土坡
40	白蘑科 Tricholomataceae		大盖小皮伞 Marasmius maximus Kongo	黄桦林	土坡
41			琥珀小皮伞 Marasmius siccus (Schw.) Fr.	黄桦林	
42			栎小皮伞 Marasmius dryophihis (Bull. ex Fr.) Karst	小花溲疏灌丛	土坡
43		小皮伞属 Marasmius	膜盖小皮伞 Marasmius cohortalis Bael. var. hymeniicephalus (Speg.) Sing	草坡	土坡
44			绒柄小皮伞 Marasmius confluens (Pers. ex Fr.) Karst	山杨林	
45			叶生小皮伞 Marasmius epiphyllus (Pers. ex Fr.) Fr.	草坡	土坡
46			硬柄小皮伞 Marasmius oreades (Bolt. ex Fr.) Fr.	草坡	
47		斜盖伞属 Clitopilus	丛生斜盖伞 Clitopilus caespitosus PK.	大果榆林	土坡
48			白桩菇 Leucopaxillus candidus (Bres.) Sing.	山杏灌丛，鼠李灌丛	
49		桩菇属 Leucopaxillus	大白桩菇 Leucolaxillus giganteus (Sow. ex Fr.) Sing		
50			奇异大白桩菇 Leucopaxillus parodoxus (Const. et Duf.) Bours.	蒙古栎林	土坡
51	蜡伞科 Hygrophoraceae	蜡伞属 Hyprophorus	纯白蜡伞 Hygrophorus ligatus Fr.	黄桦林	土坡
52			浅黄褐蜡伞 Hygrophorus leucophaeus (Scop.) Fr.	山杏灌丛	土坡

(续)

序号	科名	属名	种名	分布群落类型	攀附基质
53	蜡伞科 Hygrophoraceae	蜡伞属 Hyprophorus	肉色蜡伞 Hygrophorus pacificus Smith et Hesl	草坡	土坡
54			乳白蜡伞 Hygrophorus hedrychii Vel.	核桃楸林	土坡
55			变黑蜡伞 Hygrocybe conica (Scop. ex Fr.) Fr.	五角枫林	土坡
56		湿伞属 Hygrocybe	粉粒红湿伞 Hygrocybe helobia (Arnolds) Bon	草坡	
57	蘑菇科 Agaricaceae	白环菇属 Leucoagaricus	纯白环菇 Leucoagaricus pudicus Sing	土庄绣线菊灌丛	土坡
58			裂皮白环菇 Leucoagaricus excoriatus (Schaeff. ex Fr.) Sing	路边	
59		环柄菇属 Lepiota	冠状环柄菇 Lepiota cristata (Bolt. ex Fr.) Quel.	大果榆林	土坡
60			红顶环柄菇 Lepiota gracilenta (Krombli.) Quel.	油松林	土坡
61			天鹅色环柄菇 Lepiota cygnea J. Lange	丁香灌丛	土坡
62			小褐环柄菇 Lepiola sericea (Cooke) Huijsman	草坡	
63			梭孢环柄菇 Lepiota ventriosospora (Schw.) Sing	土庄绣线菊灌丛	土坡
64		蘑菇属 Agaricus	白林地蘑菇 Agaricus silvicola (Vitt.) Salt.	油松林	
65			白磷蘑菇 Agaicus bernardii (Quel.) Sacc.		土坡
66			大紫蘑菇 Agaricus augustus Fr.		
67			粒鳞暗顶蘑菇 Agaricus caribaeus Pegler	土庄绣线菊灌丛	
68			球基蘑菇 Agaricus abnibptibulbus Peck		
69			双环林地蘑菇 Agaricus placomyces Peck	五角枫林	土坡
70			细褐磷蘑菇 Agaricus praeclaresquamosits Freeman	山杏灌丛	土坡
71			野蘑菇 Agaricus aruensis Schaeff. ex Fr.	草坡	树干
72			紫红蘑菇 Agaricus subrutilescens (Kauffm.) Hotson et Sluntz	大果榆林	土坡
73	牛肝菌科 Boletaceae	粉牛肝菌属 Pulveroboletus	红管粉牛肝菌 Pulveroboletus amarellus (Quel.) Bat.	山杏灌丛	土坡
74			朱红粉末牛肝菌 Pulveroboletus auriflammeus (Berk. et Curt.) Sing	草坡	土坡
75		牛肝菌属 Boletus	华丽牛肝菌 Boletus inagnificus Chiu	山杏灌丛	土坡
76			金黄柄牛肝菌 Boletus auripes Peck		
77			美味牛肝菌 Boletus edulis Bull. ex Fr.		
78			紫红牛肝菌 Boletus puqnireus Fr.		
79		绒盖牛肝菌属 Xerocomus	红绒盖牛肝菌 Xerocomus chrysenteron (Bull.ex Fr.) Quel	小花溲疏灌丛	土坡
80		疣柄牛肝菌属 Leccinum	橙黄疣柄牛肝菌 Leccinum aurantiacum (Bull.) Gray	胡枝子灌丛	土坡
81			褐疣柄牛肝菌 Leccinum scabrum (Bull.ex Fr.) Gray	平榛、毛榛灌丛	土坡

(续)

序号	科名	属名	种名	分布群落类型	攀附基质
82	牛肝菌科 Boletaceae	疣柄牛肝菌属 Leccinum	灰疣柄牛肝菌 Leccinum griseum (Quel.) Sing.	山杨林、白桦林	
83			栎疣柄牛肝菌 Leccinum quercinuin (Pil) Pil.		土坡
84			赭黄疣柄牛肝菌 Leccinum oxydabile (Sing.) Sing.	路边	
85		粘盖牛肝菌属 Suillus	短柄粘盖牛肝菌 Suillus brevipes (Peck) Sing.	油松林	土坡
86			褐环粘盖牛肝菌 Suillus luteus (L.ex Fr.) Gray	油松林	
87			灰环粘盖牛肝菌 Suillus laricinus (Berk. in Hook.) O. Kuntze	山杨林	土坡
88			铜绿乳牛肝菌 Suillus aeruginascens (Secr.) Snell	平榛、毛榛灌丛	土坡
89			腺柄粘盖牛肝菌 Suillus glandulosipes Sm. et Th.	土庄绣线菊灌丛	土坡
90	红菇科 Russulaceae	红菇属 Russula	赤黄红菇 Russula compacta Frost et Peck		
91			臭黄菇 Russula foetens Pers. ex Fr.	胡枝子灌丛	土坡
92			大白菇 Russula delica Fr.	榆树林	
93			粉红菇 Russula subdepallens Peck	五角枫林	土坡
94			红色红菇 Russula rosea Quel.	蒙古栎林	土坡
95			花盖红菇 Russula cyanoxantha Schaeff. ex Fr.	胡枝子灌丛	土坡
96			黄斑红菇 Russula aurala (With.) Fr.	白桦林	土坡
97			酒红色红菇 Russula absciire Romell		
98			绿菇 Russula virescens (Schaeff. ex Zanted.) Fr	山杨林	土坡
99			玫瑰红菇 Russula rosacea (Bull.) Fr.	山杨林	
100			俏红菇 Russula pulchella Borszez.	杂木林	
101			山毛榉毒红菇 Russula emetic var. fagelicola Melz.		
102			叶绿红菇 Russula helerophylla (Fr.) Fr.	胡枝子灌丛	土坡
103		乳菇属 Uictarius	红汁乳菇 Lactarius halsudake Tanaka	草坡	土坡
104			松乳菇 Lactarius delicious (L. ex Fr.) Gray	山杨林、白桦林	
105			亚绒白乳菇 Lactarius subvellerreus Peck	草坡	土坡
106	鹅膏菌科 Amanitaceae	鹅膏菌属 Amanita	白毒鹅膏菌 Amanita verna (Bull. ex Fr.) Pers. ex Vi It.	路边	
107			毒鹅膏菌 Amanita phalloides (Vaill.ex Fr.) Seer.	蒙古栎林	土坡
108			毒蝇鹅膏菌 Amanita niuscaria (L. ex Fr.) Pei's. ex Hook.		
109			黄毒蝇鹅膏菌 Amanita flavoconia Aik.		
110			芥黄鹅膏菌 Amanita subjunquillea Imai	大叶白蜡灌丛	土坡
111			亚球鹅膏菌 Amanita subglobosa Zhu L.Yang	杂木林	

(续)

序号	科名	属名	种名	分布群落类型	攀附基质
112	鹅膏菌科 Amanitaceae	黏伞属 Limacella	斑黏伞 Limacella guttata（Pers.）Konrad et Maubl	草坡	土坡
113	光柄菌科 Pluteaceae	光柄菇属 Pluteus	粉褐光柄菇 Pluteus depauperatus Roni.	黄桦林	土坡
114			长条纹光柄菇 Pluteus longistrialus Pk	土庄绣线菊灌丛	土坡
115	球盖菇科 Slrophariaceae	韧伞菌属 Naematoloma	簇生黄韧伞 Naematoloma fasciculare（Pera.ex Fr.）Sing	草坡	土坡
116		斑褶菇属 Anellaria	白斑褶菇 Anellaria antillaruin（Berk.）Sing	草坡	土坡
117		脆柄菇属 Psalhyrella	草地小脆柄菇 Psathyrella campestris（Earl.）Smith	大花洩疏灌丛	土坡
118			亚美尼亚小脆柄菇 Psathyrella armeniaca Pegler	核桃楸林	土坡
119	鬼伞科 Coprinaceae	鬼伞属 Coprinus	灰盖鬼伞 Coprinus cinereus（Schaeff.ex Fr.）S. F. Gray	黄桦林	土坡
120			晶粒鬼伞 Coprinus micaceus（Bull.）Fr.	黑桦林	土坡
121			小射纹鬼伞 Coprinus patouillardi Quel	草坡	土坡
122		花褶伞属 Panaeohis	粪生花褶伞 Panaeolus junicola Fr.	草坡	土坡
123			花褶伞 Panaeolus retirugis Fr.	草坡	粪土
124			黏盖花褶伞 Panaeolus phalenanim（Fr.）Quel	小花洩疏灌丛	土坡
125			钟形斑褶菇 Panaeolus campanulatus（L.）Fr.	山杨林、白桦林	粪土
126	丝膜菌科 Cortinariaceae	麟伞属 Rozites	皱盖罗鳞伞 Rozites caperala（Pers. ex Fr.）Karst.	杂木林	
127		裸伞属 Gymnopilus	赭黄裸伞 Gymnopihis penetrans（Fr. ex Fr.）Murr	蒙古栎林	土坡
128		丝盖伞属 Inocybe	茶褐丝盖伞 Inocybe umbrinella Bres.	草坡	
129			淡紫丝盖伞 Inocybe lilacina（Boud.）Kauff.	平榛、毛榛灌丛	土坡
130			黄褐丝盖伞 Inocybe flavobrunnea Wang	山杨林、白桦林	
131			黄丝盖菌 Inocybe fastigiata（Schaeff.）Fr.	黑桦林	
132			尖顶丝盖伞 Inocybe napipes Lange	蒙古栎林	土坡
133			裂丝盖伞 Inocybe rimosa（Bull. ex Fr.）Quel	山杨林、白桦林	
134			污白丝盖菌 Inocybe geophylla（Sow. ex Fr.）Kummer	草坡	土坡
135			小黄褐丝盖伞 Inocybe auricoma Fr.	草坡	土坡
136		丝膜菌属 Cortinarius	黄褐丝膜菌 Cortinarius decoloratus Fr.	黑桦林	土坡
137			类银白紫丝膜菌 Cortinarius subargentatus Qrton	蒙古栎林	土坡
138			牛丝膜菌 Cortinarius bovinus Fr.	平榛、毛榛灌丛	土坡
139		粘滑菇属 Hebeloma	大孢滑锈伞 Hebeloma sacchariolens Quel	蒙古栎林	土坡
140			大毒滑锈伞 Hebeloma crustuliniforme（Bull.ex Fr.）Quel	草坡	

(续)

序号	科名	属名	种名	分布群落类型	攀附基质
141	锈耳科 Crepidotaceae	靴菌属 *Crepidotus*	粘锈耳 *Crepidotus mollis*（Schaeff. ex Fr.）Gray	油松林	土坡
142		变绿粉褶菌属 *Leptonia*	绢白粉褶菌 *Leptonia sericella*（Bull ex Fr.）Quel.		
143	粉褶菌科 Rhodophyllaceae	粉褶菌属 *Rhodophylliis*	淡黄褐粉褶菌 *Rhodophylliis saundersii*（Fr.）Sacc.	草坡	土坡
144			霜白粉褶菌 *Rhodophylliis prunuloides*（Fr.）Quel	蒙古栎林	土坡
145			紫褐盖粉褶菌 *Rhodophyllus porphyrophaeus*（Fr.）Quel	蒙古栎林	土坡
146		红褶菌属 *Rhodocybe*	洁灰红褶菌 *Rhodocy6e mundula*（Lasch）Sing.	胡枝子灌丛	土坡
147		丘伞属 *Nolanea*	细毛柄丘伞 *Nolanea hirtipes*（Schum.ex Fr.）Kumnier	平榛、毛榛灌丛	土坡
148	粪锈伞科 Bolbidaceae	田头菇属 *Agrocybe*	湿黏田头菇 *Agrocybe erebia*（Fr.）Kuhner ex Singer	平榛、毛榛灌丛	土坡
149	铆钉菇科 Gomphidiaceae	红铆钉菇属 *Chroogomphis*	血红铆钉菇 *Chroogomphis rutilus*（Schaeff.ex Fr.）O. K. Miuer	油松林	土坡
150	齿耳菌科 Steccherinaceae	齿耳菌属 *Steccherinum*	赭黄齿耳 *Steccherinum ochraceum*（Pers.ex Fr.）Gray		
151		大孔菌属 *Favolus*	光盖大孔菌 *Favolus mollis* Lloyd	大果榆林	树干
152		多孔菌属 *Polyporus*	波缘多孔菌 *Polyporus confluens*（Alb. et Schw）Fr.	油松林	
153			黄多孔菌 *Polypoms elegans*（Bull.）Fr.	大果榆林	枯木
154		干酪菌属 *Tyromyces*	环纹干酪菌 *Tyromyces zonatulus*（Lloyd）Imaz	腐木	土坡
155			蹄形干酪菌 *Tyromyces lacleus*（Fr.）Murr.		
156		革盖菌属 *Coriolus*	粗毛云芝 *Coriolus hirsutus*（Wulf ex Fr.）		
157			单色云芝 *Coriolus unicolor*（L.ex Fr.）Pat	五角枫林	枯木
158			云芝 *Coriolus versicolor*（L. ex Fr.）Quel.	大果榆林	腐木
159	多孔菌科 Polyporaceae	集毛菌属 *Cohricia*	肉桂色集毛菌 *Cohricia cinnamomea*（Jacq. ex Fr.）Murr.		
160		棱孔菌属 *Favolus*	漏斗棱孔菌 *Favolus arcularius*（Fr.）Ames.	五角枫林	枯木
161		密孔菌属 *Pycnoporus*	绯红密孔菌 *Pycnoporus coccineus*（Fr.）Bond el Sing		枯木
162		木层孔菌属 *Phellinus*	火木层孔菌 *Phellinus igniarius*（L. ex Fr.）Quel.	榆叶梅灌丛	枯木
163		拟层孔菌属 *Fomitopsis*	松生拟层孔菌 *Fomitopsis pinicola*（Sw. ex Fr.）Karst	小花溲疏灌丛	活树枝
164		树花属 *Grifola*	猪苓 *Grifola umbellata*（Pers. ex Fr.）Pilat		
165		栓菌属 *Trametes*	朱红栓菌 *Trametes cinnabarina*（Jacq.）Fr.		腐木
166		硬孔菌属 *Rigidoporus*	小孔硬孔菌 *Rigidoporus microporus*（Fr.）Overh.	大叶白蜡灌丛	土坡

(续)

序号	科名	属名	种名	分布群落类型	攀附基质
167	革菌科 Thelephoraceae	革菌属 *Thelephora*	多瓣革菌 *Thelephora niultipartita* Schw.		
168			帚状革菌 *Thelephora penicillata*（Pers.）	杂木林	土坡
169	鸡油菌科 Cantharellaceae	鸡油菌属 *Cantharellus*	白鸡油菌 *Cantharellus subalbidus* Smith et Morse	核桃楸林	枯木
170			漏斗鸡油菌 *Cantharellus infiindibidiforniis*（Scop. ex Fr.）Fr.	草坡	土坡
171	卷褶菌科 Paxillaceae	卷褶菌属 *Paxillus*	卷边网褶菌 *Paxillus involutus*（Batsch）Fr.		土坡
172	裂褶菌科 Schizophyllaceae	裂褶菌属 *Schizophyllum*	裂褶菌 *Schizophyllum commne* Fr.		枯木
173	马鞍菌科 Helvellaceae	马鞍菌属 *Helvetia*	棱柄马鞍菌 *Helvetia lacunosa* Afz. ex Fr.		枯木
174	马勃科 Lycoperdaceae	马勃属 *Lycoperdon*	梨形马勃 *Lycoperdon pyiforme* schaeff. ex Pers.	大叶白蜡灌丛	土坡
175			小马勃 *Lycoperdon pusillus* Batsch. ex Pers.		土坡
176			长柄梨形马勃 *Lycoperdon pyriforme* Schaeff. var. *excipulifbrme* Desm.	平榛、毛榛灌丛	土坡
177					
178		秃马勃属 *Calvatia*	白秃马勃 *Calvatia candida*（Rostk.）Hollos	油松林	土坡
179					
180			大马勃 *Calvatia gigantean*（Batsch）Lloyd	油松林	土坡
181			大秃马勃 *Calvatia gigantean*（Batsch）Lloyd	草坡	土坡
182	木耳科 Auriculaiiales	木耳属 *Auricidaria*	角质木耳血泌 *Auricularia cornea*（Ehrenb.Fr.）Spreng.	平榛、毛榛灌丛	枯木
183	盘菌科 Sarcosomataceae	盘菌属 *Peziza*	泡质盘菌 *Peziza vesiculosa* Bull. Fr.	山杨林	
184	韧革菌科 Stereaceae	韧革菌属 *Stereum*	杯状韧革菌 *Stereum cyathoides* P. Henn	平榛、毛榛灌丛	土坡
185			扁韧革菌 *Stereum oslrea*（Bl. el Nees）Fr.		—
186	枝瑚菌科 Ramariaceae	枝瑚菌属 *Ramaria*	浅黄珊瑚菌 *Ramaria flavescens* et（Scliaeff.）Petersen	丁香灌丛	土坡
187			小孢密枝瑚菌 *Ramaria bourdotiana* Maire	油松林	
188			长茎黄枝瑚菌 *Ramaria invalii*（Cott. et Wakef.）Donk	山杨林	